U0181305

滨海钢筋混凝土结构耐久性复合干预技术：ICCP-SS

朱继华　邢　锋等　著

科　学　出　版　社

北　京

内 容 简 介

本书提出了结合外加电流阴极保护和结构加固的钢筋混凝土结构耐久性复合干预技术 ICCP-SS。ICCP-SS 利用碳纤维增强复合材料（CFRP）的力学与导电双重性能，将 CFRP 同时作为钢筋混凝土外加电流阴极保护的辅助阳极和结构加固材料，不仅可以实现钢筋锈蚀保护，还可以提高结构力学性能，可用于既有钢筋混凝土结构的耐久性修复与性能提升。同时 ICCP-SS 是一种新型组合结构体系，可用于新建钢筋混凝土结构，对于氯离子浓度高的海水海砂的资源化应用具备独特的优势。

本书既可以作为钢筋混凝土结构加固、电化学保护和耐久性相关领域研究人员的参考用书，也可以作为高等院校土木工程和建筑材料专业研究生的教材。

图书在版编目（CIP）数据

滨海钢筋混凝土结构耐久性复合干预技术：ICCP-SS / 朱继华等著. —北京：科学出版社，2020.10

ISBN 978-7-03-066209-5

Ⅰ. ①滨…　Ⅱ. ①朱…　Ⅲ. ①钢筋混凝土结构－耐用性－研究　Ⅳ. ①TU375

中国版本图书馆 CIP 数据核字（2020）第 178735 号

责任编辑：郭勇斌　邓新平 / 责任校对：杜子昂
责任印制：张　伟 / 封面设计：众轩企划

科 学 出 版 社 出版
北京东黄城根北街 16 号
邮政编码：100717
http://www.sciencep.com
北京厚诚则铭印刷科技有限公司 印刷
科学出版社发行　各地新华书店经销
*
2020 年 10 月第　一　版　开本：720 × 1000　1/16
2022 年　1 月第三次印刷　印张：12 1/4　插页：7
字数：231 000

定价：89.00 元

（如有印装质量问题，我社负责调换）

本书作者名单

朱继华　邢　锋　魏亮亮
朱森长　李婉倩　陈丕钰

前　言

近十几年来，我国重大基础设施建设以前所未有的规模高速发展。与内陆常规结构相比，滨海地区的桥梁和隧道等重大工程结构长期暴露在沿江沿海地区，环境腐蚀影响大，且承受多种类型的荷载作用。在腐蚀环境和复杂荷载耦合作用下，结构的耐久性和安全性问题突出。这一现象引起了科学界和工程界的密切关注。

混凝土的耐久性劣化主要是从混凝土或钢筋的材料劣化开始，包括混凝土碳化、钢筋腐蚀、冻融循环作用和碱-骨料反应等；其中氯离子引起的钢筋腐蚀破坏对滨海混凝土结构耐久性的影响较大，是混凝土结构耐久性破坏的主要形式之一。目前，针对滨海环境氯离子腐蚀作用下混凝土结构多重破坏机制的理论阐析和混凝土结构性能调控恢复等问题，均涉及不深。特别是在混凝土结构服役期间的材料内质调控、实现混凝土结构劣化性能恢复等多个关键问题，还未形成比较完善的理论和成熟的技术手段。基于现有研究，外加电流阴极保护（impressed current cathodic protection，ICCP）技术被公认为是一种可有效预防钢筋锈蚀的调控方法；当前广泛使用的结构加固（structural strengthening，SS）技术主要通过结构钢或纤维增强聚合物（fiber reinforced polymer，FRP）等结构加固材料与混凝土的共同受力变形，达到提高或修复结构力学性能的目的。

作为滨海环境下钢筋混凝土结构耐久性的保障方法，ICCP 技术和 SS 技术都具有一定的局限性。ICCP 技术虽然可以抑制钢筋的腐蚀，但是无法恢复前期钢筋腐蚀导致的结构力学性能劣化；SS 技术虽然可以提高或恢复结构承载力，但不能从根本上解决混凝土外部环境或内部有害元素（如海砂混凝土中的氯离子和硫酸根离子）对钢筋的持续侵蚀。实际工程中已有很多结构不止一次地进行加固，经常出现屡修屡坏的情况。因此，在工程实践中往往需要同时进行外加电流阴极保护与结构加固，以达到标本兼治的结构修复和加固效果。然而，外加电流阴极保护与结构加固这两种技术分属电化学和结构工程两个学科，彼此拥有独立的材料系统、技术要求和设计方法，导致钢筋混凝土结构耐久性防护问题更加复杂和困难。

碳纤维增强复合材料（carbon fiber reinforced polymer，CFRP）是一种以高分子环氧树脂为基体，以碳纤维为增强体，经过复合工艺制成的复合材料，因其轻质高强、耐腐蚀、耐疲劳、性能可设计等特性，已成为土木工程结构加固改造和增强的重要材料。CFRP 同时具有优异的导电性和稳定的电化学特性；采用 CFRP

为辅助阳极的钢筋混凝土，ICCP 技术可以将钢筋极化电位稳定地控制在免蚀区，从而有效抑制钢筋腐蚀。

本书作者率先研究了 CFRP 的双重功能，发明了结合外加电流阴极保护和结构加固（impressed current cathodic protection-structural strengthening，ICCP-SS）的钢筋混凝土结构耐久性复合干预技术，CFRP 同时作为 ICCP 的辅助阳极材料和 SS 的材料，实现了钢筋混凝土结构锈蚀与力学性能的双重保护，解决了结构屡修屡坏的工程难题，从而形成了有效解决钢筋混凝土结构耐久性和安全性问题的新思路，通过体系创新为滨海混凝土全寿命周期性能优化与劣化控制提供了新方法。

ICCP-SS 是一种新型组合结构体系，可用于新建钢筋混凝土结构，放宽了对混凝土原材料氯离子含量的要求，对氯离子浓度高的海水海砂的资源化应用具备独特的优势。采用 ICCP-SS 的海水海砂混凝土仍然可以采用普通钢筋，因此可以依托成熟的钢筋混凝土结构和组合结构设计、生产和施工体系，这对新结构和新材料技术的推广实践是至关重要的。因此，ICCP-SS 技术不仅可以为建筑工程领域提供一种新型钢筋混凝土结构耐久性复合干预技术，还可以提供一种安全且经济的海水海砂混凝土应用技术，具有广泛的工程应用前景和重大的社会意义。

ICCP-SS 的研发和推广将进一步促进各类碳纤维复合材料在土木工程领域的大规模应用。在 ICCP-SS 系统设计之初，应从社会可持续发展的角度思考结构服役周期终结时的废弃物处理问题。在建筑结构拆除过程中，碳纤维难以与基体材料分离，大大增加了建筑废弃物的回收难度与成本。同时，由于环氧树脂的三维交联网络和水泥基胶凝材料的不溶特性，各类碳纤维增强复合材料在普通环境下都无法自然降解，导致了严峻的环境问题。因此，本书介绍了作者研究团队发明的碳纤维增强复合材料绿色无损的回收技术，助力 ICCP-SS 技术的可持续发展。

本书涉及作者研究团队针对 ICCP-SS 技术的一系列多尺度、跨学科原创性研究工作，主要内容包括 CFRP 在阳极极化作用下的劣化机理和力学性能演变规律、ICCP-SS 技术对钢筋混凝土的腐蚀保护性能、界面性能的影响，以及碳纤维增强复合材料的回收技术等。朱继华和邢锋策划和组织全书撰写；魏亮亮参与了第 2 章和第 3 章的撰写；朱淼长参与了第 1 章和第 2 章的撰写；李婉倩参与了第 4 章的撰写；陈丕钰参与了第 5 章的撰写；最后由朱继华负责修改、补充并定稿。

如果没有邢锋教授的亲力亲为和排忧解难，很难想象 ICCP-SS 技术的研究工作能按既定路径如期展开。

感谢深圳大学韩宁旭教授、瑞典查尔莫斯理工大学唐路平教授和英国普利茅斯大学李龙元教授对 ICCP-SS 技术的无私指导和热心帮助。感谢苏玫妮博士对 ICCP-SS 技术工作的支持。感谢深圳大学刘伟博士和孙红芳博士对课题组前期工作的帮助。感谢深圳大学土木与交通工程学院和广东省滨海土木工程耐久性重点实验室全体科研人员对相关工作的支持。

感谢各类科研计划的支持。本书涉及的研究工作获得广东省重点领域研发计划项目（2019B111107002）、国家重点研发计划中国和日本科技联委会合作项目（2018YFE0124900）、国家自然科学基金项目（51538007/51861165204/51778370/51478269）、广东省自然科学基金重点项目（2017B030311004），深圳市科技计划项目（GJHZ20180928155819738/JCYJ20160308104259253/JCYJ20140418182819150）等十余项科研项目的资助。

本书介绍的 ICCP-SS 技术已被国际结构混凝土联合会（The International Federation for Structural Concrete）混凝土模式规范（fib Model Code 2020）和中国工程建设标准化协会标准《混凝土结构耐久性电化学技术规程》（T/CECS 565—2018）采纳。本书第 5 章介绍的碳纤维复合材料 EHD 回收方法获得 2018 年第 46 届日内瓦国际发明展特等金奖。

本书的撰写参考了许多专家、学者的专著、教程和其他文献，在此表示诚挚的谢意。限于作者的理论水平和实践经验，加之 ICCP-SS 技术又处于不断完善中，书中难免存在疏漏之处，恳请广大读者和专家批评指正。

朱继华

深圳大学土木与交通工程学院

2020 年 6 月

目　录

第1章 绪 论

1.1 滨海钢筋混凝土结构的耐久性问题

钢筋混凝土结构具有取材丰富、施工方便、可塑性好和成本较低等特点，已广泛应用于建筑、公路、桥梁、隧道、码头和港口等工程建设。过去人们认为钢筋混凝土的材料性能稳定，不会发生劣化，因此钢筋混凝土结构设计理论主要针对力学作用引起的安全性和适用性。随着钢筋混凝土结构服役时间的延长和相关领域研究的逐步深入，人们发现钢筋混凝土在力学作用和环境作用下材料性能不断衰退，甚至导致了不少结构安全性事故。这类问题一般称为钢筋混凝土结构的耐久性问题，并已经引起学术界和工程界的广泛关注和高度重视。

关于混凝土材料和结构的耐久性问题已经写入不同的规范。美国《混凝土耐久性指南》（*Guide to Durable Concrete*，ACI 201.2R-08）[1]中将普通硅酸盐水泥混凝土结构的耐久性定义为：混凝土对大气侵蚀、化学侵蚀、磨耗或任何其他劣化过程的抵抗能力。《混凝土结构耐久性设计标准》（GB/T 50476—2019）[2]对混凝土结构的耐久性定义为：在环境作用和正常维护、使用条件下，结构或构件在设计使用年限内保持其适用性和安全性的能力。这些描述都强调了混凝土材料和结构在力学作用与环境作用下发生劣化的事实，说明传统结构设计理论只考虑力学作用的做法是不够全面的。

引起钢筋混凝土性能劣化的原因是多样的，如钢筋腐蚀、硫酸盐侵蚀、碱-骨料反应、冻融循环作用等。Metha 在第二届混凝土耐久性国际会议主题报告《混凝土耐久性——五十年进展》中指出，造成混凝土破坏的原因主要是钢筋腐蚀，其次是寒冷气候下的冻害和侵蚀环境下的物理化学作用[3]。造成混凝土钢筋腐蚀的原因主要有混凝土碳化和氯盐侵蚀[4, 5]。混凝土碳化是混凝土结构所处环境的二氧化碳与混凝土孔溶液的碱发生化学反应，使得混凝土内部孔溶液的 pH 降低，钢筋表面钝化膜不能稳定存在，进而引起钢筋腐蚀。氯离子并不会与混凝土孔溶液发生反应，但其浓度在钢筋表面积累到一定程度后，会直接破坏钢筋表面的钝化膜，导致钢筋发生腐蚀。氯离子来源主要有使用含氯的混凝土外加剂，使用未经处理或处理后未达标的海砂等混凝土原材料，用以融化冰雪而使用的除冰盐及盐湖盐泽地环境等。由于氯离子导致钢筋腐蚀问题的广泛性和严重性，目前已有大量的研究致力于氯离子在混凝土内部的传输机理、氯离子引起的钢筋腐蚀劣化机理、腐蚀后钢筋混凝土构件的力学特性及多种针对钢筋腐蚀的结构修复方法。

对处于滨海环境下的混凝土结构，由于环境湿度较大，氯离子来源较丰富，氯离子导致的钢筋腐蚀过程更容易发生。世界各国滨海地区普遍存在较为严重的氯盐侵蚀问题，由此导致的钢筋腐蚀是影响滨海钢筋混凝土结构耐久性最主要且最广泛的原因。例如，1963 年南京水利科学研究所对沿海地区诸多海港工程展开调查，结果表明钢筋腐蚀导致的结构破坏占 3/4；1985 年对连云港码头两处上部钢筋混凝土结构的调查发现，因钢筋腐蚀造成劣化的梁分别占 58%和 84%，其中混凝土内部主筋界面最大损失超过 24%。我国海岸线较长，滨海钢筋腐蚀造成的混凝土结构耐久性问题愈加严重，造成了巨大的经济损失。因此，提高混凝土结构的耐久性和服役性能，延长其使用寿命，不仅能避免巨大的经济损失，还可缓解耐久性问题导致的修复、拆除和重建工程给资源和环境带来的压力，对于促进国民经济可持续发展具有重要意义。

1.2 钢筋混凝土结构耐久性干预技术

钢筋腐蚀是引起滨海钢筋混凝土结构耐久性劣化的最主要原因。钢筋发生腐蚀时，钢筋混凝土结构的力学性能随之退化。当力学性能不满足结构设计要求时，结构即存在不安全风险，甚至引发工程事故。钢筋腐蚀给混凝土结构造成的危害可以体现在以下方面[6, 7]：①钢筋腐蚀引起钢筋横截面的损失，导致钢筋的名义强度降低。②钢筋腐蚀产物体积较腐蚀前增大，导致混凝土内部形成膨胀应力，当其超过混凝土结构抗裂强度时即造成混凝土胀裂。新形成的裂缝为外部有害物质入侵混凝土内部提供了更便利的通道，从而进一步加速钢筋的腐蚀过程。③钢筋腐蚀产物存在于钢筋与混凝土之间，导致钢筋与混凝土之间的黏结性能降低，进而造成结构构件的力学性能退化。

国内外学者针对钢筋腐蚀机理及其对钢筋混凝土结构造成的危害开展了大量研究，从预防、性能修复或提升等不同角度提出了各种钢筋混凝土结构耐久性干预技术。这些技术的学术思路总体而言可以分为三类：①提高钢筋抗腐蚀能力；②改善混凝土性能；③修复或提升结构力学性能。

1.2.1 提高钢筋抗腐蚀能力

钢筋腐蚀是导致滨海钢筋混凝土结构耐久性劣化的主要诱因，因此提高钢筋自身在混凝土内部的抗腐蚀能力，就能显著提高混凝土结构的耐久性。这类以直接提高钢筋抗腐蚀能力为出发点的耐久性干预技术包括采用不锈钢筋或纤维增强聚合物（fiber reinforced polymer，FRP）筋代替普通钢筋的方法、钢筋表面布置涂层保护的方法及钢筋阴极保护方法等。

采用抗腐蚀能力良好的不锈钢筋代替普通钢筋与混凝土结合使用，能够抑制或减缓腐蚀介质对钢筋混凝土结构耐久性造成的劣化问题，但不锈钢筋成本高昂，限制了其推广应用。采用耐久性良好的纤维增强树脂加强筋（FRP 筋）代替普通钢筋，可以避免钢筋腐蚀造成的耐久性问题[8]。该方法在构件层面的研究已较为充分，但在结构层面仍需解决 FRP 筋的可焊性与连接问题，尚未形成系统的设计理论和施工方法。

钢筋表面布置涂层是一种保护钢筋的有效方法，其做法是将防腐涂层布置于钢筋表面，使其隔绝混凝土内部的有害物质，进而保护钢筋免受腐蚀。这类方法对涂层质量要求高，涂层内部不得出现孔隙、裂纹、坑洞等缺陷。其中，环氧树脂就是最常见的一种钢筋涂层材料[9]。

混凝土内部钢筋腐蚀是一个电化学过程，可采用电化学保护方法降低钢筋腐蚀速度。阴极保护是一种重要的电化学方法，该方法通过连接钢筋至电位更低的金属或外部电源的负极使钢筋发生阴极还原反应，以达到保护钢筋的目的[10]。阴极保护根据电流来源可分为牺牲阳极阴极保护和外加电流阴极保护。图 1-1（a）描述了针对钢筋混凝土的牺牲阳极阴极保护系统。牺牲阳极阴极保护将比铁更活泼的金属阳极材料布置在混凝土表面，并通过导线与被保护的钢筋相连，使得阳极材料表面发生阳极氧化反应，在钢筋表面则发生阴极还原反应。牺牲阳极阴极保护方法的效果取决于阳极材料与钢筋的电位差，易受环境因素的影响，保护电流的大小和输出范围有限，而且无法进行主动干预，因此该方法在混凝土结构的应用方面受到限制。

图 1-1（b）描述了针对钢筋混凝土的外加电流阴极保护系统。外加电流阴极保护（impressed current cathodic protection，ICCP）技术需将一种辅助阳极材料布置在混凝土表面，并将阳极和钢筋分别连接至外部电源的正极和负极；通过对混凝土内部钢筋施加阴极保护电流，使其电位负移至免蚀区域[11, 12]，从而达到保护钢筋的目的。图 1-2 是混凝土内部钢筋的腐蚀行为。外加电流阴极保护技术通过外部电源主动调整保护电流，克服了牺牲阳极阴极保护方法存在的弊端，更适合用来保护混凝土内部的钢筋。美国联邦公路管理局认为外加电流阴极保护技术是唯一能在氯盐环境下保护钢筋的方法[13]。国内外学者对不同的阳极材料开展了大量研究，如主阳极丝 + 导电聚合物[14]、热喷锌涂层[15-18]、导电油漆涂层[19, 20]及混合金属氧化物钛阳极[21-25]等。理论上，ICCP 的辅助阳极材料具有一定的力学性能且覆盖于结构的外表面，因此对结构的力学性能有益，完全可以作为结

构加固材料使用。然而，工程实践中常用的辅助阳极多为昂贵的贵金属材料，如混合金属氧化物钛阳极等，在实际应用中需要严格控制用量，其对结构力学性能的增益效果可忽略不计。

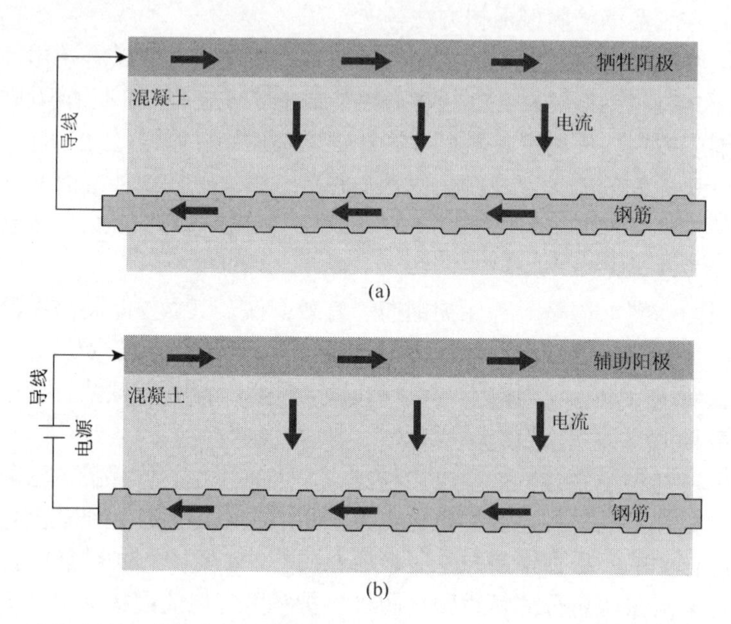

图 1-1　钢筋混凝土的牺牲阳极阴极保护系统（a）和外加电流阴极保护系统（b）

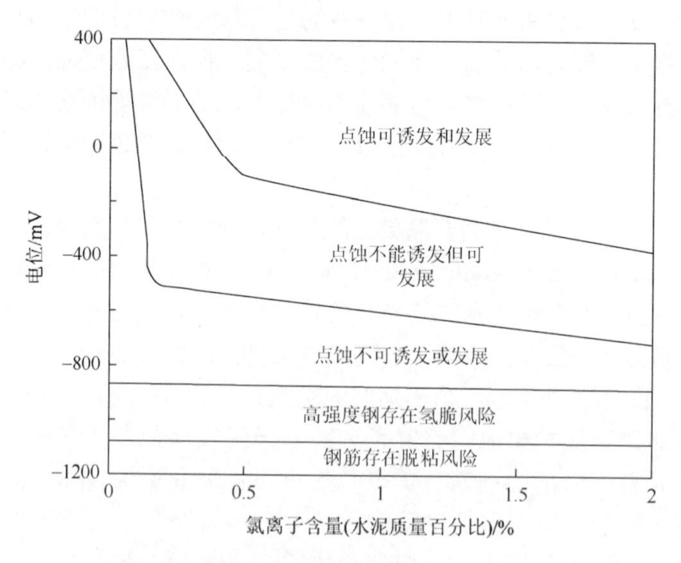

图 1-2　混凝土内部钢筋的腐蚀行为[11, 12]

还应注意的是，采用不锈钢和钢筋表面布置涂层的做法更多是为了预防钢筋腐蚀，对已经存在钢筋腐蚀问题的混凝土结构是不适用的，而外加电流阴极保护技术则不仅可以作为新建结构的预防方法（此时称作外加电流阴极防护），亦能用来抑制或减缓已有结构的钢筋腐蚀。

1.2.2　改善混凝土性能

正常情况下，混凝土孔溶液存在大量的氢氧根离子和碱金属离子（如 Na^+, K^+, Ca^{2+}），其 pH 约 12.5～13.0，这使得钢筋表面会形成一层致密的钝化膜，保护钢筋即使在水和氧气的条件下亦不会发生腐蚀。当外部环境的有害物质侵入混凝土内部，导致混凝土内部的碱性环境不能保持或直接破坏钢筋钝化膜，便会引起钢筋腐蚀。因此，可通过提升混凝土的材料性能，避免或减缓有害物质在混凝土的渗透或侵蚀，进而提升钢筋混凝土结构的耐久性。这些方法包括提高混凝土密实度和优化混凝土孔结构，提升混凝土对氯离子的固化能力，采用混凝土表面涂层抑制外部有害物质的入侵，以及提高混凝土的保护层厚度，等等。

提高混凝土密实度和优化混凝土孔结构，可减小混凝土的孔隙率，降低有害物质在混凝土内部的传输速率，延迟有害物质到达钢筋表面的时间，进而提高钢筋混凝土结构的耐久性。工程中可通过调整混凝土水灰比、添加矿物掺合料及改善混凝土拌制和振捣等提高混凝土密实度和优化混凝土孔结构。

提升混凝土对氯离子的固化能力，可减小氯离子在混凝土内部的传输速率。氯离子在混凝土内有两种存在状态：一是在混凝土孔溶液中以游离态的形式存在，亦称作自由态；二是与混凝土组分通过物理吸附或化学结合以固化态的形式。只有游离态的氯离子在钢筋表面积累到一定浓度后，才会引起钢筋腐蚀。混凝土对氯离子的固化表现为物理吸附与化学结合，前者作用较后者弱。研究证实[26, 27]，混凝土内部含有较多的含铝矿物成分时，对氯离子的固化作用更强。因此，通过改善混凝土的组成或添加含铝的矿物时，可以提高混凝土对氯离子的固化能力。

混凝土表面涂层可以抑制有害物质的入侵[9]。混凝土表面涂层可分为无机涂层和有机涂层。比较常见的无机涂层是渗透结晶型防水涂层，具有绿色环保、防水抗渗、耐久性好等优点。有机涂层主要包括环氧涂层、聚氨酯涂层、丙烯酸涂层等。通过在混凝土表面布置涂层，不仅能阻隔外部有害物质进入到混凝土内部，同时还能阻隔促进钢筋腐蚀反应的水分和氧气，达到延缓钢筋腐蚀的目的。

增加混凝土保护层的厚度可以直接增加混凝土表面到钢筋的距离，延长有害物质到达钢筋表面的时间，从而延长混凝土结构的使用寿命。增加混凝土保护层厚度的做法简单直接，效果明显，是目前设计中提高混凝土结构耐久性的主要方法之一[2]。

综上所述，以改善混凝土性能为目标的方法，大多通过改善混凝土组成和微观结构，设置混凝土表面涂层或增加混凝土保护层厚度，从而延迟混凝土结构钢筋起锈时间，提高混凝土结构的耐久性。

1.2.3 修复或提升结构力学性能

结构的基本功能是承担荷载作用，而结构的耐久性劣化通常最终反映为结构的承载性能退化。因此，虽然在工程实践中广泛应用的各类结构加固技术不以提升结构耐久性为基本出发点，但可以通过提高结构承载性能从而间接地提升结构耐久性。当前应用较为普遍的钢筋混凝土结构加固技术包括增大截面加固法、预应力加固法、粘钢补强加固法、粘贴纤维增强复合材料加固法等[28]。

增大截面加固法[28]是指将原有的结构构件截面尺寸增大或提高构件截面的配筋，弥补钢筋腐蚀对构件力学性能造成的损失，提高构件的力学性能。该方法工艺简单，增强效果显著，但存在增加结构自重、改变构件外观及影响建筑使用空间等缺点。

预应力加固法[28]是通过采用施加预应力的钢拉杆或撑杆对结构进行整体加固的方法。该方法改变了结构的受力体系，采用预应力钢拉杆或撑杆分担部分原结构构件的应力，减小原结构构件的内力，从而使得钢筋腐蚀劣化后的构件仍然满足结构承载能力和使用性能的要求。由于实际工程中结构的受力体系难以更改，所以该方法的应用限制较多。

粘钢补强加固法[28]是指通过在混凝土结构构件外部黏结钢材来提高构件的承载能力，以达到满足结构承载能力和使用功能的要求。这种方法提高构件性能的关键在于外部粘贴钢材与基材混凝土之间的荷载传递。该方法对结构构件的外观影响较小，可有效提高混凝土结构的承载能力，但钢板自重大，施工难度高，而且存在钢板腐蚀劣化的风险。

粘贴纤维增强复合材料加固法[28]与粘钢补强加固法类似，其区别在于用纤维增强复合材料代替钢材粘贴到混凝土构件表面。由于纤维增强复合材料具有轻质、高强、耐腐蚀和耐久性好等特点，该方法成为钢筋混凝土结构最主要的加固方法。该方法除了不影响结构外观，还具有施工过程便捷、不增加结构自重及不会腐蚀等优点，但其施工对环境条件要求高，粘贴材料有毒，同时存在高温环境及长期环境因素作用下纤维增强复合材料性能退化显著等缺点。

上述结构加固技术能有效提升结构的承载能力，而且研究成熟，并可依据相关规范进行设计[28]。这些结构加固技术主要针对承载能力不足的既有结构，是结构性能劣化后的修复提升方法。然而，对于遭受钢筋腐蚀问题的钢筋混凝土结构，虽然应用结构加固技术能保障短时期内结构的承载能力，但若钢筋腐蚀未能得到有效控制，结构的承载能力将继续劣化，进而导致其再一次不满足结构性能的要求。因此，可以预见的是，对遭受钢筋持续腐蚀作用的结构，有必要不止一次地采用结构加固技术来保障结构服役期间的安全性能。FRP 加固的钢筋混凝土结构如图 1-3 所示[29]。

图 1-3　FRP 加固的钢筋混凝土结构[29]

1.3　基于碳纤维增强复合材料双重性能的钢筋混凝土结构耐久性复合干预技术——ICCP-SS

氯离子导致的钢筋腐蚀是钢筋混凝土结构耐久性劣化的最主要特征，并进而导致结构安全性和适用性的退化。ICCP 技术已被证明是一种有效的甚至是唯一能在盐污染环境中有效阻止结构物腐蚀的修复技术[13]。然而，ICCP 虽然可以抑制钢筋的腐蚀，但是无法修复前期钢筋腐蚀导致的结构力学性能劣化。SS 技术虽然可以直接提高或恢复结构承载力，从而保障修复后钢筋混凝土结构的安全性和适用性，但不能从根本上解决混凝土外部环境或内部有害元素（如海水海砂混凝土中的氯离子和硫酸根离子等）对钢筋的持续侵蚀。实际工程中已有很多结构不止一次地进行加固，经常出现屡修屡坏的情况。作为混凝土结构耐久性的保障策略，ICCP 技术和 SS 技术都具有一定的局限性。因此，在工程实践中往往需要同时进行阴极保护与结构加固，以达到标本兼治的结构修复和加固效果。然而，ICCP 技术和 SS 技术分属电化学和结构工程两个学科，彼此拥有独立的材料系统、技术要求和设计方法，导致混凝土结构耐久性防护问题更加复杂和困难。

能否将 ICCP 技术与 SS 技术进行结合，进而得到一种兼具二者优点的新型钢筋混凝土结构耐久性干预技术？一个典型的混凝土外加电流阴极保护系统一般包括辅助阳极、参比电极、电源和控制系统[30]，如图 1-1（b）所示。理论上，ICCP 的辅助阳极材料具有一定的力学性能且覆盖于结构的外表面，因此对结构的力学性能有益，完全可以作为结构加固材料。因此，有必要找到一种同时满足阴极保护辅助阳极和结构加固双重功能要求的材料，从而形成 ICCP 技术与 SS 技术的有机结合。进一步考虑，利用这种双重功能材料有可能通过体系创新得到解决钢筋混凝土结构耐久性和安全性问题的新思路。

碳纤维（carbon fiber，CF）是含碳量超过 95%的丝状材料，具有力学性能优异、化学稳定性好、耐腐蚀及导电性好等特点。碳纤维增强复合材料（carbon fiber reinforced polymer，CFRP）是以高分子环氧树脂为基体，以碳纤维为增强体的复合材料，因其轻质高强、耐腐蚀和性能可设计等特性，已成为土木工程结构加固改造和增强的重要材料[28, 29]。由于碳纤维表面呈惰性，含氧官能团少，浸润性低，造成纤维与树脂基体的黏结较弱。为此，不少学者提出多种表面处理方法，通过对纤维的表面进行改性，如增加纤维表面官能团和提高浸润性等，进而增强纤维与树脂基体的黏结。这些表面处理方法包括电化学阳极氧化法、等离子处理法及射线照射处理法等，其中电化学阳极氧化法是一种广泛使用的方法[31]。电化学阳极氧化法利用碳纤维的导电性能，将其浸入电解质溶液中并通过阳极电流使其表面发生阳极氧化反应，进而达到改性纤维表面的目的。实施该方法时，纤维作为阳极，并且在较短的时间内通过较大的电流，以保证表面改性的效果。可以看出，碳纤维能够作为电解池的阳极，可通过纤维/电解质界面的阳极氧化反应有效传递电荷。以此为基础，碳纤维逐渐应用于钢筋混凝土的外加电流保护系统，或者是以短纤维形式掺入到砂浆中作为次阳极[32, 33]，或者是以连续纤维的形式直接作为主阳极[34-36]。以碳纤维作为辅助阳极构建的钢筋混凝土外加电流阴极保护系统，可有效保护混凝土内部的钢筋免遭腐蚀。

从跨学科的视角出发，将 CFRP 同时作为辅助阳极和结构加固材料，通过 ICCP 技术和 SS 技术的有机结合，实现对钢筋混凝土结构抗腐蚀能力与承载能力的复合干预的学术思想是可行的。

朱继华等率先研究了 CFRP 的双重功能[37, 38]，并提出了结合阴极保护和结构加固（impressed current cathodic protection-structural strengthening，ICCP-SS）的钢

筋混凝土结构耐久性复合干预技术[39-41]——ICCP-SS 技术。ICCP-SS 技术不仅可以实现钢筋锈蚀保护，还可以提高结构力学性能，可用于既有钢筋混凝土结构的耐久性修复与性能提升。另外，ICCP-SS 技术是一种新型组合结构体系，还可用于新建钢筋混凝土结构，对于氯离子浓度高的海水海砂的资源化应用具备独特的优势。采用 ICCP-SS 技术的海水海砂混凝土仍然可以采用普通钢筋，因此可以依托成熟的钢筋混凝土结构和组合结构设计、生产和施工体系，这对于新结构和新材料技术的推广实践是至关重要的。ICCP-SS 系统简图如图 1-4 所示。

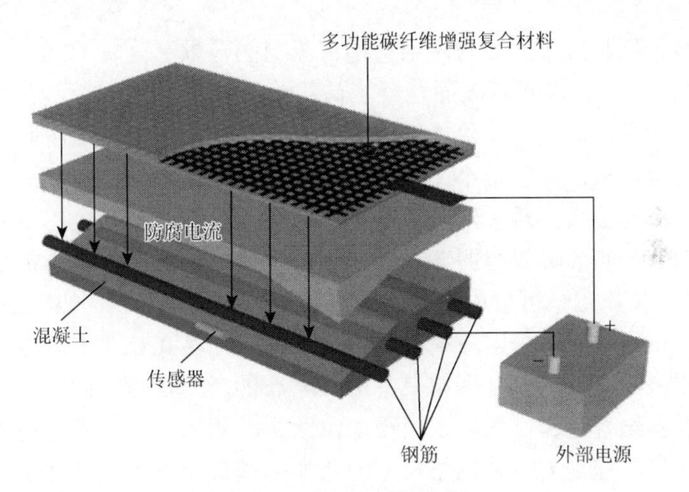

图 1-4 ICCP-SS 系统简图

1.4 ICCP-SS 技术的设计理念与挑战

基于 CFRP 的双重功能材料设计及衍生的界面性能演变是 ICCP-SS 技术的核心和关键课题。考虑 CFRP 的可设计性和产品的多样性，ICCP-SS 技术不必也不应该局限于某种特定的 CFRP 材料形式，但以下几点应予以重点考虑。

1.4.1 双重功能材料的成本

一般而言，材料成本不应该成为一项科学研究的前置条件。但是，ICCP-SS 技术具备明确的应用对象，同时既有 ICCP 技术和 SS 技术已经非常成熟，存在清晰的市场规则。如果抛开材料成本，当前 ICCP 技术常用的贵金属辅助阳极材料，如混合金属氧化物钛阳极等，已经是非常优秀的双重功能材料，甚至可能具备比 CFRP 更好的性能。因此，双重功能材料的成本必须从 ICCP-SS 技术研究的源头进行顶层设计。

作为结构材料，CFRP 中碳纤维的含量越高，价格越高，承载力也越高，但应注意 CFRP 相比其他常用结构材料并不具备性价比优势。反之，作为 ICCP 技术的辅助阳极材料，CFRP 相比其他常用阳极材料具备明显的性价比优势，但是其阳极性能不能简单地以碳纤维的含量（成本）评判，必须从电化学反应体系的角度进行选择和优化设计。因此，从工程实践可行性角度出发，CFRP 双重功能材料的设计思路宜以充分发挥其阳极性能为主，即首先基于 ICCP 技术的需求设计 CFRP 阳极，进而考虑合理利用其力学性能。

CFRP 有多种型式，如各类规格的型材、筋、布、网格等。截至 2020 年，CFRP 型材的价格远远超过了工业与民用结构可承担的范围，同时 CFRP 型材环氧树脂含量非常高，一般需要进行表面打磨才具备较好的导电性，工程实践可行性较差。CFRP 筋的力学性能较好，价格近年来已较为合理，但是环氧树脂含量较高，并且筋形成的点电极表面积最小，不符合 ICCP 技术的基本设计思路。此外，CFRP 筋不可焊且不易连接，难以形成长期可靠的电通路，这是 ICCP 工程实践中的关键问题。CFRP 布的环氧树脂含量低，价格低廉，材料成本可为市场接受。同时 CFRP 布柔软易施工，可形成完整可靠的大表面积导电网络，似乎是较好的选择。但是 CFRP 布通常需要采用环氧树脂固化，无法实现 ICCP-SS 功能，这一点将在 1.4.3 节中详细讨论。CFRP 网格具备 CFRP 布的类似优点，同时可较好地与导电无机胶凝材料结合工作，优化了阳极工作性能，从 ICCP 技术的需求角度来看是最合适的选择。但是 CFRP 网格在 CFRP 布的基础上进一步牺牲了单位尺寸的力学性能，这是其不足之处。

基于对上述原材料、施工和连接等成本因素的综合考虑，本书将首先采用 CFRP 网格开展研究。随着 ICCP-SS 技术的深入探索，以及复合材料和胶凝材料等相关学科的发展，相信会涌现出更多不同的材料和型式。

1.4.2　阳极/阴极面积比

钢筋混凝土 ICCP 系统由电极系统组成。ICCP 的基本功能是在钢筋混凝土结构服役周期内实现对阴极（钢筋）的锈蚀保护，需要在设计好的阴极电流密度作用下长期工作。与此同时，阳极（CFRP）因为氧化反应而消耗，导致阳极材料性能不断劣化。阳极材料的劣化无法避免，但是可以通过良好的材料设计和体系优化予以缓解。由于阴极和阳极在服役周期内电量密度相等，因此提高阳极/阴极电极面积比，就可以在实现阴极保护的前提下维持较小的阳极电流密度，从而延缓阳极材料性能劣化，提升 ICCP 系统服役寿命。电极面积难以准确测量，因此工程中通常采用电极表面积计算电流密度。所以，一个设计良好的 ICCP 系统通常将阳极材料布置于混凝土结构外表面以得到理论上最大的阳极面积。

在ICCP-SS系统中，CFRP不仅是阳极材料，还需要发挥力学性能分担荷载，因此应基于结构型式和服役需求设计尽量大的阳极表面积，从而延缓CFRP的劣化。显然，假定消耗相同数量的碳纤维（成本），CFRP筋是点阳极，其表面积最小，是最不利的选择；CFRP布是面阳极，可布置于混凝土结构外表面，形成最大的名义阳极面积；CFRP网格不仅可形成与CFRP布类似的面阳极，还有利于与导电基体材料形成三维导电网络，进一步增大阳极面积，是较为有利的设计思路。

1.4.3 有机与无机胶凝材料

在结构加固技术中，CFRP常用环氧树脂粘贴于混凝土表面。由于环氧树脂是不导电的有机胶凝材料，很自然地会产生通过提升环氧树脂导电性来实现ICCP-SS技术的想法[42-44]。实现ICCP-SS技术的另外一种思路是采用无机胶凝材料，如水泥基胶凝材料，形成碳纤维增强水泥基复合材料（carbon fabric-reinforced cementitious matrix，C-FRCM）来实现双重功能。采用有机胶凝材料与无机胶凝材料时反应机理与系统构成具有本质区别。

电极反应的本质是在相界面（即电极与电解质接触界面）上，电荷在电子载体与离子载体之间进行转移和传递的过程。电解质之所以可以导电，是因为电解质在水溶液中或熔融状态下可以离解成离子，这是电解质与非电解质的本质区别。众所周知，混凝土含有许多电解质无机化合物和孔洞结构，在水溶液中可以离解出离子并传导，否则外界环境中的有害离子就无法穿越混凝土导致混凝土内部钢筋腐蚀；相应地，阴极保护系统也无法将混凝土内部有害离子转移至阳极区并进而保护钢筋。同理，以水泥浆体为主要成分的无机胶凝材料同样可以离解出离子并传导。反之，环氧树脂属于典型的非电解质有机化合物，外部物质（如离子、电子和气体等）很难渗透进环氧树脂胶凝材料。即使外部物质在较长时间或极端环境下能渗透进环氧树脂胶凝材料，此时的环氧树脂胶凝材料通常已经产生了严重的劣化。

图1-5采用混有导电颗粒的环氧树脂胶凝材料[42-44]作为黏结剂将碳纤维材料粘贴在混凝土表面。接入电源后形成电通路如下：电子从电源负极经过电缆导线流进埋置在混凝土中的钢筋内，溶液中的活性物质（如O_2，H_2O）在钢筋表面得到电子发生还原反应（阴极反应），产物离子向钢筋/混凝土相界面扩散；混凝土溶液中的离子在外加电场作用下向电场反方向移动；同时，阳极表面的活性物质（如H_2O，OH^-，Cl^-）在导电颗粒表面失去电子发生氧化反应（阳极反应），电子通过环氧树脂内部导电颗粒传导到碳纤维上，再由碳纤维转移到外电路，形成闭合回路。在上述的电通路过程中，有两处发生了电极反应：一处是与溶液接触的钢筋表面（阴极电极），即阴极反应；另一处是环氧树脂表层上与溶液接触的导电

颗粒（阳极电极），即阳极反应。由此可见，在这个体系中充当阴极的是钢筋，充当阳极的是环氧树脂表层的导电颗粒。CFRP 在这个电通路中的作用是传递电子，其本质是起到了导线的作用，而不是阳极电极的作用。显然，如果只考虑 ICCP 技术，图 1-5 中的 CFRP 可以用任何导电材料代替，不会对性能产生影响。因此，采用有机胶凝材料时，如图 1-5 所示体系并不是 ICCP 技术与 SS 技术的有机结合，而是两种技术的简单叠加，并导致界面性能迅速劣化，ICCP 系统即使在实验室环境下也仅能维持极短的时间。

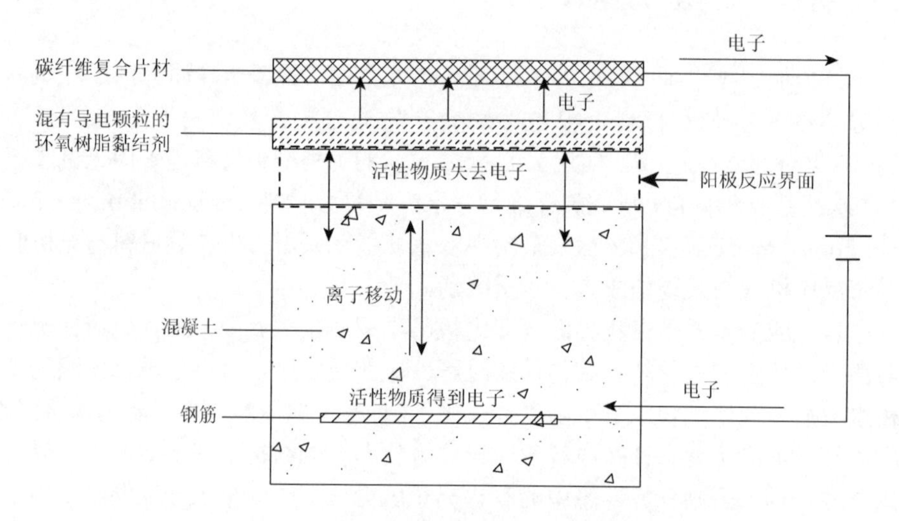

图 1-5　采用有机胶凝材料的电化学反应体系

图 1-6 采用无机基胶凝材料作为黏结剂将碳纤维粘贴在混凝土表面，形成 C-FRCM。接入电源后电通路形成过程如下：电子从电源负极经过电缆导线流进埋置在混凝土中的钢筋内，溶液中的活性物质（如 O_2，H_2O）在钢筋表面上得到电子发生还原反应（阴极反应），形成的离子产物向钢筋/混凝土界面扩散；混凝土和无机凝胶溶液中的离子在外加电场作用下向电场反方向移动；同时，另一端溶液中的活性物质（如 H_2O，OH^-，Cl^-）在碳纤维表面失去电子发生氧化反应（阳极反应），形成的离子产物向碳纤维/凝胶界面扩散；转移的电子通过碳纤维导入外电路，形成闭合回路。在上述的电通路过程中，同样有两处发生了电极反应：一处是与溶液接触的钢筋表面（阴极电极），即阴极反应；另一处是与溶液接触的碳纤维（阳极电极），即阳极反应。所以，系统中的阳极电极是碳纤维复合材料。因此，采用无机胶凝材料时，图 1-6 所示体系是以碳纤维复合材料同时作为阳极材料和结构材料，从而实现 ICCP 技术与 SS 技术的有机结合。

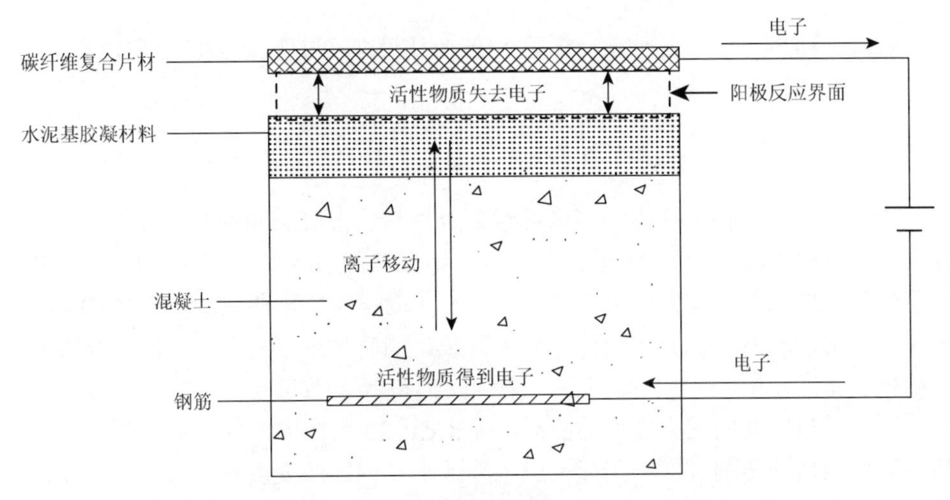

图 1-6 采用无机胶凝材料的电化学反应体系

诚然，无论采用何种胶凝材料，只要能够从腐蚀和承载力两个方面有效提升钢筋混凝土结构耐久性即可视为有效的复合干预技术。但是，图 1-5 中阳极反应发生于环氧树脂与混凝土界面；而环氧树脂的抗老化性能和耐久性较差，阳极反应会进一步导致界面性能迅速劣化，放大了 ICCP 技术与 SS 技术相结合的劣势，严重影响结构耐久性[42-44]。图 1-6 中阳极反应发生于无机胶凝材料与碳纤维界面；无机胶凝材料不仅本身性能稳定，同时还可通过各种改性技术改善导电性能和长期极化性能，进而与碳纤维复合材料形成具备三维导电网络的主次阳极系统，进一步增大阳极面积，提高系统耐久性，结合了 ICCP 技术和 SS 技术的优势。

因此，本书将基于水泥基胶凝材料构建 ICCP-SS 系统。

1.4.4 面向可持续发展的科学研究

ICCP-SS 技术的研发和推广将进一步促进碳纤维复合材料在土木工程领域的大规模应用。在 ICCP-SS 系统设计之初，应从社会可持续发展的角度思考结构服役周期终结时的废弃物处理问题。

在建筑结构拆除过程中，碳纤维难以与基体材料分离，大大增加了建筑废弃物的回收难度与成本。同时，由于环氧树脂的三维交联网络和水泥基胶凝材料的不溶特性，各类碳纤维复合材料在普通环境下都无法自然降解，导致了严峻的环境问题。碳纤维复合材料废弃物若采用直接填埋的方式，不仅会占用大量宝贵的用地，而且给环境带来长久的污染；焚烧方式则会产生大量二氧化碳和有毒气体，进一步污染环境。值得注意的是，通常废弃物中的碳纤维仍然保持良好的材料性能，具备较高的再利用价值。因此，研发碳纤维增强复合材料高效环保的回收技术是涉及土木工程、航天工程和交通工程等碳纤维复合材料应用领域可持续发展的重要课题。

1.5 小　　结

ICCP-SS 系统内存在多功能碳纤维复合材料、混凝土和钢筋三种主要材料，以及多功能材料/混凝土和钢筋/混凝土两个主要界面。ICCP-SS 系统能否发挥其标本兼治的长期功效，首先取决于所选用的多功能材料的长期性能。在 ICCP-SS 系统中，多功能材料不仅分担结构传来的荷载，同时发挥辅助阳极功能，长时间遭受阳极极化的作用。同时，多功能材料/混凝土和钢筋/混凝土界面良好的黏结性能是保证三种材料共同受力变形的前提。在 ICCP-SS 系统中，多功能材料/混凝土界面同时作为荷载传递界面和阳极反应相界区，其性能演变影响体系服役寿命。钢筋/混凝土界面同样可能由于电化学反应出现过保护（碱化）或欠保护（腐蚀）的现象，并影响钢筋与混凝土共同工作。如进一步考虑服役期间结构内、外部工作环境的变化对材料和界面性能的影响，将使上述问题更加复杂。

本书涉及作者研究团队针对 ICCP-SS 技术的一系列多尺度、跨学科原创性研究工作。应该强调的是，虽然本书将主要基于 CFRP、C-FRCM 和水泥基胶凝材料探讨 ICCP-SS 技术，但是 ICCP-SS 系统的本质是钢筋混凝土结构 ICCP 技术和 SS 技术的有机结合。任何满足上述两种技术功能要求的材料或结构型式，都可以纳入本书提出的 ICCP-SS 系统。

参 考 文 献

[1] ACI Committee 201. Guide to Durable Concrete：ACI 201.2R-08 [S]. 2008.

[2] 中华人民共和国住房和城乡建设部. 混凝土结构耐久性设计标准：GB/T 50476—2019[S]. 北京：中国建筑工业出版社，2019.

[3] Mehta P K. Concrete durability-fifty years progress[C]//Proceeding of 2nd International Conference on Concrete Durability，ACI SP126-1，1991：1-31.

[4] Kumar V. Protection of steel reinforcement for concrete：A review [J]. Corrosion Reviews，1988，16（4）：317-358.

[5] Moreno M，Morris W，Alvarez M G，et al. Corrosion of reinforcing steel in simulated concrete pore solutions：Effect of carbonation and chloride content [J]. Corrosion Science，2004，46（11）：2681-2699.

[6] 金伟良，赵羽习. 混凝土结构耐久性[M]. 北京：科学出版社，2002.

[7] 何世钦. 氯离子环境下钢筋混凝土构件耐久性能试验研究[D]. 大连：大连理工大学，2004.

[8] 叶列平，冯鹏. FRP 在工程结构中的应用与发展[J]. 土木工程学报，2006，39（3）：24-36.

[9] 洪乃丰. 混凝土中钢筋腐蚀与防护技术（5）：混凝土外涂层防护与涂层钢筋[J]. 工业建筑，1999，29（12）：56-58.

[10] Byrne A，Holmes N，Norton B. State-of-the-art review of cathodic protection for reinforced concrete structures[J]. Magazine of Concrete Research，2016，68（13）：664-677.

[11] Pedeferri P. Cathodic protection and cathodic prevention[J]. Construction and Building Materials，1996，10（5）：

391-402.

[12] Bertolini L，Bolzoni F，Pedeferri P，et al. Cathodic protection and cathodic prevention in concrete：Principles and applications[J]. Journal of Applied Electrochemistry，1998，28（12）：1321-1331.

[13] Barnhart R A. FHWA Position On Cathodic Protection Systems[M]. Washington，DC：US Federal Highway Administration，1982.

[14] 杜荣归，黄若双，赵冰，等. 钢筋混凝土结构中阴极保护技术的应用现状及研究进展[J]. 材料保护，2003，36（4）：11-14.

[15] Holcomb G R，Bullard S J，Covino Jr B S，et al. Electrochemical aging of thermal-sprayed zinc anodes on concrete[R]. Albany Research Center，OR（US），1996：1-15.

[16] Cramer S D，Covino Jr B S，Holcomb G R，et al. Thermal sprayed titanium anode for cathodic protection of reinforced concrete bridges[J]. Journal of Thermal Spray Technology，1999，8（1）：133-145.

[17] Covino Jr B S，Cramer S D，Bullard S J，et al. Thermal spray anodes for impressed current cathodic protection of reinforced concrete structures[J]. Materials Performance，1999，38（1）：27-33.

[18] Brousseau R，Arnott M，Baldock B. Laboratory performance of zinc anodes for impressed current cathodic protection of reinforced concrete[J]. Corrosion，1995，51（8）：639-644.

[19] Clemeña G G，Jackson D R. Long-term performance of conductive-paint anodes in cathodic protection systems for inland concrete piers in Virginia[J]. Transportation Research Record：Journal of the Transportation Research Board，1998，1642（1）：43-50.

[20] 许世力，郑忠立. 用于钢筋混凝土构筑物阴极保护中的导电油漆[J]. 材料保护，1994，27（10）：14-16.

[21] Hayfield P C S，Warne M A. Titanium based mesh anode in the catholic protection of reinforcing bars in concrete[J]. Construction and Building Materials，1989，3（3）：152-158.

[22] 蔡天晓，陈航，鞠鹤，等. 钢筋混凝土阴极保护用高性能涂层钛阳极[J]. 腐蚀与防护，2006，27（10）：522-525.

[23] Kroon D H，Ernes L M. MMO coated titanium anodes for cathodic protection[J]. Materials Performance，2007，46（5）：26-29.

[24] Bennett J E，Turk T，Tettamanti M，et al. Testing of discrete titanium anodes for cathodic protection of reinforced concrete[C]//International Corrosion Conference Series，2009.

[25] Clemeña G G，Jackson D R. Cathodic protection of concrete bridge decks using titanium-mesh anodes[R/OL]. (2000-02-01)[2020-05-25]. https://rosap.ntl.bts.gov/view/dot/15334.

[26] Kayali O，Khan M S H，Ahmed M S. The role of hydrotalcite in chloride binding and corrosion protection in concretes with ground granulated blast furnace slag[J]. Cement & Concrete Composites，2012，34（8）：936-945.

[27] Luoa R，Caib Y，Wangb C，et al. Study of chloride binding and diffusion in GGBS concrete[J]. Cement & Concrete Research，2003，33（1）：1-7.

[28] 中华人民共和国住房和城乡建设部. 混凝土结构加固设计规范：GB 50367—2013 [S]. 北京：中国建筑工业出版社，2013.

[29] 佚名. 粘贴碳纤维加固混凝土有什么优点？[Z/OL]. (2018-10-11)[2020-05-25]. http://www.klh68.com/Article/zttxwjghnt_1. html.

[30] 中国工程建设标准化协会. 混凝土结构耐久性电化学技术规程：T/CECS 565—2018[S]. 北京：中国建筑工业出版社，2018.

[31] Tiwari S，Bijwe. Surface treatment of carbon fibers-A review[J]. Procedia Technology，2014，14：505-512.

[32] Bertolini L，Bolzoni F，Pasto T，et al. Effectiveness of a conductive cementitious mortar anode for cathodic protection of steel in concrete[J]. Cement & Concrete Research，2004，34（4）：681-694.

[33] Xu J，Yao W. Electrochemical studies on the performance of conductive overlay material in cathodic protection of reinforced concrete[J]. Construction and Building Materials，2011，25（5）：2655-2662.

[34] Mork J H，Mayer S，Asheim R. The performance of cathodic protection on harbor and jetty of Honningsvåg Norway[C]//Proceeding of the 5th International Conference on Concrete Structures Under Extreme Conditions of Environment and Loading，CONSEC'07，2007.

[35] Lee-Orantes F，Torres-Acosta A A，Martínez-Madrid M，et al. Cathodic protection in reinforced concrete elements，using carbon fibers base composites[J]. Ecs Transactions，2007，3（13）93-98.

[36] Chini M，Antonsen R，Vennesland O，et al. Polarization behavior of carbon fiber as an anodic material in cathodic protection[C]//11th International Conference on Durability of Building Materials and Components，Istanbul，Turkey，2008：1-7.

[37] Zhu J H，Zhu M C，Han N X，et al. Behavior of CFRP plate in simulated ICCP system of concrete structures[C]//Proceedings of the 4th International Conference on the Durability of Concrete Structures，Purdue University，West Lafayette，Indiana，USA，2014.

[38] Zhu J H，Wei L L，Moahmoud H，et al. Investigation on CFRP as dual-functional material in chloride-contaminated solutions[J]. Construction and Building Materials，2017，151，127-137.

[39] 朱继华，邢锋，韩宁旭，等. 具阴极防护功能的 CFRP-钢筋混凝土组合结构及方法：CN103215601A [P]. 2013-07-24.

[40] 邢锋，朱继华，韩宁旭，等. 采用 CFRP 阳极的钢筋混凝土结构阴极保护方法及装置：CN103205757A [P]. 2013-07-17.

[41] Zhu J H，Su M N，Huang J Y，et al. The ICCP-SS technique for retrofitting reinforced concrete compressive members subjected to corrosion[J]. Construction and Building Materials，2018，167：669-679.

[42] Gadve S，Mukherjee A，Malhotra S N. Corrosion protection of fiber-reinforced polymer-wrapped reinforced concrete[J]. ACI Materials Journal，2010，107（4）：349-356.

[43] Gadve S，Mukherjee A，Malhotra S N. Active protection of fiber-reinforced polymer-wrapped reinforcedconcrete structures against corrosion[J]. Corrosion，2011，67（2）：1-11.

[44] van Nguyen C，Lambert P，Mangat P，et al. The performance of carbon fibre composites as ICCP anodes for reinforced concrete structures[J]. International Scholarly Research Network ISRN Corrosion，2012，2012：1-9.

第2章　CFRP的双重性能研究

2.1　引　　言

ICCP-SS 技术的核心组成部件是同时承担辅助阳极和结构加固作用的多功能材料。多功能材料的性能直接影响 ICCP-SS 技术对钢筋混凝土结构耐久性的复合干预效果。碳纤维增强复合材料（CFRP）具有优异的力学性能和导电性能，具备成为服务于 ICCP-SS 技术的多功能材料的潜质。但是，采用 ICCP 技术，CFRP 发生的电极反应可能受到混凝土孔溶液的化学组成和电流密度等因素的影响，进而影响 CFRP 的工作性能。

文献[1]指出，对于钢筋混凝土外加电流阴极保护系统中的辅助阳极，需要测试其在不同溶液中的性能，这些溶液包括 NaCl 溶液、模拟混凝土孔溶液和 NaOH 溶液。此外，滨海环境下的钢筋混凝土结构具备环境湿度较大、氯离子来源较丰富、钢筋腐蚀更加容易发生等特点，导致滨海钢筋混凝土结构的耐久性问题愈加突出。根据结构及其部位所处的环境不同，混凝土内部氯离子浓度变动较大，是影响滨海环境下钢筋混凝土结构耐久性的重要因素。因此，有必要开展 CFRP 在不同氯离子浓度溶液下的性能研究。

本章研究 CFRP 在不同溶液环境下的长期电化学工作性能和力学性能。首先开展 CFRP 在不同种类溶液下的恒电流阳极极化试验，监测和观察 CFRP 试件的驱动电压和电位演变规律，研究 CFRP 在析氯反应、析氧反应及两者共同作用下作为辅助阳极的长期工作性能；进而开展极化后 CFRP 试件的单轴拉伸试验，分析阳极极化对试件破坏模式和拉伸力学行为的影响；采用一系列微观表征手段，研究阳极极化后 CFRP 试件的微观形貌和化学组成，揭示 CFRP 试件在不同种类溶液下极化所产生的劣化机理。基于 CFRP 试件的拉伸试验数据，研究阳极极化对 CFRP 拉伸力学性能的影响规律，并分别建立不同种类溶液下 CFRP 试件极化后的强度预测模型。最后，基于 CFRP 试件的强度预测模型，以简化的钢筋混凝土结构截面为例，建立了钢筋混凝土构件配筋率与 CFRP 使用寿命的关联模型。

2.2　CFRP 在各类溶液环境中的双重性能研究

文献[1]指出，在混凝土中使用的辅助阳极材料，需要研究其在析氯反应、析氧反应及两者共同作用下的工作性能。在阳极材料测试过程中，为了避免阳极材料与混凝土界面过早劣化从而影响阳极材料的工作性能，文献[1]建议可采用电解质溶液代替混凝土作为电解质。同时，文献[1]规定应采用不同种类溶液，如 NaCl 溶液、NaOH 溶液和模拟混凝土孔溶液，分别对应析氯反应、析氧反应及两者的共同作用。本节旨在通过试验研究 CFRP 在不同阳极反应作用下的双重性能，即研究 CFRP 在不同种类溶液中进行阳极极化的长期工作性能和力学性能，结合多种微观表征手段揭示 CFRP 在不同溶液中极化的劣化机理。

2.2.1　研究方案

研究采用的 CFRP 是由 T700 型碳纤维（日本东丽公司生产）和 LAM-125/226 型环氧树脂固化而成的多层碳纤维层压板。每层碳纤维板由两个正交方向的纤维束组成。CFRP 板的名义厚度为 2 mm，且碳纤维所占的体积分数为 60%。

对 CFRP 板进行极化前，根据文献[2]关于拉伸试件形状和尺寸的要求，将 CFRP 板经切割加工成哑铃状的拉伸试件，如图 2-1 所示。这样的做法是为了避免试件加工和制作对极化后 CFRP 力学性能的影响。试件中部为 50 mm×13 mm 的测试区，其余部分均密封起来。根据前期的探索和尝试，发现下列密封措施具有良好的密封效果和易于去除的优点，具体做法是：将硅胶均匀涂抹在密封区域，凝固后在表面涂抹环氧树脂，最后在外表面缠绕电绝缘胶带，并且在胶带的缝隙处同样用环氧树脂密封。

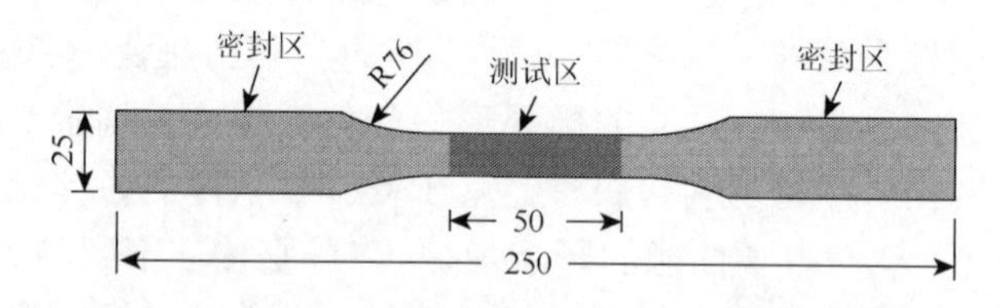

图 2-1　CFRP 拉伸试件的形状和尺寸（单位：mm）

采用恒电流阳极极化方法对 CFRP 进行测试，其试验装置如图 2-2 所示。CFRP 和不锈钢板浸泡在溶液中，分别连接至外部直流电源的正极和负极。极化过程中，通过 CFRP 和不锈钢板的电流保持恒定，并采用饱和甘汞电极作为参比电极定期监测体系的驱动电压和阳极电位。试验参数包括溶液类型、电流密度和极化时间。

根据文献[1]的要求，为考察阳极在析氯反应、析氧反应及两者共同作用下的工作性能，规定了对应的电解质溶液，如表 2-1 所示。其中 NaCl 溶液、NaOH 溶液和模拟混凝土孔溶液，分别对应析氯反应、析氧反应及两者的共同作用，溶液类型依次用 S1、S3 和 S2 表示。试件按溶液类型、极化电流和时间的组合来命名。例如，试件编号 S1-I0.5-D25-b 中，S1 表示溶液类型为 S1，即 NaCl 溶液；I0.5 表示极化电流为 0.5 mA；D25 表示极化时间为 25 d；a，b 和 c 表示三个平行试件。表 2-2 给出了试件的几何信息和试验参数。

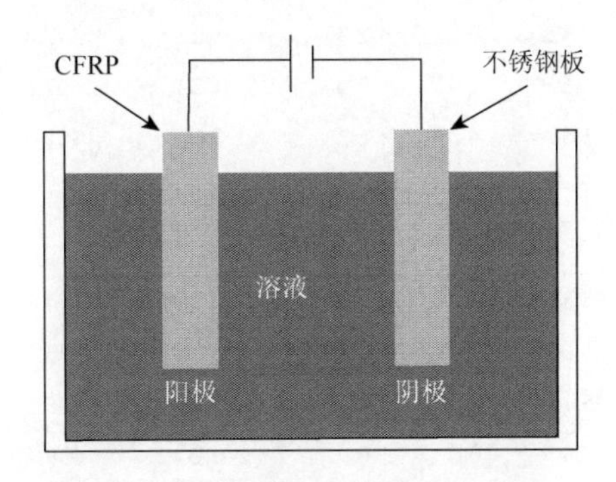

图 2-2　CFRP 板的阳极极化试验装置

表 2-1　文献[1]规定的三种电解质溶液

编号	溶液类型	溶液组成	对应的电极反应
S1	NaCl 溶液	30 g/L NaCl	析氯反应
S2	模拟混凝土孔溶液	0.20% $Ca(OH)_2$ + 3.20% KCl + 1.00% KOH + 2.45% NaOH + 93.15% H_2O	析氯反应和析氧反应共同作用
S3	NaOH 溶液	40 g/L NaOH	析氧反应

表 2-2　CFRP 试件信息和拉伸试验结果[3]

试件	A_s/mm^2	A_c/mm^2	I/mA	$i/(A/m^2)$	$q/(\times 10^7\ C/m^2)$	f_u/MPa	破坏模式	K_{Exp}	K_{Cal}/K_{Exp}
S1-I0-D25-a	654.00	25.32	0.0	0.0	0.00	642.4	LAT	—	—
S1-I0-D25-b	681.46	25.86	0.0	0.0	0.00	628.5	LAT	—	—
S1-I0.5-D25-a	626.40	25.45	0.6	0.9	0.20	597.7	DGM	0.90	1.06
S1-I0.5-D25-b	629.77	24.93	0.6	0.9	0.20	633.5	DGM	0.95	1.00
S1-I1-D25-a	661.22	24.57	1.1	1.6	0.35	629.3	XGM	0.95	0.97
S1-I1-D25-b	630.50	25.81	1.1	1.7	0.37	622.6	XGM	0.94	0.97
S1-I2-D25-a	654.25	24.73	2.0	3.0	0.65	589.2	XGM	0.89	0.95
S1-I2-D25-b	590.63	25.07	2.0	3.4	0.73	555.6	XGM	0.84	0.99
S1-I4-D25-a	656.00	24.99	4.0	6.1	1.32	409.5	XGM	0.62	1.12

续表

试件	A_s/mm^2	A_c/mm^2	I/mA	i/(A/m^2)	q/(×10^7 C/m^2)	f_u/MPa	破坏模式	K_{Exp}	K_{Cal}/K_{Exp}
S1-I4-D25-b	604.44	25.36	4.0	6.6	1.43	394.2	XGM	0.59	1.12
S1-I0-D50-a	656.50	26.16	0.0	0.0	0.00	688.0	LAT	—	—
S1-I0-D50-b	670.40	25.99	0.0	0.0	0.00	697.9	LAT	—	—
S1-I0.5-D50-a	642.64	24.79	0.6	0.9	0.38	530.3	DGM	0.80	1.14
S1-I1-D50-a	619.23	25.82	1.1	1.7	0.75	506.6	DGM	0.76	1.08
S1-I1-D50-b	632.40	25.30	1.1	1.7	0.74	433.9	XGM	0.65	1.26
S1-I2-D50-a	666.06	24.42	2.0	2.9	1.27	487.8	XGM	0.73	0.95
S1-I2-D50-b	638.99	25.69	1.9	3.0	1.32	497.6	XGM	0.75	0.92
S1-I4-D50-a	642.88	25.58	4.0	6.2	2.66	302.6	XGM	0.46	0.81
平均值	—	—	—	—	—	—	—	—	1.02
协方差	—	—	—	—	—	—	—	—	0.11
S2-I0-D25-a	670.40	25.56	0.0	0.0	0.00	774.8	LAT	—	—
S2-I0-D25-b	669.63	25.66	0.0	0.0	0.00	649.7	LAT	—	—
S2-I0.5-D25-a	642.64	25.19	0.6	0.9	0.19	675.6	LAT	0.99	0.92
S2-I0.5-D25-b	616.17	25.30	0.6	0.9	0.20	699.4	LAT	1.02	0.89
S2-I1-D25-a	578.82	26.18	1.1	1.9	0.41	559.9	LAT	0.82	1.00
S2-I1-D25-b	657.50	25.97	1.1	1.6	0.35	549.9	LAT	0.80	1.05
S2-I2-D25-a	646.07	25.71	2.0	3.1	0.67	513.2	DGM	0.75	0.96
S2-I2-D25-b	656.75	26.27	2.0	3.0	0.65	477.2	DGM	0.70	1.04
S2-I4-D25-a	656.25	25.27	4.0	6.1	1.31	474.0	DGM	0.69	0.76
S2-I4-D25-b	630.48	26.07	4.0	6.4	1.37	466.8	DGM	0.68	0.75
S2-I0-D50-a	671.16	25.23	0.0	0.0	0.00	682.1	LAT	—	—
S2-I0-D50-b	668.61	25.79	0.0	0.0	0.00	627.2	LAT	—	—
S2-I0.5-D50-a	644.60	25.45	0.6	0.9	0.38	653.6	LAT	0.96	0.87
S2-I1-D50-a	657.25	25.70	1.1	1.6	0.70	318.2	DGM	0.47	1.53
S2-I1-D50-b	643.62	24.83	1.1	1.7	0.72	340.2	DGM	0.50	1.41
S2-I2-D50-a	656.75	25.09	2.0	3.0	1.29	329.1	DGM	0.48	1.11
S2-I2-D50-b	630.72	25.69	2.0	3.1	1.34	303.2	DGM	0.44	1.17
S2-I4-D50-a	632.64	26.23	4.0	6.4	2.75	193.5	DGM	0.28	0.93
S2-I4-D50-b	618.76	26.00	4.0	6.4	2.78	181.9	DGM	0.27	0.97
平均值	—	—	—	—	—	—	—	—	1.02
协方差	—	—	—	—	—	—	—	—	0.21
S3-I0-D25-a	653.00	25.24	0.0	0.0	0.00	727.7	LAT	1.07	—
S3-I0-D25-b	658.75	25.73	0.0	0.0	0.00	760.3	LAT	1.11	—
S3-I0.5-D25-a	617.35	24.83	0.6	0.9	0.20	510.2	LAT	0.75	1.19

续表

试件	A_s/mm^2	A_c/mm^2	I/mA	i/(A/m^2)	q/(×10^7 C/m^2)	f_u/MPa	破坏模式	K_{Exp}	K_{Cal}/K_{Exp}
S3-I0.5-D25-b	592.43	26.72	0.6	1.0	0.21	601.7	LAT	0.88	1.00
S3-I1-D25-a	590.40	25.72	1.1	1.8	0.40	564.8	LAT	0.83	0.95
S3-I1-D25-b	630.96	25.04	1.1	1.7	0.37	522.5	LAT	0.77	1.04
S3-I2-D25-a	632.64	25.90	2.0	3.2	0.68	460.5	DGM	0.67	0.98
S3-I2-D25-b	630.48	26.27	2.0	3.2	0.68	521.0	DGM	0.76	0.86
S3-I4-D25-a	618.76	25.94	4.0	6.5	1.39	413.1	DGM	0.6	0.71
S3-I4-D25-b	646.07	25.84	4.0	6.2	1.33	276.9	DGM	0.41	1.10
S3-I0-D50-a	670.40	25.14	0.0	0.0	0.00	669.8	LAT	0.98	—
S3-I0-D50-b	667.59	25.80	0.0	0.0	0.00	573.5	LAT	0.84	—
S3-I0.5-D50-a	629.28	25.63	0.6	0.9	0.40	532.1	LAT	0.78	1.01
S3-I0.5-D50-b	630.00	25.33	0.6	0.9	0.39	605.2	LAT	0.89	0.89
S3-I1-D50-a	617.82	24.19	1.1	1.7	0.75	364.6	DGM	0.53	1.19
S3-I1-D50-b	643.62	25.21	1.1	1.7	0.73	435.7	DGM	0.64	1.00
S3-I2-D50-a	645.09	22.91	2.0	3.1	1.35	243.6	DGM	0.36	1.23
S3-I2-D50-b	618.05	25.84	2.0	3.3	1.41	255.5	DGM	0.37	1.13
S3-I4-D50-a	630.24	24.82	4.0	6.3	2.72	162.8	DGM	0.24	0.80
S3-I4-D50-b	612.17	25.54	4.0	6.5	2.80	67.5	DGM	0.10	1.84
平均值	—	—	—	—	—	—	—	—	1.06
协方差	—	—	—	—	—	—	—	—	0.239

极化试验结束后，开展 CFRP 试件的单轴拉伸试验，观察 CFRP 试件的破坏模式和力学强度，研究阳极极化对 CFRP 力学性能的影响。极化试验完成后，将 CFRP 试件从极化装置中取出并除去试件表面的密封材料。拉伸试验在液压万能试验机 MTS Model E45 上进行，采用位移模式加载，加载速率为 0.1 mm/min。CFRP 试件用试验机配套的液压夹具进行夹持，夹持力设为 8 MPa。图 2-3 为 CFRP 试件的拉伸试验装置。试件加载过程中，采用荷载传感器测量和记录试件所受到的荷载，并在试件中部布置引伸计测量试件的拉伸变形。

为了揭示 CFRP 材料在不同种类溶液下极化的劣化机理，将 CFRP 试件极化的一侧清理干净并烘干，制成相应的样品型式，用于后续的微观表征和分析。本章采用的微观表征手段包括扫描电子显微镜（scanning electron microscope，SEM）分析、X 射线衍射（X-ray diffraction，XRD）分析、傅里叶变换红外光谱（Fourier transform infrared spectrum，FTIR）分析。将烘干后的块状样品取出，进行 SEM 观察和分析，分析 CFRP 材料表面在极化前后的形貌变化；通过 XRD 分析研究 CFRP 材料的晶相组成变化。对于 FTIR 分析，将干燥后的样品研磨成粉状样品，

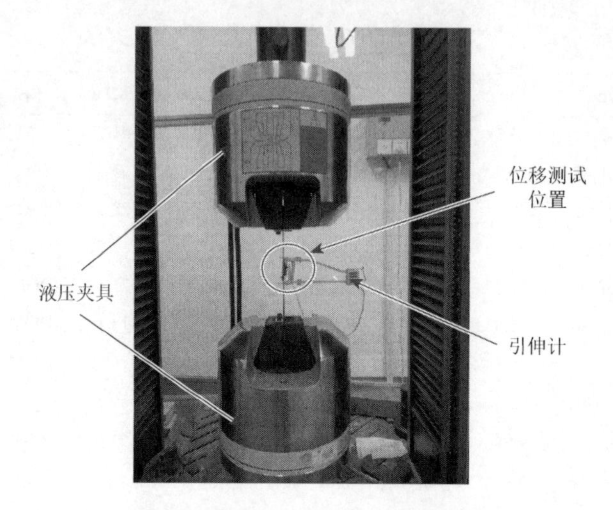

图 2-3　CFRP 试件的拉伸试验装置

并与溴化钾混合压片制成样品，观察 CFRP 材料的化学组成变化。具体的试样准备、所使用的仪器型号、试验参数设置等详细信息可参考文献[4]、[5]。

2.2.2　CFRP 的电化学性能

在阳极极化试验中，定期监测和记录极化体系的驱动电压和 CFRP 的电极电位。图 2-4 描述了不同种类溶液下 CFRP 阳极和不锈钢阴极的驱动电压变化。图 2-5 给出不同种类溶液下 CFRP 的电极电位变化。由测量结果可知，驱动电压和 CFRP 的电极电位呈现相同的变化趋势。在不同种类溶液环境中，体系的驱动电压和电极电位在选用的电流密度范围内略有波动，但整体表现相对稳定。根据文献[1]，阳极破坏是因为丧失电化学活性，其特征是驱动电压和电极电位快速升高。这说明 CFRP 作为辅助阳极材料，在这三种溶液环境中能维持较为稳定的驱动电压和电极电位，具备良好的长期工作性能。比较不同种类溶液下的驱动电压和电极电位可知，驱动电压和电极电位在 NaCl 溶液中最大，在模拟混凝土孔溶液中次之，在 NaOH 溶液中最小。随着极化电流的增大，驱动电压随之增大，但并不满足欧姆定律呈比例变化，这是由电流通过 CFRP/溶液界面和不锈钢/溶液界面导致的过电势引起的。

此外，驱动电压和电极电位的大小随电流密度不同而不同。在 NaCl 溶液中，当极化电流密度为 0.9 A/m^2 时，驱动电压约为 2.3 V，电极电位大约为 0.8 V；当电流密度升高至 6.6 A/m^2 时，驱动电压增加至 2.7 V，电极电位则增加至 1.4 V。由此可见，在电流密度为 0.9～6.6 A/m^2 时，驱动电压维持在 2.3～6.6 V，而电极电位则为 0.8～1.4 V。在 NaOH 溶液中，当电流密度为 0.9～3.2 A/m^2 时，驱动电压为 1.7～2.0 V，电极电位为 0.4～0.5，变化较小；当电流密度约为 6.4 A/m^2 时，驱动电压约为 2.4 V，电极电位约为 1.1 V，并且在前期不断上升，这是因为电荷在 CFRP/溶液界面逐步积累，CFRP 的电位不断升高，造成体系的驱动电压亦不断增加直至出现新的平衡状态。在模拟混凝土孔溶液中，当电流密度从 0.9 A/m^2 增加至 1.6 A/m^2 时，驱动电压和电位变化较小，驱动电压从 1.7 V 上升到 1.9 V，电极电位从 0.4 V 升至 0.6 V；当电流密度为 3.0 A/m^2 和 6.4 A/m^2 时，驱动电压分别为 2.4 V 和 2.7 V，电极电位则分别为 1.0 V 和 1.1 V，相较于低电流密度增加较大。当电流密度较大时，驱动电压和电极电位在前期逐步升高到某一定值，其原因与 NaOH 溶液的情形相同。

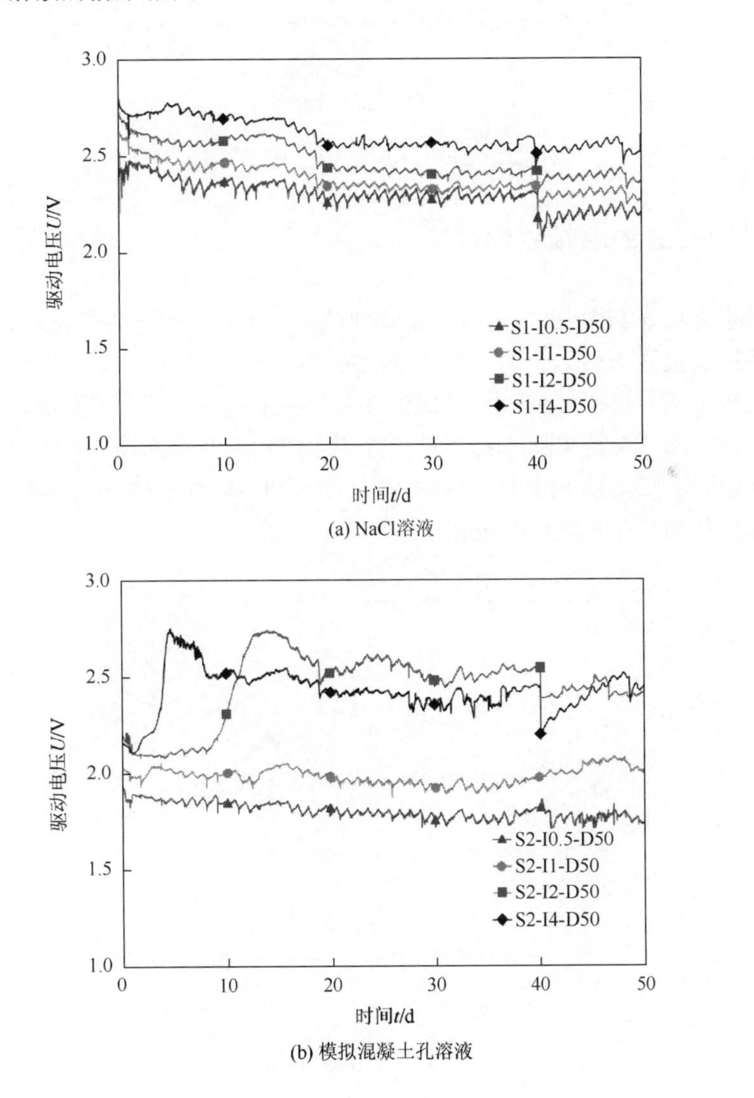

(a) NaCl溶液

(b) 模拟混凝土孔溶液

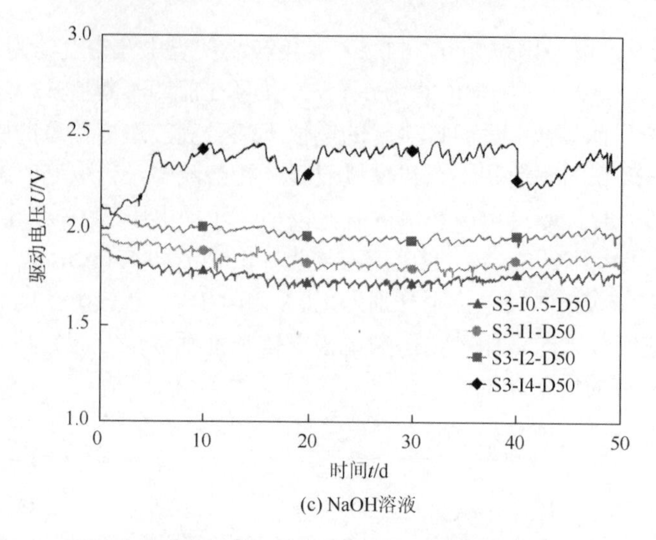

(c) NaOH溶液

图 2-4　不同种类溶液下 CFRP 阳极与不锈钢阴极的驱动电压变化图

2.2.3　CFRP 的单轴拉伸性能

对极化后 CFRP 试件进行单轴拉伸试验，可以获得试件的破坏模式、荷载-位移曲线及极限承载力。为了更清楚地描述试件的破坏，先对其可能出现的破坏模式进行定义。根据文献[6]，按照试件破坏的形式和位置，对其破坏模式进行定义和分类。图 2-6 是文献[6]给出的三种破坏模式，分别为端部断裂、分层破坏和放射状断裂，在文献[6]中相对应的代码依次为 LAT、DGM 和 XGM。图 2-7 是试验中观察到的 CFRP 试件的破坏模式。

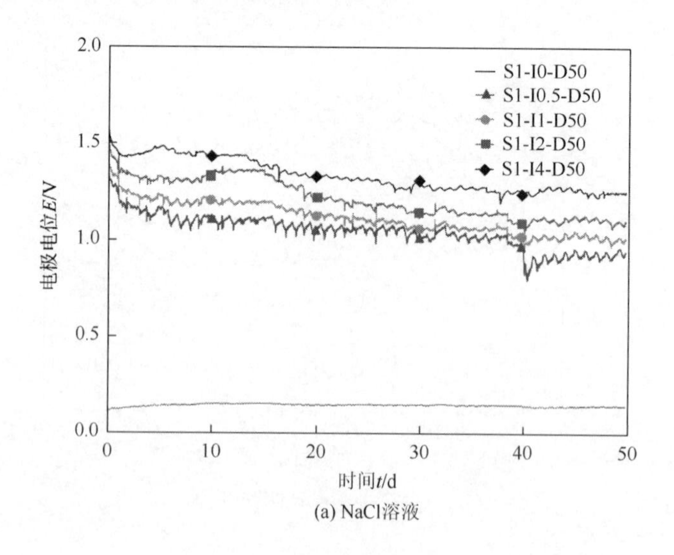

(a) NaCl溶液

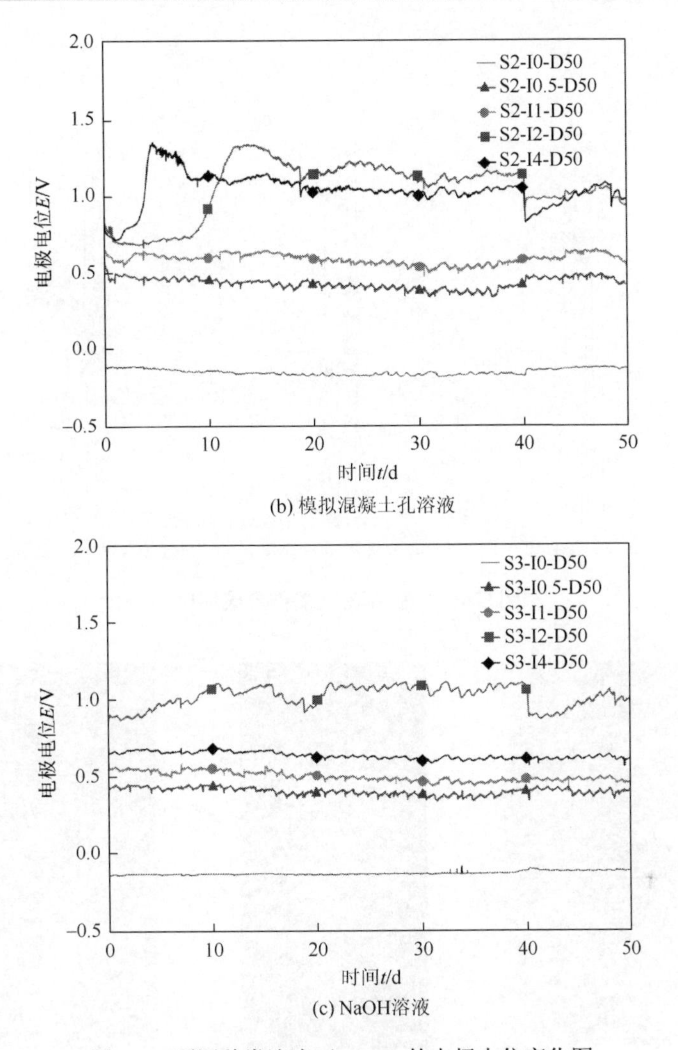

(b) 模拟混凝土孔溶液

(c) NaOH溶液

图 2-5　不同种类溶液下 CFRP 的电极电位变化图

表 2-2 给出了所有 CFRP 试件的破坏模式。所有在溶液中浸泡但没有进行极化的试件，即电流为 0 的试件，呈现出端部断裂（LAT）的破坏模式。随着电流密度增大，其破坏模式逐步转变为分层破坏（DGM）和放射状断裂（XGM）。在 NaCl 溶液中，当电流密度为 0.9 A/m^2 时，试件出现分层破坏，而对于更大的电流密度，试件的破坏模式转变为放射状断裂。试件在 NaOH 溶液和模拟混凝土孔溶液极化后，当极化时间为 25 d 且电流密度为 0.9 A/m^2 或 1.6 A/m^2，或者极化 50 d 且电流密度为 0.9 A/m^2 时，试件的破坏模式仍然为端部断裂，而其余情况下，试件均发生分层破坏。

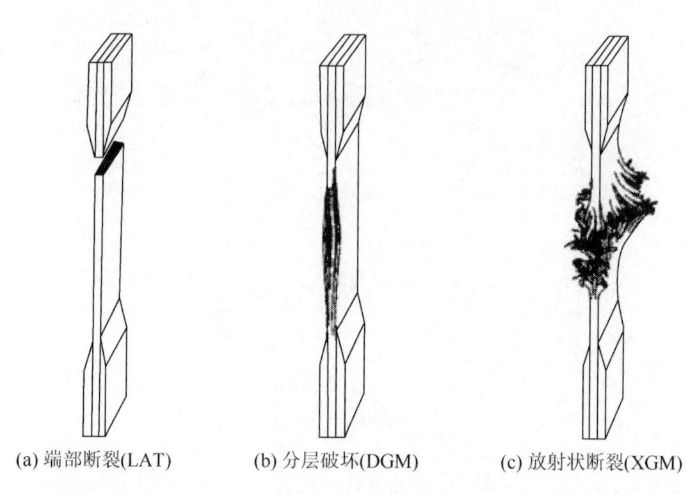

(a) 端部断裂(LAT)　(b) 分层破坏(DGM)　(c) 放射状断裂(XGM)

图 2-6　文献[6]定义的部分破坏模式

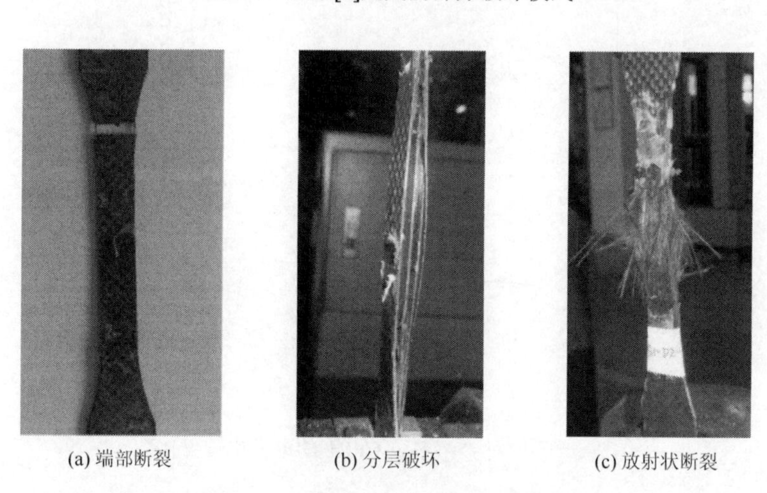

(a) 端部断裂　(b) 分层破坏　(c) 放射状断裂

图 2-7　CFRP 试件的三种破坏模式

试验中观察到 CFRP 试件在极化后仍然能保持相似的整体力学行为，即极化前后试件荷载-位移曲线均呈现线性关系直至破坏。鉴于 CFRP 试件的荷载-位移曲线具有相似的特征，为了简便起见，本章以在 NaCl 溶液中极化的 CFRP 试件为例，说明阳极极化对 CFRP 力学性能的影响。图 2-8 为 CFRP 在 NaCl 溶液中极化后的荷载-位移曲线。阳极极化对试件的刚度影响不明显，而对试件极限承载力的影响显著。由图 2-8 可知，随着极化电流的增大，试件的极限承载力随之下降。

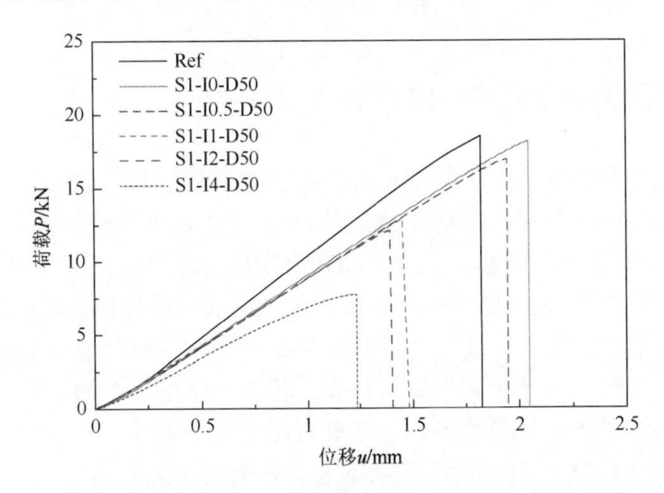

图 2-8　CFRP 板在 NaCl 溶液中极化后的荷载-位移曲线

将 CFRP 试件的极限抗拉承载力除以试件的横截面面积可得到 CFRP 的拉伸强度。图 2-9 描述了 CFRP 在不同溶液中极化后的拉伸强度变化规律。由图 2-9 可知，即使在不同溶液中进行阳极极化，CFRP 的拉伸强度均呈现下降的趋势，但下降幅度不同。考虑最不利的情况，即当试件的电流密度为 6.4 A/m^2 和极化时间为 50 d 时，CFRP 拉伸强度在 NaCl 溶液、NaOH 溶液和模拟混凝土孔溶液三种条件下分别下降 54%、90%和 73%。这说明 CFRP 在不同溶液中极化后的拉伸强度劣化程度不同，按强度劣化严重程度对溶液排序，分别是 NaOH 溶液、模拟混凝土孔溶液和 NaCl 溶液，即析氧反应对 CFRP 强度的劣化影响较大，析氯反应的影响较小。

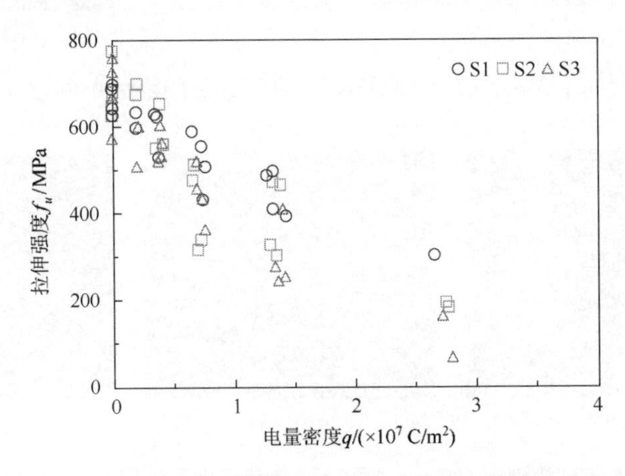

图 2-9　CFRP 在不同溶液中极化后的拉伸强度变化规律

2.2.4 阳极极化导致的 CFRP 劣化机理

本节采用多种微观表征手段对 CFRP 的微观形貌和化学组成进行分析，揭示在不同溶液中 CFRP 的劣化机理。SEM 照片显示了 CFRP 试件微观形貌上的变化，XRD 谱图给出试件表面的晶相组成，FTIR 谱图给出试件表面的化学组成。

图 2-10～图 2-12 是 CFRP 试件在不同种类溶液中进行极化后的表面形貌[4]。在 NaCl 溶液中，当未进行极化，即电流密度为 0 时，碳纤维丝虽然部分暴露于 CFRP 表面，但绝大多数被环氧树脂包裹；随着电流密度增加，环氧树脂从碳纤维丝表面剥离和脱落；碳纤维丝失去环氧树脂的包裹束缚，呈现出松散的状态。在 NaOH 溶液中，CFRP 表面明显存在来自溶液的晶体沉淀物；随着极化过程的进行，CFRP 表面的环氧树脂不断脱落，造成碳纤维丝的进一步裸露，且电流密度越高，碳纤维丝的裸露情况越严重。在模拟混凝土孔溶液中，当电流密度为 0.9 A/m^2 时，CFRP 表面出现部分裸露的碳纤维丝，但其仍然通过环氧树脂连接成整体，并且 CFRP 表面出现来自溶液的沉淀晶体；随着电流密度增加至 6.4 A/m^2，CFRP 表面出现由表及里的孔洞。

(a) 0 A/m^2　(b) 0.9 A/m^2　(c) 6.4 A/m^2

图 2-10　NaCl 溶液中 CFRP 试件在不同电流密度下极化 50 d 后的 SEM 照片

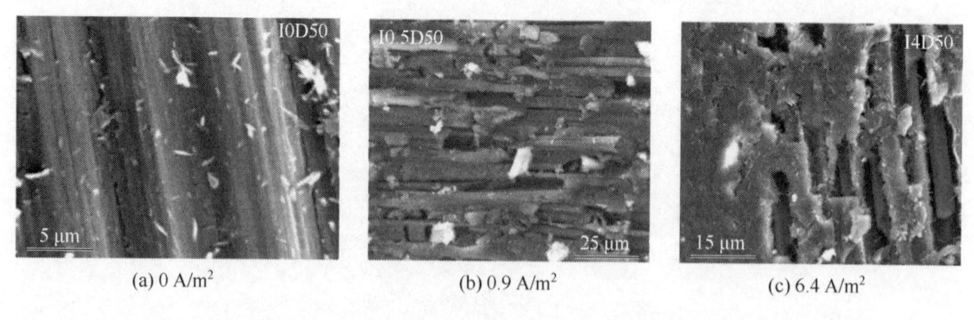

(a) 0 A/m^2　(b) 0.9 A/m^2　(c) 6.4 A/m^2

图 2-11　NaOH 溶液中 CFRP 试件在不同电流密度下极化 50 d 后的 SEM 照片

(a) 0 A/m²　(b) 0.9 A/m²　(c) 6.4 A/m²

图 2-12　模拟混凝土孔溶液中 CFRP 试件在不同电流密度下极化 50 d 后的 SEM 照片

由于在不同溶液极化后 CFRP 试件的 XRD 谱图所揭示的信息相似，这里仅以 NaCl 的情形为例进行说明。图 2-13 是 CFRP 试件在 NaCl 溶液中极化 50 d 后的 XRD 谱图[5]。图中 RF 表示未进行极化但浸泡在相同溶液中的试验数据。比较可知，XRD 谱图中在 25°左右存在一个宽峰，这是来自 CFRP 试件自身的材料属性，而且试件极化对其影响较小。此外，经过 XRD 谱图的峰位分析，发现谱图中标出的峰都是由 NaCl 造成的。对其他种类溶液而言，CFRP 材料 XRD 谱图相似，有区别的是 CFRP 表面的晶体不同，与各种溶液的化学组成相关。

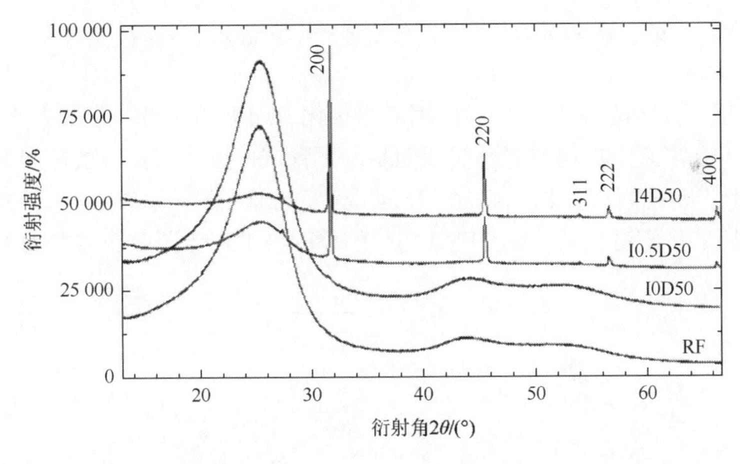

图 2-13　CFRP 试件在 NaCl 溶液中极化 50 d 后的 XRD 谱图

图 2-14～图 2-16 是 CFRP 试件在不同溶液中极化 50 d 后的 FTIR 谱图。在不同溶液环境下，CFRP 试件的 FTIR 谱图呈现不同的特征，揭示了不同的劣化机理。图 2-14 是 CFRP 试件在 NaCl 溶液中极化 50 d 后的 FTIR 谱图[4]。波数约为 1514 cm^{-1} 和 831 cm^{-1} 的两个峰，是由于环氧树脂中苯环的拉伸振动造成的；这两个峰的峰值随电流密度增大而减弱，甚至几乎消失不见，这说明环氧树脂中苯环结构被破坏。对应于 1181 cm^{-1} 的峰，可能是由于 C—N 单键的拉伸振动引起的。

该化学键在极化过程中被破坏，同时生成新的化学键，如 C—H（弯曲振动，1386 cm^{-1} 和 1468 cm^{-1}）和 C—Cl（拉伸振动，800 cm^{-1}）。由此可见，当 CFRP 在 NaCl 溶液中进行阳极极化时，其表面发生析氯反应，同时环氧树脂中的苯环结构被破坏，而且 C—N 键被其他化学键所取代，从而导致环氧树脂出现劣化而出现剥离和脱落的现象，最终导致碳纤维丝裸露在试件表面。

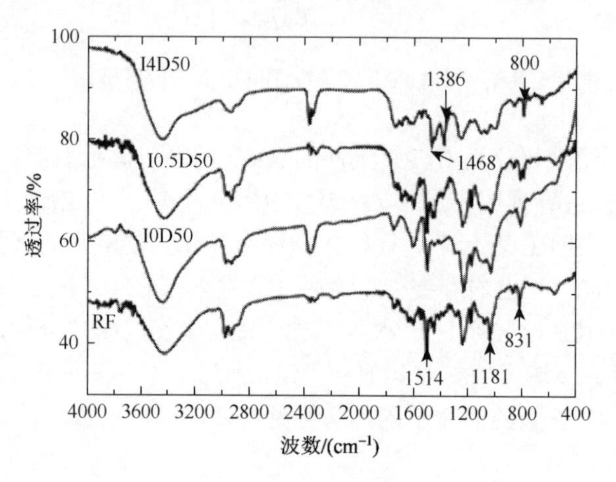

图 2-14　CFRP 试件在 NaCl 溶液中极化 50 d 后的 FTIR 谱图

图 2-15 是 CFRP 试件在 NaOH 溶液中极化 50 d 后的 FTIR 谱图[5]。与 CFRP 在模拟混凝土孔溶液中极化的情形相似的是，不管试件极化与否，试件的 FTIR 谱图中都会出现与芳香环对应的一组峰（1604 cm^{-1}，1514 cm^{-1}，1181 cm^{-1} 和 831 cm^{-1}），说明相对应的化学键不是导致 CFRP 劣化的原因。FTIR 谱图中在波数为 1747 cm^{-1}，

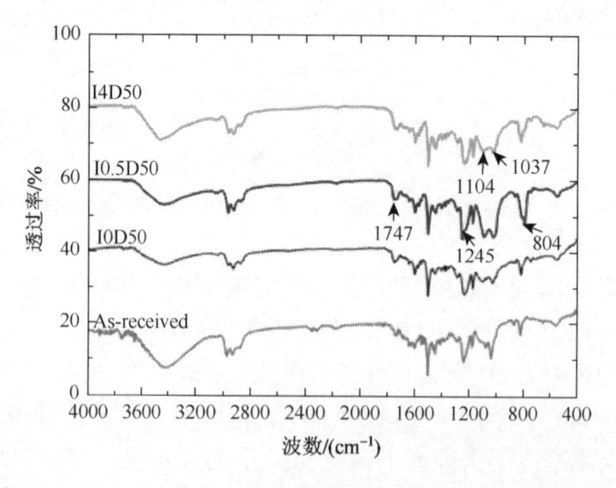

图 2-15　CFRP 试件在 NaOH 溶液中极化 50 d 后的 FTIR 谱图

1245 cm^{-1}，1104 cm^{-1} 和 1037 cm^{-1} 的峰，分别对应芳甲酸的 C ═ O（拉伸振动）、芳族醚的 C—O—C（不对称拉伸振动）、脂族醚的 C—O—C（拉伸振动）和芳族醚的 C—O—C（拉伸振动）。这些化学键都和氧相关，且随电流密度的增大而增强，说明 CFRP 的劣化与这些化学键相关。在 NaOH 溶液中，CFRP 表面发生析氧反应，生成的氧原子附着在环氧树脂中并与之发生氧化反应，从而形成新的化学键。CFRP 试件极化后，由于环氧树脂发生氧化反应，生成产物离开碳纤维丝，并形成由表及里的孔洞。

图 2-16 是 CFRP 试件在模拟混凝土孔溶液中极化 50 d 后的 FTIR 谱图[5]。波数为 1604 cm^{-1}，1514 cm^{-1}，1181 cm^{-1} 和 831 cm^{-1} 的一组峰与环氧树脂中的芳族环相关；而大约在 1245 cm^{-1} 和 1104 cm^{-1} 上的峰，是由于脂族醚和芳族醚中 C—O—C 的化学键引起的。不管试件极化与否，这些峰几乎没有发生变化，说明这些峰所对应的化学键并不是造成 CFRP 劣化的原因。但是，在极化过程中代表 C—N 的峰值（拉伸振动，1037 cm^{-1}）随电流密度的增大而减小，而代表 N—H（拉伸振动，3460 cm^{-1}），C—H（弯曲振动，1460 cm^{-1}）和 C—Cl（拉伸振动，601 cm^{-1} 和 605 cm^{-1}）的峰值则随电流密度增大而增大。固化环氧树脂的分子链较大，而且可能存在 C—C 和 C—N 的分子链。这说明，CFRP 试件在模拟混凝土孔溶液中进行阳极极化时，环氧树脂中的 C—N 键破坏并生成新的化学键，这可能导致环氧树脂较长的分子链被破坏，从而使环氧树脂部分被降解破坏而脱离碳纤维丝。

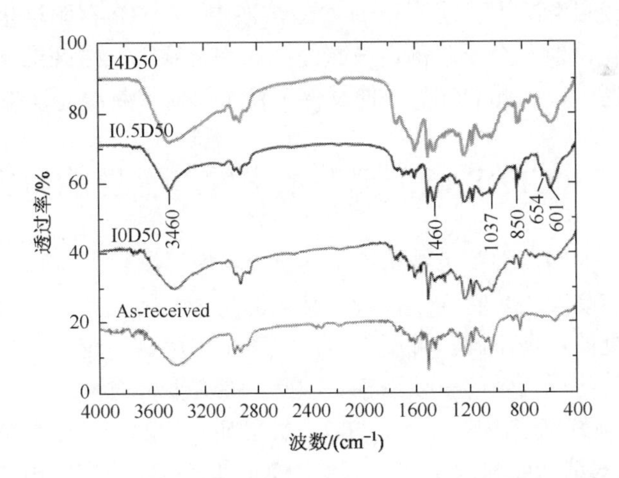

图 2-16　CFRP 试件在模拟混凝土孔溶液中极化 50 d 后的 FTIR 谱图

由上述分析可知，CFRP 在不同溶液中极化后表面形貌发生变化且变化程度与溶液类型和电流密度相关。随着电流密度增大，CFRP 表面环氧树脂在 NaCl 溶液中不断剥落和脱离，甚至造成碳纤维丝完全裸露，呈现松散的状态；而模拟混凝土孔溶液和 NaOH 溶液中，CFRP 表面环氧树脂亦发生劣化而造成碳纤维丝部分裸露，但不至于完全裸露而出现松散的状态。CFRP 是由碳纤维丝和环氧树脂材料组成，其表面的晶体属性不显著，导致 XRD 谱图未能提供有效的信息来说明极化后 CFRP 的劣化机理。根据 FTIR 的表征结果可知，CFRP 在不同溶液中极化后的 FTIR 谱图不同，说明了 CFRP 极化导致的劣化机理随溶液类型的不同而不同。在 NaCl 溶液中进行极化时，CFRP 的劣化主要是因为环氧树脂中的苯环结构遭到破坏，导致环氧树脂脱离碳纤维丝；在模拟混凝土孔溶液的情形，CFRP 出现劣化的原因可能是因为环氧树脂中的较长分子链被破坏，发生降解而脱离碳纤维丝；对 NaOH 溶液而言，CFRP 则是因为环氧树脂可能遭到了氧化反应，导致环氧树脂剥落，在试件表面形成孔洞。

CFRP 在不同溶液中的劣化机理，对于理解 CFRP 试件的宏观力学行为是有帮助的。当 CFRP 未发生极化或极化电流密度比较小的情况，CFRP 试件表面环氧树脂无劣化或劣化程度比较轻微，不影响 CFRP 试件层间树脂的黏结作用，因此 CFRP 拉伸试件由于测试区端部出现的应力集中而发生端部断裂。随着电流密度的增大，CFRP 试件遭受更加严重的劣化，导致层间环氧树脂黏结作用减弱，破坏模式相应地变为分层破坏。当 CFRP 试件在 NaCl 溶液中施加超过 1.6 A/m^2 的电流密度时，试件表面环氧树脂完全脱落造成碳纤维丝裸露，因为失去环氧树脂的包裹作用，碳纤维丝呈现松散的状态，因此 CFRP 试件在拉伸过程中呈现放射状断裂。在模拟混凝土孔溶液和 NaOH 溶液中，CFRP 在阳极极化过程中环氧树脂亦发生劣化，但不至于脱落造成碳纤维丝完全裸露，碳纤维丝仍有部分区域包裹在环氧树脂中，因此 CFRP 拉伸试件不发生放射状断裂而发生分层破坏。

2.3　CFRP 在模拟海水中的双重性能研究

滨海环境下的钢筋混凝土结构由于其所处环境湿度较大、氯离子来源较丰富、钢筋腐蚀更加容易发生等特点，混凝土结构的耐久性问题愈加突出，而且根据结构及其部位所处的环境不同，混凝土内部氯离子浓度变动较大，是影响滨海环境下钢筋混凝土结构耐久性的重要因素。因此，有必要针对滨海钢筋混凝土结构开展 CFRP 在不同氯离子浓度溶液中的双重性能研究。2.2 节已对 CFRP 在 30 g/L NaCl 溶液下的双重性能加以研究，发现 CFRP 具有相对稳定的电化学性能，而且其拉伸强度随电流密度的增加而不断减小。同时，研究结果表明，CFRP 在 NaCl 溶液、NaOH 溶液及模拟混凝土孔溶液中极化后，在 NaCl 溶液中的强度下降最缓慢，即 CFRP 力学强度的劣化较为轻微。但是 2.2 节仅研究了 CFRP 在一种氯离子浓度溶液环境中的双重性能，并未考虑氯离子浓度的影响，这将在本节中加以研究。

在本节阐述的试验研究中，CFRP 材料类型和试件准备及相关的测试方式均与 2.2 节的试验方案相同，所以本节不再重复阐述。

2.3.1　模拟海水的制备

根据文献[7]制备不同氯离子浓度的模拟海水。配制的基准模拟海水（成分如表 2-3 所示）氯度为 19.38，即其中氯离子浓度（氯离子和海水的质量比）为 1.94%。通过调整 NaCl 和水的比例，基于基准模拟海水分别配制了氯离子浓度为 0.12%，0.5%，1.0%，1.5%，1.94%，2.5%及 3.0%的模拟海水。

表 2-3　模拟海水的化学组成成分

成分	含量/(g/L)
NaCl	24.53
$MgCl_2$	5.20
Na_2SO_4	4.09
$CaCl_2$	1.16
KCl	0.695
$NaHCO_3$	0.201
KBr	0.101
H_3BO_3	0.027
$SrCl_2$	0.025
NaF	0.003

2.3.2　CFRP 在模拟海水中的双重性能研究方案

本节试验研究中采用的 CFRP 阳极极化试验装置与 2.2.1 节中相同(图 2-2)。本节中的阳极极化试验仍然采用输出恒定电流的方式形成恒定的阳极电流密度，输出的恒定电流分别为 0.5 mA 和 1.0 mA，对应的阳极电流密度分别为 1100 mA/m^2 和 2200 mA/m^2，试验时间为 80 d。试验方案中将 CFRP 试件分为三组样品，分别为将 CFRP 浸润在溶液中但不施加电流的对照组 G1，施加恒定电流为 0.5 mA 的试验组 G2，以及施加恒定电流为 1.0 mA 的试验组 G3。每组试验中均包含氯离子浓度为 0.12%～3.0%的 7 种模拟海水。各组 CFRP 试件详细参数如表 2-4 所示。

表 2-4　CFRP 在不同氯离子浓度模拟海水中的阳极极化试验参数

组别	试件名称	电流密度 i_a/(mA/m^2)	氯离子浓度 [Cl$^-$]/%
G1	G1（0.12）	0	0.12
	G1（0.5）	0	0.5
	G1（1.0）	0	1.0
	G1（1.5）	0	1.5
	G1（1.94）	0	1.94
	G1（2.5）	0	2.5
	G1（3.0）	0	3.0
G2	G2（0.12）	1100	0.12
	G2（0.5）	1100	0.5
	G2（1.0）	1100	1.0
	G2（1.5）	1100	1.5
	G2（1.94）	1100	1.94
	G2（2.5）	1100	2.5
	G2（3.0）	1100	3.0
G3	G3（0.12）	2200	0.12
	G3（0.5）	2200	0.5
	G3（1.0）	2200	1.0
	G3（1.5）	2200	1.5
	G3（1.94）	2200	1.94
	G3（2.5）	2200	2.5
	G3（3.0）	2200	3.0

阳极极化试验期间采用电位记录仪（LR8402-21 HIOKI Memory HiLogger，Hioki，Japan）监测 CFRP 与不锈钢片之间的驱动电压。阳极极化试验结束后，首先观察模拟海水颜色的变化，并对模拟海水中产生的沉淀物质进行 SEM 形貌分析和能量色散 X 射线谱（X-ray energy dispersive spectroscopy，EDS）分析；然后采用与 2.2.1 节相同的试验装置（图 2-3）对在模拟海水中遭受阳极极化后的 CFRP 进行单轴拉伸试验，观察 CFRP 试件的破坏模式，并记录破坏荷载。

2.3.3 ICCP 系统驱动电压

图 2-17 表示在 80 d 阳极极化试验期间，通电试验组 G2 和 G3 中 CFRP 在不同氯离子浓度的模拟海水中形成 ICCP 系统的驱动电压变化情况。由图 2-17 可知，系统的驱动电压变化都相对稳定，G2 试验组的驱动电压为 2.4～2.6 V，G3 试验组的驱动电压为 2.5～2.7 V。与 2.2.2 节中的观测结果一致，随着极化电流的增大，驱动电压随之增大。前一周所有驱动电压均有小幅的下降，随后以不同程度的波动变化直到试验结束，供电电压没有发生突然的增大。观测结果表明，CFRP 在

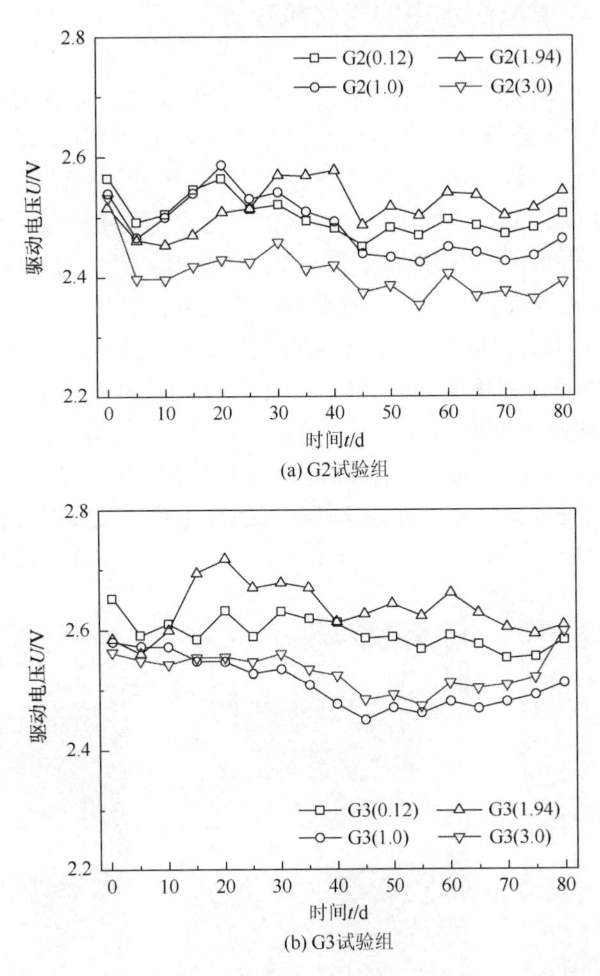

图 2-17　CFRP 在不同氯离子浓度模拟海水中驱动电压变化

不同氯离子浓度的模拟海水中作为阳极形成 ICCP 系统同样具备良好的长期工作性能，在模拟海水中 CFRP 能传递较大的电通量，抗极化性能强，表现出稳定的电化学特性。

此外，尽管 G3 试验组施加的恒定电流（即 1.0 mA）是 G2 试验组施加恒定电流（即 0.5 mA）的两倍，但在模拟海水中 ICCP 系统的驱动电压不满足欧姆定律呈两倍比例的关系。这种现象与 2.2.2 节中 CFRP 在 NaCl、NaOH 及模拟混凝土孔溶液中作为阳极材料形成 ICCP 系统的驱动电压变化类似，是由于电流通过 CFRP/溶液界面和不锈钢/溶液界面导致的过电势引起的。

2.3.4　CFRP 在模拟海水中的劣化机理

CFRP 阳极极化试验过程中，观察发现在不同氯离子浓度的模拟海水中施加不同大小的极化电流情况下，模拟海水的颜色逐渐发生变化。极化试验进行 80 d 后，模拟海水的颜色变化情况如图 2-18 所示。初始配制的模拟海水均是澄清无色的液体，在未通电的 G1 试验组中，海水的颜色没有发生变化，仍然表现为澄清无色。而在施加不同极化电流的 G2 和 G3 试验组中，海水的颜色变化十分明显。一方面，当施加相同极化电流时，海水颜色随氯离子浓度的不同而呈现不同的颜色变化。在施加小电流密度（即 1100 mA/m^2）的 G2 试验组中，氯离子浓度从 0.12%到 3.0%的海水颜色由黑色变成淡黄色。在施加大电流密度（即 2200 mA/m^2）的 G3 试验组中，氯离子浓度从 0.12%到 3.0%的海水颜色由深黑色变成浅黄色（比淡黄色略微明显）。另一方面，当模拟海水氯离子浓度相同时，G3 试验组海水颜色比 G2 试验组海水颜色更明显。此外，当氯离子浓度较高时，在 G2（1.94），G2（2.5），G2（3.0）及 G3（1.94），G3（2.5），G3（3.0）的模

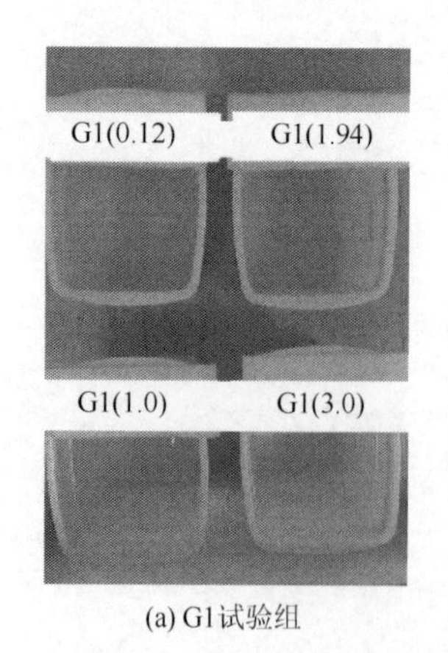

(a) G1试验组

(b) G2试验组

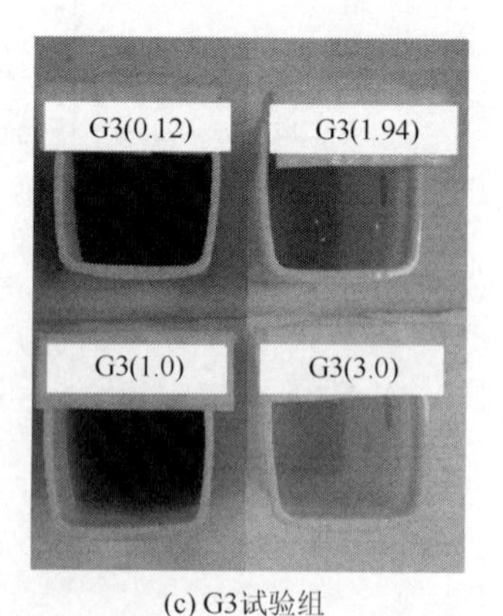

(c) G3试验组

图 2-18　阳极极化试验后不同氯离子浓度的模拟海水颜色变化

拟海水中发现许多颗粒状的悬浮物，而当氯离子浓度较低时，在 G2（0.12），G2（0.5），G2（1.0），G2（1.5）及 G3（0.12），G3（0.5），G3（1.0），G2（1.5）的模拟海水底部观察有黑色絮状沉淀物。

在氯离子浓度小于 1.0%的模拟海水中，采用过滤的方式提取黑色固体沉淀物质，干燥后在其表面喷金增加其导电性，置于 SEM 中进行微观形貌观察，并进行 EDS 元素检测分析。图 2-19 为黑色固体沉淀物质的 SEM 和 XRD 测试结果。通过 SEM 观察发现黑色固体沉淀物质呈现疏松多孔的形态，并通过 EDS 检测出黑色固体沉淀物质中含有大量的碳（C）元素及一些杂元素如氧（O）、钠（Na）、镁（Mg）、钙（Ca）、氯（Cl）等，这些元素是模拟海水中的离子元素，可能是在过滤的过程中残留在黑色固体沉淀物质上。

CFRP 阳极的工作性能与研究相对成熟的石墨阳极较为相似。石墨阳极在电解质溶液中由于放电效应产生的初生态氧会造成石墨氧化，从而使石墨层状结构变得疏松[8]。在 2.2.4 节中对 CFRP 在 NaCl 溶液中进行阳极极化的劣化机理研究结果表明，CFRP 表面发生析氯反应，环氧树脂中的苯环结构被破坏，C—N 键被 C—Cl 键所取代，导致环氧树脂出现剥离和脱落，碳纤维丝裸露在电解质溶液中。同样地，CFRP 在模拟海水中由于阳极极化作用产生的裸露碳纤维丝与石墨阳极的工作性能类似，也可能在氧化作用下造成碳纤维丝破损而在模拟海水电解质中产生阳极残渣，即模拟海水中发现的黑色絮状沉淀物。观察发现，当 CFRP 在氯离子浓度（0.12%～1.5%）低的模拟海水中施加大电流密度（即 G3 试验组）的情况下，在模拟海水中的黑色絮状沉淀物更多。综上所述，电流密度越大，模拟海水的氯离子浓度越低，CFRP 作为阳极的材料劣化越严重。

(a) SEM测试

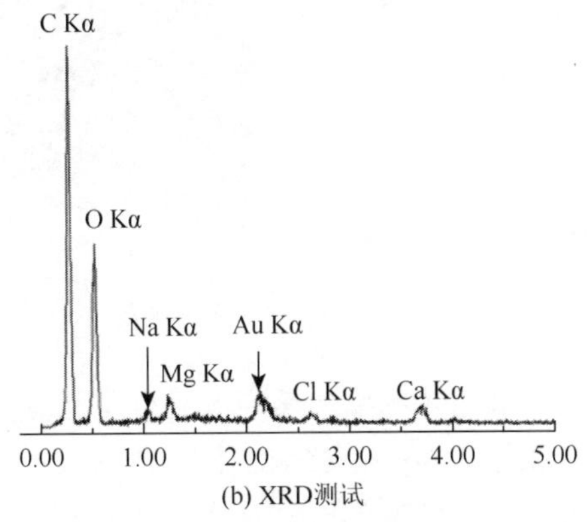

(b) XRD测试

图 2-19　模拟海水中黑色固体沉淀物质的 SEM 和 XRD 测试结果

图 2-20 为 CFRP 表面 SEM 形貌测试结果。图 2-20（a）中观察到未极化的

CFRP 表面碳纤维与环氧树脂黏结完整，碳纤维丝被环氧树脂完全地浸润包裹。当 CFRP 作为阳极在模拟海水中遭受阳极极化后，CFRP 产生不同程度的劣化特征。明显地，CFRP 在氯离子浓度为 0.12%的模拟海水中进行阳极极化试验之后，碳纤维丝和环氧树脂之间出现一些细小的裂缝结构［图 2-19（b）］，当模拟海水的氯离子浓度为 3.0%时，碳纤维丝表面大部分的环氧树脂被降解，裸露出完整的碳纤维丝束［图 2-19（c）］。这种现象与 2.2.4 节中 CFRP 在 NaCl 溶液中进行阳极极化的劣化现象一样，是由于 CFRP 表面的环氧树脂中苯环结构遭到破坏，导致环氧树脂从碳纤维丝上剥落。

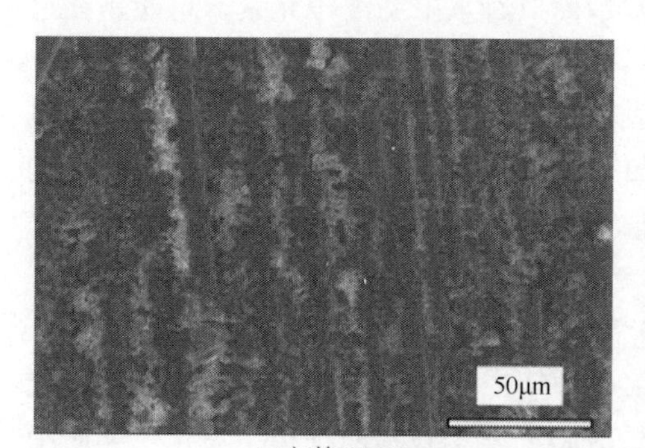

(a) 初始CFRP

(b) G3(0.12)

(c) G3(3.0)

图 2-20　CFRP 表面 SEM 形貌测试结果

结合模拟海水颜色变化、黑色固体沉淀物质的元素分析及 CFRP 表面的形貌变化结果可知，CFRP 作为阳极在不同氯离子浓度的模拟海水中进行阳极极化的过程中，CFRP 的劣化机理可能随着氯离子浓度的变化而发生转变。在氯离子浓度低的模拟海水中，CFRP 界面发生的电化学反应主要是以电解水为控制反应的析氧过程。当增加模拟海水中的氯离子浓度时，由于电解质溶液中具备丰富的氯离子，CFRP 界面发生的电化学反应转变为析氯反应。与石墨阳极类似，以析氧反应为控制过程的情况下，石墨阳极的消耗率远大于以析氯反应为控制过程的情况[9]。石墨阳极的研究结果可以证实 CFRP 阳极在不同氯离子浓度模拟海水中的劣化机理转变的假设。因此，析氧为主的电化学反应可能造成 CFRP 阳极材料中碳纤维的消耗，对 CFRP 中的碳纤维造成损伤；在氯离子浓度高的模拟海水中，以析氯为主的电化学反应可能造成 CFRP 阳极表面环氧树脂的消耗。

2.3.5　阳极极化后的 CFRP 力学性能

本节通过单轴拉伸试验研究 CFRP 在不同氯离子浓度模拟海水中阳极极化后的拉伸破坏模式和力学强度。图 2-21 是 CFRP 在单轴拉伸试验中观察出现的三种破坏模式，分别为端部断裂（LAT）[图 2-21（a）]、分层破坏（DGM）[图 2-21（b）] 和横向断裂与分层破坏的复合破坏（MIX）[图 2-21（c）]。CFRP 拉伸试验结果表明，不通电的 G1 对照组中 CFRP 的拉伸破坏模式均为 LAT，破坏面平整，与对比试件的破坏模式一致。然而，在氯离子浓度高的模拟海水（即 1.94%～3.0%）中 CFRP 的破坏模式转变为 DGM，氯离子浓度低的模拟海水（即 0.12%～1.5%）中 CFRP 的破坏模式呈现为 MIX。CFRP 在模拟海水中极化后拉伸破坏模式的转变与 2.2.3 节中 CFRP 在 NaCl 溶液中极化后拉伸破坏模式是一致的。CFRP 在模拟海水中阳极极化后拉伸试验结果如表 2-5 所示，包括破坏模式、残余强度（f_u）及残余强度效率（K）（即阳极极化后 CFRP 残余强度与初始 CFRP 拉伸强度的比值）。

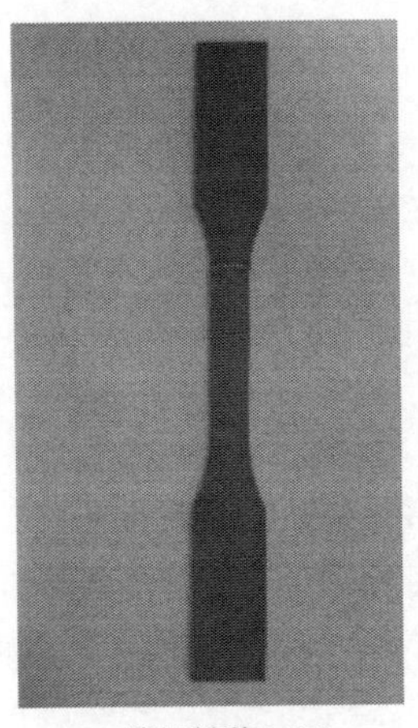
(a) 端部断裂(LAT)

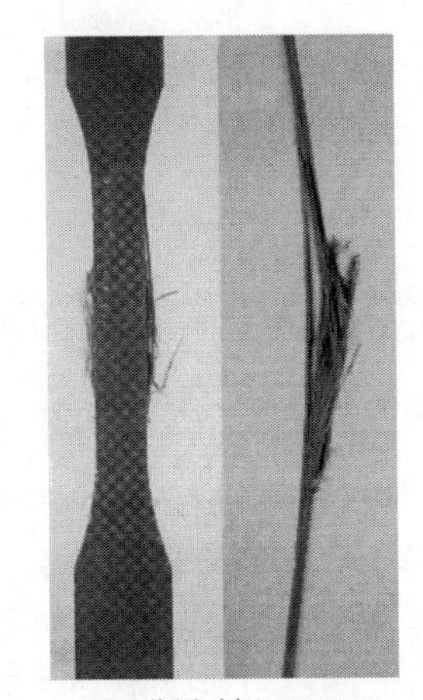
(b) 分层破坏(DGM)

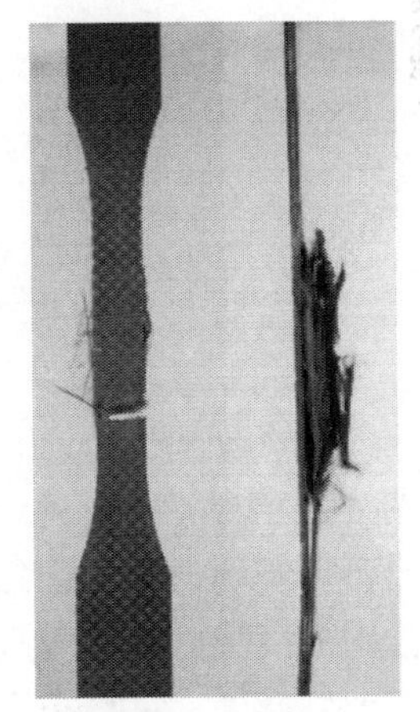
(c) 复合破坏(MIX)

图 2-21　在模拟海水中阳极极化后 CFRP 拉伸破坏模式

表 2-5　阳极极化后 CFRP 拉伸试验结果[10]

组别	试件名称	f_u/MPa	K	破坏模式
G1	G1（0.12）	656.5	0.985	LAT
	G1（0.5）	653.8	0.981	LAT
	G1（1.0）	644.5	0.967	LAT
	G1（1.5）	637.8	0.957	LAT
	G1（1.94）	639.2	0.959	LAT
	G1（2.5）	632.5	0.949	LAT
	G1（3.0）	635.8	0.954	LAT
G2	G2（0.12）	453.2	0.680	MIX
	G2（0.5）	453.9	0.681	MIX
	G2（1.0）	507.2	0.761	MIX
	G2（1.5）	492.5	0.739	MIX
	G2（1.94）	504.5	0.757	DGM
	G2（2.5）	543.9	0.816	DGM
	G2（3.0）	591.2	0.887	DGM
G3	G3（0.12）	335.9	0.504	MIX
	G3（0.5）	330.6	0.496	MIX
	G3（1.0）	340.6	0.511	MIX
	G3（1.5）	356.6	0.535	MIX
	G3（1.94）	455.9	0.684	DGM
	G3（2.5）	475.2	0.713	DGM
	G3（3.0）	525.2	0.788	DGM

注：残余强度效率 $K=f_u/f_{u\_RF}$，其中，f_u 为 CFRP 在模拟海水中阳极极化后的残余强度，f_{u_RF} 为初始 CFRP 拉伸强度。

图 2-22 表示 CFRP 残余强度效率随模拟海水中氯离子浓度和电量密度的变化规律。可以发现，在相同氯离子浓度的模拟海水中，CFRP 残余强度效率随电量密度的增加而减小，这个规律与 2.2.3 节中 CFRP 在 NaCl 溶液中极化后单轴拉伸性能一致。此外，氯离子含量低的模拟海水中，电量密度对 CFRP 残余强度的影响更明显。在不通电的 G1 对照组中，CFRP 残余强度效率变化不明显，表明单一的模拟海水浸泡对 CFRP 的拉伸强度影响很小。在通电的 G2 和 G3 试验组中，通过相同电量密度时，CFRP 残余强度效率随模拟海水中氯离子浓度的增加而增大。

对比结果表明，CFRP 在氯离子浓度低的模拟海水中遭受阳极极化后力学性能劣化更明显。这与上述观察到的 CFRP 拉伸破坏模式是一致的，氯离子浓度高的模拟海水进行阳极极化引起的环氧树脂基体降解暴露出完整的碳纤维，残余强度略有下降。而氯离子浓度低的模拟海水进行阳极极化造成 CFRP 中碳纤维本体的破坏，导致残余强度明显下降。

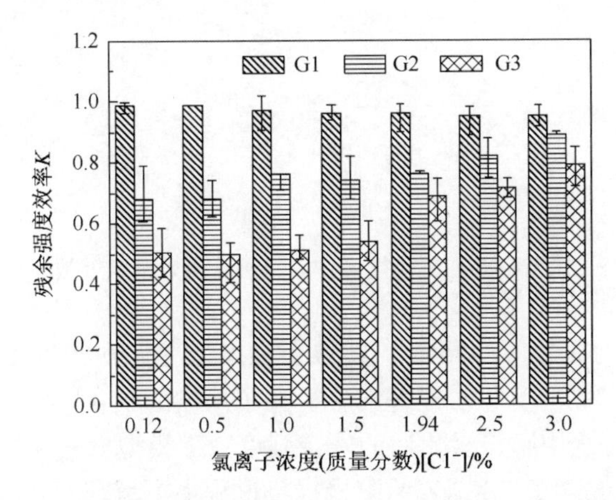

图 2-22　电量密度和氯离子浓度对 CFRP 残余强度效率的影响

2.4　CFRP 阳极极化后拉伸强度预测模型

在 2.2 节和 2.3 节，CFRP 被分别置于 NaCl 溶液、模拟混凝土孔溶液、NaOH 溶液及不同氯离子浓度模拟海水中进行阳极极化，拉伸试验结果一致表明阳极极化过程中施加的电量密度与 CFRP 残余强度效率密切相关。CFRP 在三种溶液中阳极极化后残余强度效率模型如图 2-23 所示。由图 2-23 可知，无论在哪种溶液中，CFRP 阳极极化后的残余强度效率均随电量密度的增加而减小。根据最小二乘法原则，分别对 CFRP 在三种不同溶液中阳极极化后的拉伸强度进行数据拟合。CFRP 在 NaCl 溶液、模拟混凝土孔溶液、NaOH 溶液的残余强度效率模型分别如式（2-1）～式（2-3）所示。

$$K = 1 - 0.237q \tag{2-1}$$

$$K = e^{-0.487q} \tag{2-2}$$

$$K = e^{-0.609q} \tag{2-3}$$

如图 2-24 所示，在不同氯离子浓度的模拟海水溶液中，CFRP 阳极极化后残余强度效率同样随电量密度的增加而降低。但在相同电量密度的情况下，CFRP

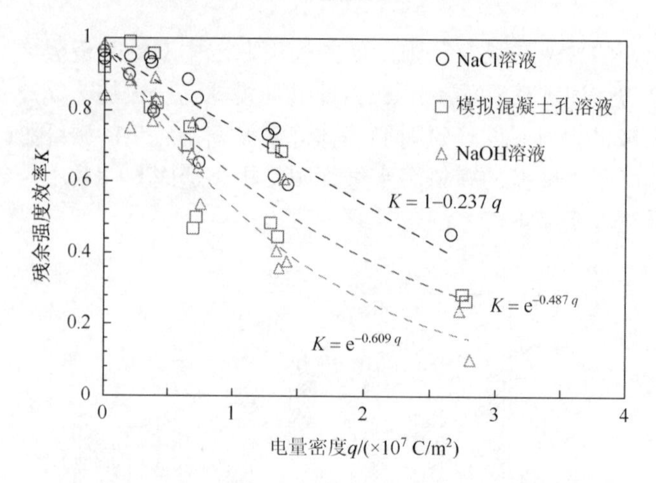

图 2-23　CFRP 在三种溶液中阳极极化后残余强度效率模型

在氯离子浓度高的模拟海水溶液中其残余强度效率比在浓度低的模拟海水中更高。因此，考虑电量密度和模拟海水中氯离子浓度的耦合影响，CFRP 在不同氯离子浓度的模拟海水中阳极极化后的残余强度效率模型如式（2-4）所示。其中，式（2-4-1）和式（2-4-2）分别表示阳极极化过程中电量密度和模拟海水中氯离子浓度对 CFRP 残余强度效率的影响。

$$K = f(q)f([\mathrm{Cl}^-]) \tag{2-4}$$

$$f(q) = -0.432q + 1.425 \tag{2-4-1}$$

$$f([\mathrm{Cl}^-]) = \begin{cases} 0.04\times[\mathrm{Cl}^-]+0.58, [\mathrm{Cl}^-]\text{质量分数：}0.12\%\sim1.5\% \\ 0.11\times[\mathrm{Cl}^-]+0.50, [\mathrm{Cl}^-]\text{质量分数：}1.94\%\sim3.0\% \end{cases} \tag{2-4-2}$$

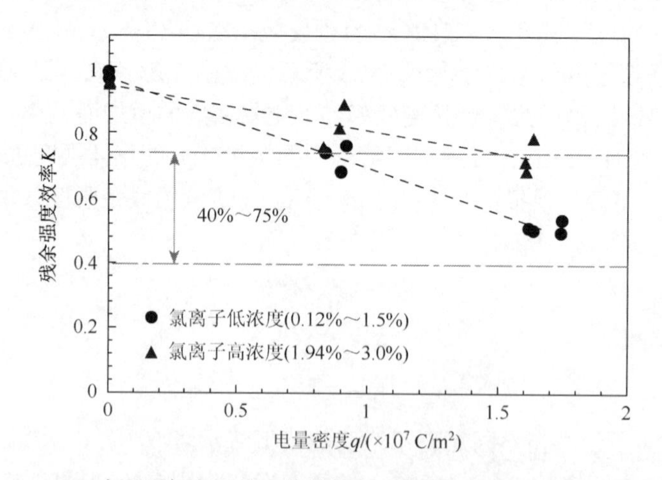

图 2-24　CFRP 在不同氯离子浓度的模拟海水溶液中极化后残余强度效率模型

图 2-25 是 CFRP 在不同环境中阳极极化后残余强度效率模型的比较。当电量密度达到 $2\times10^7\ C/m^2$ 时，无论是在文献[1]建议的三种溶液中，还是在不同氯离子浓度的模拟海水溶液中，极化后的 CFRP 残余强度效率均大于 0.4，即 CFRP 残余强度均大于初始拉伸强度的 40%。值得注意的是，当前 CFRP 在结构加固中的利用效率通常为 40%～75%，所以 CFRP 在阳极极化后其材料的残余强度仍然可以提供有效的结构加固性能。当电量密度小于 $0.45\times10^7\ C/m^2$ 时，残余强度效率 K 最小的是 1.0%氯离子浓度的模拟海水环境，其次是 NaOH 溶液和模拟混凝土孔溶液，最大的是 3.0%氯离子浓度的模拟海水环境。当电量密度大于 $0.45\times10^7\ C/m^2$ 且小于 $1.5\times10^7\ C/m^2$ 时，残余强度效率 K 最小的是 NaOH 溶液环境，最大的依然是 3.0%氯离子浓度模拟海水环境。但当电量密度大于 $1.5\times10^7\ C/m^2$ 时，与氯离子浓度高的模拟海水相比（如 2.0%和 3.0%），CFRP 在 3% NaCl 溶液中极化后的残余强度效率最大，其氯离子含量约为溶液质量的 1.82%。表明随着电量密度的增加模拟海水中可能还有其他的离子对 CFRP 在阳极极化的过程中产生劣化，如硫酸根离子（SO_4^{2-}）。对比结果表明，在 NaOH 溶液环境中进行阳极极化试验，对 CFRP 的拉伸强度影响最不利，其次是模拟混凝土孔溶液环境，当溶液中的氯离子浓度大于 1.0%时，进行阳极极化试验，对 CFRP 的拉伸强度影响较为有利。

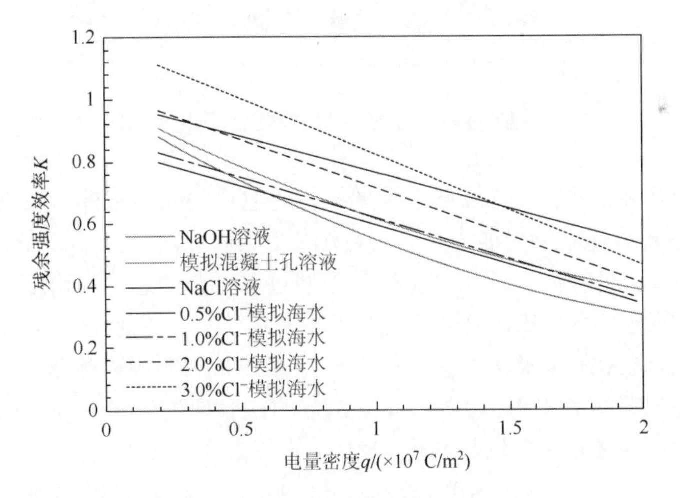

图 2-25　CFRP 在不同环境中阳极极化后残余强度效率模型的比较（后附彩图）

2.5　ICCP-SS 系统使用寿命讨论

CFRP 在不同溶液环境中的阳极极化试验揭示了 CFRP 作为阳极材料的电化

学稳定性及作为加固材料的强度演变规律。以此为基础，本节以 CFRP 残余强度效率为控制指标讨论 ICCP-SS 系统的使用寿命[10]。

当钢筋混凝土结构附近没有杂散电流影响时，在 ICCP 系统中通过阴极和阳极的总电量应该是等量的。所以，在 ICCP-SS 系统中可以假定通过阳极材料 CFRP 和混凝土中钢筋的总电量相同，如式（2-5）所示。

$$Q_{\mathrm{anode}} = Q_{\mathrm{cathode}} \tag{2-5}$$

图 2-26 是一个外部包裹 CFRP 的典型钢筋混凝土构件截面示意图，现基于此构件讨论以 CFRP 残余强度效率为控制指标的 ICCP-SS 系统使用寿命。混凝土的截面尺寸为 400 mm×400 mm，内置 8 根直径为 d 的钢筋。钢筋混凝土构件四周包裹 CFRP 材料，当施加阴极保护电流时，CFRP 连接电源的正极作为阳极材料，钢筋连接电源的负极作为阴极材料，从而构建 ICCP-SS 系统。

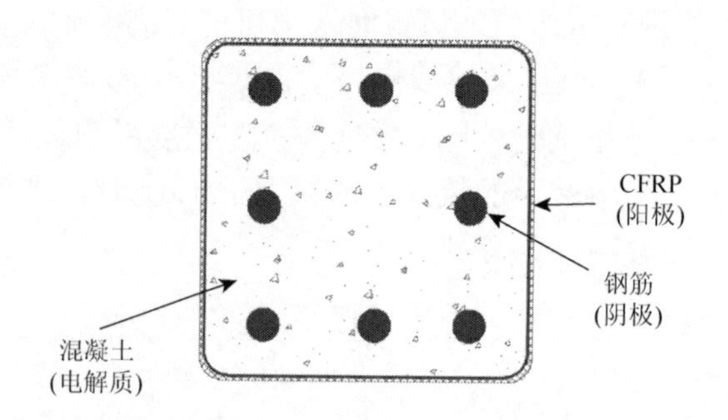

图 2-26　外部包裹 CFRP 的典型钢筋混凝土构件截面示意图

文献[1]指出，可以通过衡量阳极系统传递电量的能力来评估阳极材料的使用寿命。阳极系统传递电量的能力可以通过阳极材料的总电量 Q_{anode} 评估，如式(2-6)所示，其中 q_{anode} 为在阳极极化试验过程中通过 CFRP 的总电量密度，A_a 为图 2-26 中包裹在混凝土上的 CFRP 阳极名义面积。如式（2-7）所示通过 CFRP 的总电量密度（q_{anode}）表示阳极极化试验过程中通过 CFRP 的阳极电流密度（i_a）在试验总时间（t_{test}）期间的累积。2.2 节和 2.3 节的试验研究结果表明，CFRP 在遭受阳极极化后力学强度的劣化与通过 CFRP 的总电量密度（q_{anode}）密切相关，并且基于 q_{anode} 的 CFRP 残余强度效率模型在 2.4 节中进行了推导和讨论。所以，基于加速等效原则[11]，当在阳极极化试验（图 2-2）和实际钢筋混凝土 ICCP-SS 系统（图 2-26）中通过 CFRP 的电量密度（q_{anode}）相同时，CFRP 由于阳极极化导致的力学强度劣化规律也相同。

$$Q_{\mathrm{anode}} = q_{\mathrm{anode}} \times A_a \tag{2-6}$$

$$q_{\text{anode}} = i_a \times t_{\text{test}} \tag{2-7}$$

在图 2-26 所示的 CFRP 包裹钢筋混凝土构件中，对于作为阴极材料的钢筋，通过的总电量（Q_{cathode}）如式（2-8）所示，其中 n 为钢筋的根数，A_{steel} 为单根钢筋单位长度的表面积，i_p 是外加电流阴极保护施加的阴极保护电流密度，t_{life} 为 CFRP 在总电量为 Q_{cathode} 条件下的使用寿命。在钢筋混凝土结构设计中，配筋率（ρ）是钢筋混凝土构件中纵向受力（拉或压）钢筋的横截面面积（A_s）与构件的有效面积（A_c）之比。根据钢筋表面积和横截面面积的几何关系，建立钢筋表面积与配筋率的关系如式（2-9）所示。

结合式（2-5）～式（2-9）可以根据阳极极化试验结果计算 ICCP-SS 系统的使用寿命，如式（2-10）所示。

$$Q_{\text{cathode}} = n \times i_p \times t_{\text{life}} \times A_{\text{steel}} \tag{2-8}$$

$$A_{\text{steel}} = \sqrt{\frac{4\pi A_c \rho}{n}} \tag{2-9}$$

$$t_{\text{life}} = \frac{i_a}{i_p} \times \frac{A_a}{\sqrt{4\pi n A_c \rho}} \times t_{\text{test}} \tag{2-10}$$

基于上述 CFRP 包裹钢筋混凝土建立的 CFRP 阳极材料使用寿命计算方法，可知 t_{life} 随施加的阴极保护电流密度（i_p）的增加而降低，同时也随混凝土配筋率（ρ）增加而降低。在采用 ICCP 系统的钢筋混凝土实际工程中，通常根据混凝土中钢筋的腐蚀状况及混凝土结构所处的服役环境决定合适的阴极保护电流密度（i_p）。研究表明[12]，对于既有钢筋混凝土结构工程，施加的阴极保护电流密度一般为 2～20 mA/m^2。此外，《混凝土结构设计规范》（GB 50010—2010）[13]规定钢筋混凝土柱的配筋率不宜大于 5%。所以，综合考虑阴极保护电流密度和配筋率的影响，当 ICCP-SS 系统在配筋率为 5%的钢筋混凝土结构中施加 20 mA/m^2 阴极保护电流密度时，CFRP 阳极材料的使用将处于最不利的情况，即计算的 ICCP-SS 系统使用寿命最短。

以 2.3 节 CFRP 在模拟海水中进行阳极极化试验为例，将 CFRP 置于氯离子浓度为 1.94%的模拟海水中，通过 CFRP 的电量密度（q_{anode}）为 1.6×10^7 C/m^2，此时阳极反应体系稳定且 CFRP 阳极材料的残余强度效率为 68%，表明在此条件下 CFRP 满足 ICCP-SS 系统功能需求。根据式（2-10）绘制 ICCP-SS 系统使用寿命与混凝土配筋率的关系，如图 2-27 所示。ICCP-SS 系统使用寿命（t_{life}）随混凝土配筋率（ρ）增加而降低。在混凝土最大配筋率为 5%及施加阴极保护电流密度为 20 mA/m^2 的情况下，使用寿命为 45.5 年。

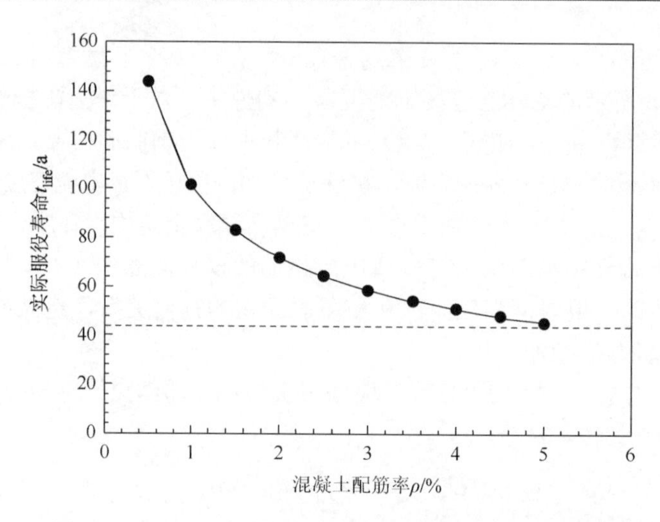

图 2-27 ICCP-SS 系统使用寿命与混凝土配筋率的关系

本节计算结果表明，即使在最不利的工况下（即保护电流密度最大为 20 mA/m^2，配筋率最大为 5%），ICCP-SS 系统在模拟海水环境下可使用不低于 45 年，且 CFRP 残余强度为初始强度的 68%，仍然可以提供充足有效的结构加固表现。需要注意的是，本节对 ICCP-SS 系统使用寿命的评估是以 CFRP 的极化后力学性能为控制指标的。但是，CFRP 与混凝土的界面工作性能演变同样制约 ICCP-SS 系统的使用寿命。

2.6 小　　结

本章主要研究了 CFRP 在各类溶液环境中的双重性能演变规律。开展了 CFRP 的阳极极化试验，主要考虑了溶液类型、电流密度和电量密度的影响；通过监测的驱动电压评估 CFRP 的电化学性能；通过单轴拉伸试验讨论了 CFRP 阳极极化后的力学性能；基于电量等效原则，以 CFRP 残余强度效率为控制指标讨论了 ICCP-SS 系统的使用寿命。本章的结论如下：

1）CFRP 的电化学工作性能和力学性能与溶液类型和电量密度密切相关。阳极极化导致 CFRP 沿材料厚度方向，发生从表面（电解液接触面）向内部逐层发展的碳纤维和环氧树脂劣化。在阳极反应稳定的前提下，CFRP 的力学性能随电量密度的增大而降低，劣化最严重的是 NaOH 溶液，其次是模拟混凝土孔溶液和 NaCl 溶液。

2）CFRP 表面环氧树脂在不同溶液中的劣化机理不尽相同。在 NaCl 溶液中 CFRP 表面环氧树脂劣化是因为环氧树脂中的苯环结构和 C—N 键遭到破坏，在 NaOH 溶液中是因为环氧树脂与阳极反应产生的氧原子发生氧化反应，而在模拟混凝土孔溶液中则是因为环氧树脂中的长分子链结构遭到破坏。随电流密度增大，

CFRP 中环氧树脂的剥落和脱离程度增大，造成碳纤维丝的裸露情况更加严重，导致 CFRP 的拉伸试验破坏模式由拉伸断裂转变为分层破坏，最终可能导致放射状断裂。

3）在氯离子浓度较低的模拟海水中，CFRP 的劣化主要表现为碳纤维的氧化；而在氯离子浓度较高的模拟海水中，CFRP 的劣化主要表现为环氧树脂的降解。较高的氯离子浓度对 CFRP 极化后的力学性能有益。这表明含胶率低的 CFRP 可以在氯离子浓度较高的极化环境中维持更好的力学性能，由此构建的 ICCP-SS 系统对于内含高浓度氯离子的滨海钢筋混凝土和海水海砂混凝土具有独特的优势。

4）针对不同的溶液环境，提出了相应的 CFRP 极化后拉伸强度预测模型，进而建立了基于 CFRP 极化后残余强度的钢筋混凝土构件配筋率与 CFRP 使用寿命关联模型。

5）本书采用的 2 mm 厚 CFRP，即使在最不利的工况下（即保护电流密度为 20 mA/m^2，配筋率为 5%），在模拟海水环境下可使用不少于 45 年，且 CFRP 残余强度为初始强度的 68%，仍然可以提供有效的结构加固表现。

6）本章提出的使用寿命计算模型是基于电量平衡准则和钢筋混凝土构件配筋率的定义，具备普适性，可用于各类型构件和截面型式。采用该模型很容易得出 CFRP 材料厚度越大，其残余强度越大，同时服役寿命也越长的结论。这与本章揭示的 CFRP 从表面向内部逐层发展的劣化模式是相吻合的。但是必须注意，ICCP-SS 系统的使用寿命不仅取决于 CFRP 的性能，同时必须考虑阳极极化对 CFRP/混凝土界面性能的影响。当界面性能成为结构性能瓶颈时，盲目增加材料厚度不仅不经济，甚至可能造成适得其反的效果。

参考文献

[1] NACE International. Testing of embeddable impressed current anodes for use in cathodic protection of atmospherically exposed steel-reinforced concrete：NACE TM0294-2007[S]. Houston：NACE International，2007.

[2] ASTM International. Standard test method for tensile properties of plastics：ASTM D638-10[S]. West Conshohocken，PA：ASTM International，2010.

[3] 朱淼长. 采用 CFRP 为辅助阳极的钢筋混凝土外加电流阴极保护方法研究[D]. 深圳：深圳大学，2014.

[4] Sun H F，Wei L L，Zhu M C，et al. Corrosion behavior of carbon fiber reinforced polymer anode in simulated impressed current cathodic protection system with 3% NaCl solution[J]. Construction and Building Materials，2016，112：538-546.

[5] Sun H，Memon S A，Gu Y，et al. Degradation of carbon fiber reinforced polymer from cathodic protection process on exposure to NaOH and simulated pore water solutions[J]. Materials and Structures，2016，49（12）：5273-5283.

[6] ASTM. Standard test method for tensile properties of polymer matrix composite materials：ASTM D3039/D3039M[S]. Philadelphia：Amrican Society for Testing and Matrials，2008.

[7] ASTM International. Standard practice for the preparation of substitute ocean water：ASTM D1141-98（2013）[S]. West Conshohocken，PA：ASTM International，2013.

[8] 谢有赞，赵常就. 石墨阳极浸渍剂与电化学性能的研究[J]. 新型炭材料，1994，(3)：9-12.

[9] Kroon D H. Cathodic protection anodes underground[J]. Materials Performance，1989，28（1）：17-20.

[10] 魏亮亮. 基于 ICCP-SS 体系的钢筋混凝土耐久性保障策略基础研究[D]. 深圳：深圳大学，2015.

[11] Chang J J. A study of the bond degradation of rebar due to cathodic protection current[J]. Cement and Concrete Research，2002，32（4）：657-663.

[12] Bertolini L，Bolzoni F，Pedeferri P，et al. Cathodic protection and cathodic preventionin concrete：principles and applications [J]. Journal of Applied Electrochemistry，1998，28（12）：1321-1331.

[13] 中华人民共和国住房和城乡建设部. 混凝土结构设计规范：GB 50010—2010[S]. 北京：中国建筑工业出版社，2010.

第3章　ICCP-SS系统的长期运行性能

3.1　引　　言

第2章讨论了碳纤维增强复合材料（CFRP）在各类溶液环境中的阳极极化性能和力学性能演变规律，证明了CFRP作为辅助阳极和结构加固双重功能材料的可行性。以此为基础，本章采用CFRP构建钢筋混凝土外加电流阴极保护与结构加固（ICCP-SS）复合干预系统，探讨和评估ICCP-SS系统的长期运行性能。本章主要针对以下几点开展研究：①采用CFRP作为辅助阳极材料的ICCP系统能否对氯盐侵蚀混凝土中的锈蚀钢筋实现有效阴极保护；②现有的外加电流阴极保护规范及准则是否适用于基于CFRP的ICCP-SS系统；③ICCP-SS系统在长期运行过程中的性能演变与劣化特征；④作为双重功能材料的CFRP，其布置方式对ICCP-SS系统的运行性能是否有影响；⑤在溶液环境中建立的CFRP力学性能演变规律是否适用于ICCP-SS系统。

为探讨上述问题，首先将CFRP以不同的粘贴方式布置在被氯盐侵蚀的钢筋混凝土试件上，开展了310 d的外加电流阴极保护试验。试验过程中，监测钢筋的保护电位和腐蚀电流密度，评估基于CFRP的ICCP系统对保护锈蚀钢筋的有效性；记录驱动电压，研究CFRP不同粘贴方式和不同电流密度对ICCP系统长期运行性能的影响。ICCP试验结束后，检测CFRP/混凝土黏结界面的形貌变化，获取界面劣化特征；开展阳极极化后的CFRP拉伸试验，建立CFRP试件在ICCP-SS系统长期运行中的强度预测模型。

3.2　试件制备及试验过程

3.2.1　试验材料

混凝土的原料主要包括，普通硅酸盐水泥，型号为42.5R；标准的石英砂，粒径满足文献[1]的要求（表3-1）；以及根据文献[2]制备的人工模拟海水，氯离子浓度为水溶液质量的1.94%。混凝土的配比如表3-2所示。水灰比为0.37，砂子与水泥质量比为2.0，混凝土中氯离子浓度为水泥质量的0.72%，这是混凝土耐久性相关标准规范[3-5]规定的氯离子允许上限值的7倍以上。混凝土试件在标准养护室（温度为20℃±2℃，湿度为95%）养护28 d后，根据《混凝土强度检验评定标准》（GB/T 50107—2010）[6]的要求，采用型号为MTS YAW4206的压力试验机测得混凝土的立方体抗压强度为52 MPa。

表 3-1　标准石英砂的颗粒尺寸分布

方形网格尺寸/mm	累计筛余量/%
2.00	0
1.60	7±5
1.00	33±5
0.50	67±5
0.16	87±5
0.08	99±1

表 3-2　模拟海水海砂混凝土配比

水泥/(kg/m^3)	模拟海水/(kg/m^3)	标准石英砂/(kg/m^3)
594	220	1188

试验中采用的CFRP是LAM-125/226型环氧树脂固化而成的多层碳纤维层压板，每层的T700型碳纤维都是呈双向正交排布，其在CFRP中所占的体积分数约为60%。试验选用的钢筋是HRB400带肋螺纹钢，直径是14 mm，钢筋的屈服强度为480 MPa，极限强度为602 MPa。钢板是Q235热轧钢材，厚度为3 mm。

3.2.2　试件制备

本章的混凝土试件如图3-1所示。浇筑混凝土时，选择两种钢材形式预置在混凝土试件中：第一种是HRB400带肋螺纹钢筋［图3-1（a，c）］，两端采用导电绝缘胶带和环氧树脂进行密封隔绝，中间暴露的长度为200 mm，每个试件中预埋3根钢筋，与混凝土接触的面积为264 cm^2；第二种是Q235热轧钢板［图3-1（b，d）］，两端也采用导电绝缘胶带和环氧树脂进行密封隔绝，中间暴露的长度为200 mm，钢板与混凝土接触的面积为512 cm^2。

混凝土试件在标准养护室养护28 d后，将CFRP粘贴在混凝土试件上。在CFRP结构加固工程中，常采用表面粘贴CFRP[7, 8]和内部嵌入CFRP[9, 10]两种方式，所以在本章中CFRP的粘贴方式也分为两种：①采用无机导电水泥基胶凝材料将CFRP粘贴在混凝土试件的表面［图3-1（a，b）］，混凝土试件的尺寸是270 mm×200 mm×50 mm；②在浇筑试件的时候直接将CFRP嵌入在混凝土中［图3-1（c，d）］，

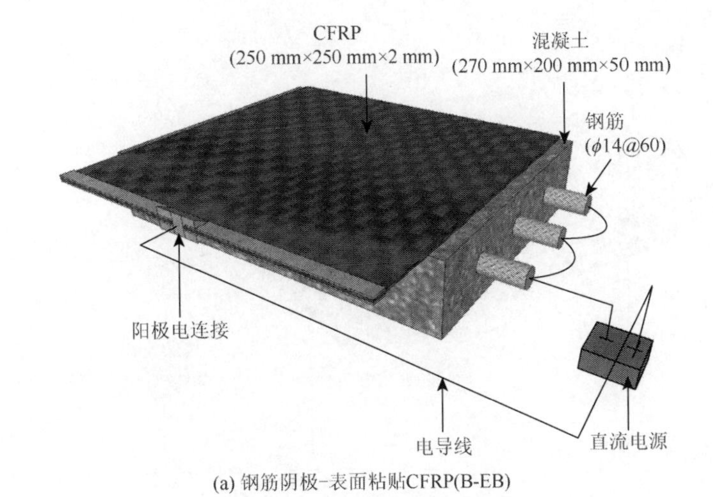

(a) 钢筋阴极-表面粘贴CFRP(B-EB)

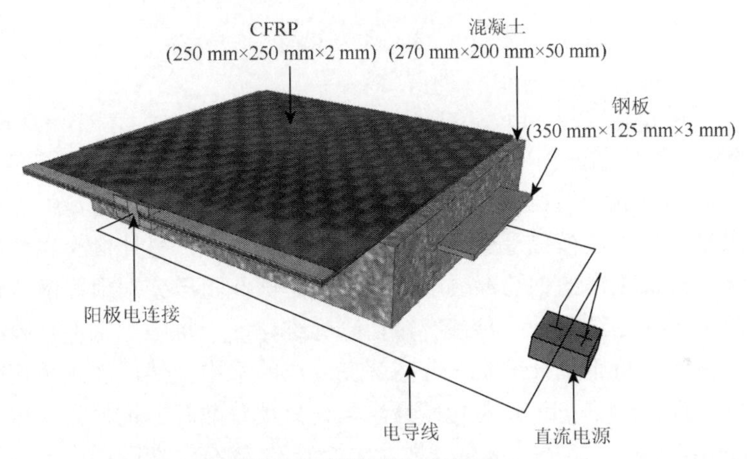

(b) 钢板阴极-表面粘贴CFRP(P-EB)

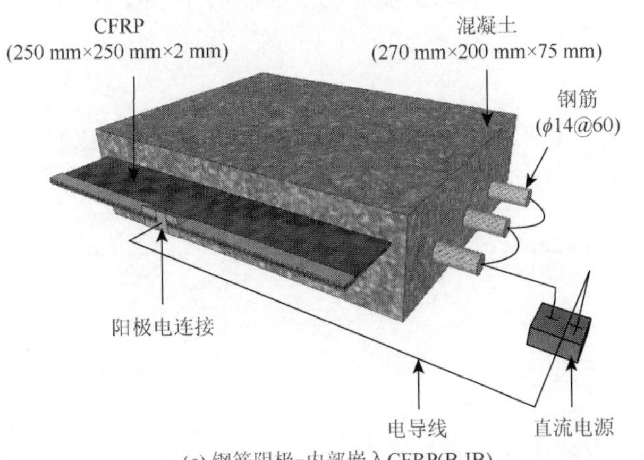

(c) 钢筋阴极-内部嵌入CFRP(B-IB)

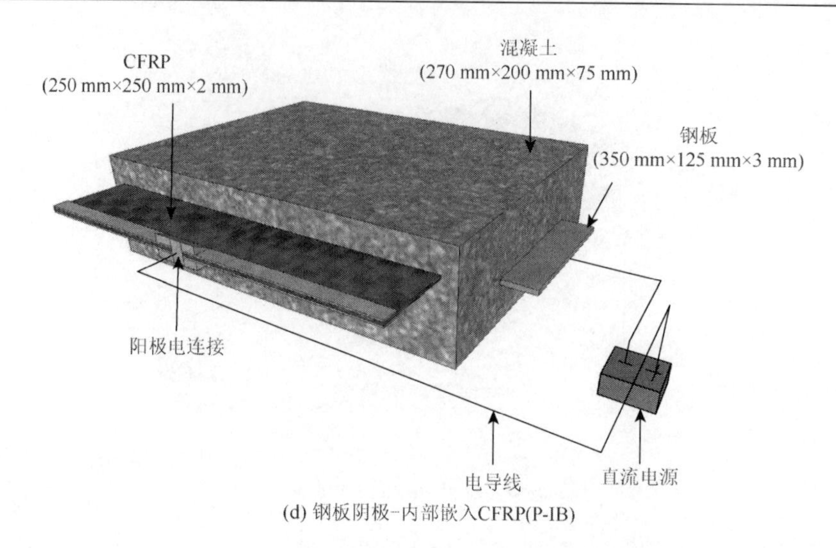

(d) 钢板阴极-内部嵌入CFRP(P-IB)

图 3-1　混凝土试件制备及 ICCP 试验装置[11]

混凝土试件的尺寸是 270 mm×200 mm×75 mm。对于两种 CFRP 的粘贴方式，CFRP 与混凝土的粘贴面积（A_{CFRP}）均为 500 cm^2。此外，本试验还制备了 4 个没有粘贴 CFRP 的混凝土对比试件（270 mm×200 mm×50 mm），其中 2 个试件采用模拟海水进行浇筑，模拟遭受氯盐侵蚀的钢筋混凝土，另外 2 个试件采用普通水进行浇筑，模拟正常的钢筋混凝土。这些对比试件同样分别预置钢筋和钢板。

本试验采用的黏结剂是一种掺有短切碳纤维丝的无机导电水泥基胶凝材料。制备过程如下：先将甲基纤维素充分溶解在少量的水中，然后加入短切的碳纤维丝和去泡剂，搅拌约 2 min 使短切碳纤维丝充分地分散开。搅拌完成后，再加入水泥、聚羧酸减水剂、硅灰及水充分搅拌约 5 min。掺有短切碳纤维丝的导电黏结剂的水灰比为 0.37，无机导电水泥基胶凝材料配比如表 3-3 所示，表中所列材料用量均是相对于水泥的质量比。

表 3-3　无机导电水泥基胶凝材料配比（相对于水泥的质量比）　（单位：%）

水泥	水	硅灰	去泡剂	聚羧酸减水剂	甲基纤维素	短切碳纤维
100	37	35	30	1.5	2.4	4.5

3.2.3　ICCP 试验方案

混凝土试件外加电流阴极保护试验装置如图 3-1 所示。采用 CFRP 为阳极材料，与外接电源的正极相连；预置在混凝土中的钢筋或钢板为阴极材料，与外接电源的负极相连；通过电解质（混凝土）与连接导线形成外加电流阴极保护（ICCP）系统的电通路。外置电源可以输出恒定电流和恒定电压，型号是 LodeStar LPS605D。为保证 CFRP 作为阳极材料在 ICCP 系统中电连接的有效性，将 CFRP 用螺栓夹紧在两块不锈钢片的中间，然后采用不锈钢的鳄鱼夹夹在不锈钢片上，与连接导线进行电连接。具体的连接方式如图 3-2 所示。

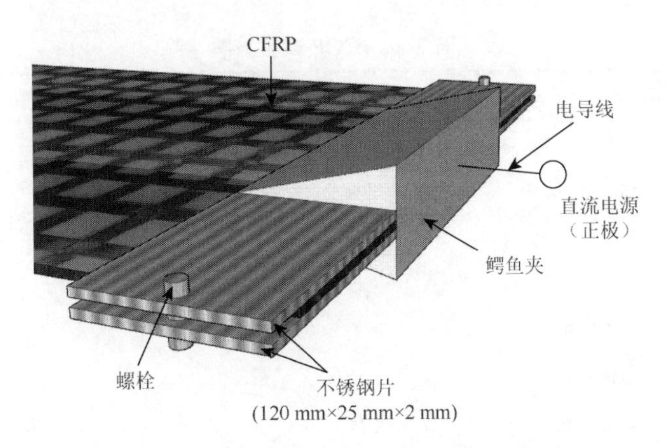

图 3-2　ICCP 试验装置中 CFRP 的电连接方式

阴极保护电流密度是 ICCP 系统中最重要的参数之一。研究表明[12]，ICCP 在混凝土中施加的最大保护电流密度一般为 20 mA/m^2。但是在一些恶劣的腐蚀环境当中，如混凝土中氯离子浓度很高，混凝土处在干湿循环的工作环境中，或者是很薄的混凝土保护层的试件中存在严重的钢筋腐蚀现象等，保护电流密度最大可以提高至 50 mA/m^2[13]。另外，文献[14]指出，相对于与混凝土接触的阳极面积而言，在 ICCP 中施加的电流密度不应超过 108 mA/m^2，否则将会导致阳极/混凝土界面出现严重的界面劣化现象，致使 ICCP 系统过早地失效。本章 ICCP 试验为探究 CFRP 作为阳极材料在混凝土中实现 ICCP-SS 系统的长期工作性能表现，分别选择 20 mA/m^2 和 100 mA/m^2 的阳极电流密度作为实验参数。在试验中，基于公式（3-1），根据已知的 CFRP 与混凝土的粘贴面积（A_{CFRP}）及选定的电流密度参数（i），通过外置电源向混凝土中输入恒定的电流（I）。

$$i = \frac{I}{A_{\mathrm{CFRP}}} \tag{3-1}$$

ICCP 试验方案如表 3-4 所示。试验分为 120 d 短期和 310 d 长期两组试验。

在每组试验中，分别准备表 3-4 所示的 12 个试件，包括 4 个不粘贴 CFRP 的对比试件，4 个采用 CFRP 表面粘贴方式的试件，4 个采用 CFRP 内部嵌入方式的试件。被氯盐侵蚀的混凝土对比试件为 RF-1 和 RF-2，正常的混凝土对比试件为 RF-3 和 RF-4。粘贴 CFRP 的试件命名规则为：B 和 P 分别代表混凝土预置钢筋和钢板；EB 和 IB 分别代表 CFRP 的粘贴方式为表面粘贴和内部嵌入；最后的数字表示的是在 ICCP 试验中施加的电流密度分别为 20 mA/m^2 和 100 mA/m^2。

表 3-4 ICCP 试验方案

试件名称	CFRP 粘贴形式	混凝土中预置钢材种类	电流密度/(mA/m^2)
RF-1	—	钢筋	—
RF-2	—	钢板	—
RF-3	—	钢筋	—
RF-4	—	钢板	—
B-EB-20	表面粘贴	钢筋	20
B-EB-100	表面粘贴	钢筋	100
P-EB-20	表面粘贴	钢板	20
P-EB-100	表面粘贴	钢板	100
B-IB-20	内部嵌入	钢筋	20
B-IB-100	内部嵌入	钢筋	100
P-IB-20	内部嵌入	钢板	20
P-IB-100	内部嵌入	钢板	100

3.2.4 电化学信号监测方案

在 120 d 的短期 ICCP 试验中，为了评估钢筋和钢板的腐蚀状态，采用电位记录仪（LR8402-21 HIOKI Memory HiLogger，Hioki，Japan）对混凝土中的钢筋和钢板进行开路电位测量。测量时，将电位记录仪的正极与饱和甘汞电极（SCE）相连，负极与混凝土中的钢筋或钢板相连接，待测量数据稳定后，记录开路电位值。另外，采用电化学工作站（283 Princeton Electrochemical Workstation，Princeton，NJ，USA）每 30 d 对混凝土中的钢筋或钢板进行线性极化测试，评估钢筋或钢板的腐蚀速率。线性极化测试采用三电极体系：钢筋或钢板作为被测电极，CFRP 作为辅助电极（也称为对电极），饱和甘汞电极

（SCE）作为参比电极。测试时，通过电化学工作站在钢筋（板）和 CFRP 之间施加一个 20 mV（ΔE）的电位偏移，测试两者之间的电流变化（ΔI），按照式（3-2）和式（3-3）分别计算极化电阻（R_p）和腐蚀电流（I_{corr}）。研究结果表明[15]，式（3-3）中 B 的取值在钢筋混凝土中一般取为 25 mV。因此，反映钢筋（板）腐蚀速率的腐蚀电流密度可以按照式（3-4）计算，其中 A_s 表示与混凝土接触的钢筋（板）的面积。

$$R_p = \frac{\Delta E}{\Delta I} \tag{3-2}$$

$$I_{corr} = \frac{B}{R_p} \tag{3-3}$$

$$i_{corr} = \frac{I_{corr}}{A_s} \tag{3-4}$$

在 310 d 的长期电化学试验中，采用电位记录仪对驱动电压和 4 h 去极化电位进行测量。驱动电压是指在通电的情况下，钢筋（板）和 CFRP 之间的电压值，因为电化学试验中施加的是恒定的电流，所以监测驱动电压的变化可以反映出 ICCP-SS 系统的整体电化学工作性能。测量时，将电位记录仪的正极和负极分别与 CFRP 和钢筋（板）进行连接，待测量数据稳定后，记录驱动电压值。4 h 去极化电位是文献[14]中用于评估 ICCP 技术是否对混凝土中钢筋进行有效保护的指标之一。根据文献[16]，将电位记录仪的正极与饱和甘汞电极相连，负极与混凝土中的钢筋（板）相连，在断开电源的瞬间，记录钢筋（板）的瞬时断电电位（$E_{intant\text{-}off}$），此电位排除了内部混凝土电压降（IR）的影响，可以准确地反映钢筋（板）的极化电位。4 h 之后再次测量并记录钢筋（板）的电位（$E_{decayed}$），然后按照式（3-5）计算钢筋（板）的 4 h 去极化电位（$\Delta E_{4\text{-}hour}$）。

$$\Delta E_{4\text{-}hour} = \left| E_{instant\text{-}off} - E_{decayed} \right| \tag{3-5}$$

3.2.5　阳极界面劣化检测方案

ICCP 试验结束后，将 CFRP 材料取下，通过酚酞试剂显色法评估界面劣化状态。在外加电流阴极保护过程中，阳极界面处通常发生氧化反应即阳极析氧反应［反应式（3-6）］，或者是在有氯离子存在的情况下发生阳极析氯反应［反应式（3-7）］。在阳极界面处会直接或间接地出现一定程度的界面劣化，并且可能导致阳极黏结性能下降[17]。阳极界面的劣化检测常采用喷洒无色的 0.5%酚酞试剂，然后通过观察界面颜色的变化来评判。当喷洒酚酞试剂后界面颜色变成红色或粉色时，表明阳极界面仍然保持碱性，而当阳极界面颜色没有变化时，表明碱性的阳极界面变成了酸性的环境，存在界面劣化的现象。浓度为 0.5%的酚酞试剂配制过程为：取 0.5 g 酚酞，用 95%乙醇溶解，并稀释至 100 mL，无须加水溶解。

$$2H_2O \longrightarrow O_2 + 4H^+ + 4e^- \tag{3-6}$$

$$2Cl^- \longrightarrow Cl_2 + 2e^- \tag{3-7}$$

3.2.6 阳极极化后的 CFRP 拉伸试验

如图 3-3 所示，将取下的 CFRP 从中间定位一条基准线，然后向基准线两边各偏移 25 mm 定位两根平行线，将画好定位轴线的 CFRP 放置车床上进行切割，每块 CFRP 可以获得两根阳极极化后 CFRP 试件，尺寸为 250 mm（长）×25 mm（宽）×2 mm（厚）。根据文献[18]进行 CFRP 单轴拉伸试验，试验前先在板条两端进行加强片的布置，采用环氧树脂胶将加强片 CFRP 粘贴在板条的两端，放置在室温环境 7 d 后进行 CFRP 单轴拉伸试验。阳极极化后 CFRP 单轴拉伸的试验装置如图 3-4 所示，采用液压万能试验机 MTS Model E45，液压夹具夹持力设为 8 MPa，加载速率为 0.1 mm/min。

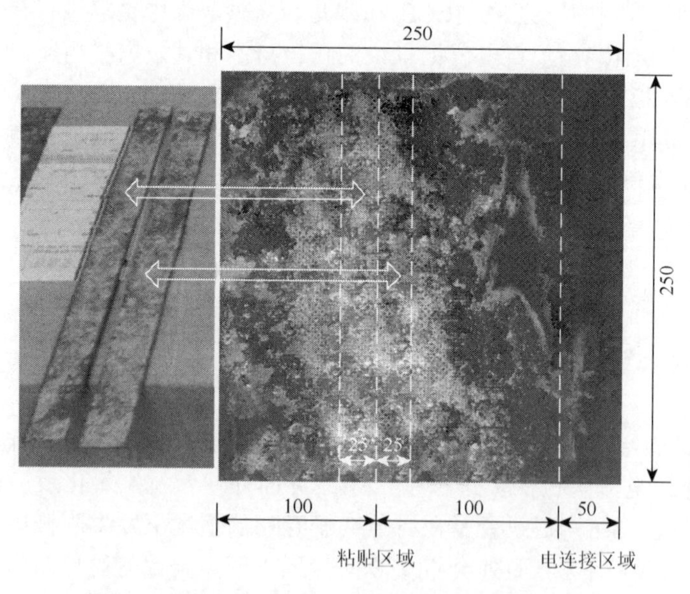

图 3-3 阳极极化后 CFRP 试件准备（单位：mm）

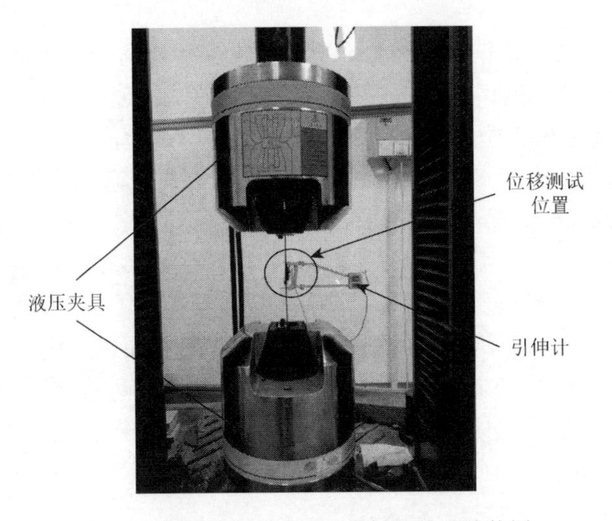

图 3-4　阳极极化后 CFRP 单轴拉伸试验装置

3.3　锈蚀钢筋阴极保护分析

在混凝土试件 28 d 的养护期间，根据文献[16]的测试方法对混凝土中的钢筋（板）的开路电位进行测量。图 3-5 是进行电化学试验前，钢筋（板）的开路电位测量结果。从图中可以看出，正常的混凝土对比试件 RF-3 和 RF-4 的开路电位处于–200 mV 附近，而被氯盐侵蚀的混凝土试件中，钢筋（板）的开路电位都低于–400 mV。研究结果表明[16]，从腐蚀热力学的角度分析，如果开路电位处于比–350 mV 更小的区域，表明钢筋有 90%的概率发生腐蚀；如果开路电位处于比–200 mV 更大的区域，表明会小概率出现钢筋腐蚀现象。

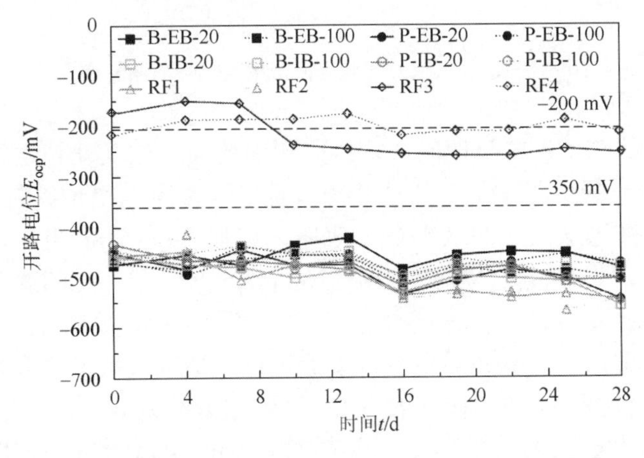

图 3-5　钢筋（板）在 ICCP 试验前的开路电位（后附彩图）

此外，在 28 d 的养护期间和外加电流阴极保护期间均对钢筋（板）进行电化学线性极化测试，从腐蚀动力学的角度分析钢筋的腐蚀速率。图 3-6 比较了在 ICCP 试验前后钢筋腐蚀电流密度的变化。可以看出，在试验前对比试件 RF-3 和 RF-4 的腐蚀电流密度小于 0.1 μA/cm^2，而其他的试件中钢筋的腐蚀电流密度均大于 0.5 μA/cm^2。Grantham 等[19]研究结果表明，腐蚀电流密度小于 0.1 μA/cm^2，表示钢筋处于钝化状态，钢筋的腐蚀速率可以忽略；腐蚀电流密度处于 0.5～1.0 μA/cm^2，表示钢筋处于活化状态，钢筋的腐蚀速率中等。被氯盐侵蚀的混凝土试件中钢筋的腐蚀电流密度均大于 0.5 μA/cm^2，当施加保护电流之后，腐蚀电流密度显著降低。如图 3-6 所示，所有被保护试件的钢筋腐蚀电流密度均处于 0.1 μA/cm^2 附近，表示钢筋的腐蚀速率明显地降低。而对比试件 RF-1 和 RF-2 由于没有施加保护电流，钢筋（板）的腐蚀电流密度仍处于 0.5 μA/cm^2，钢筋腐蚀速率仍然较快。

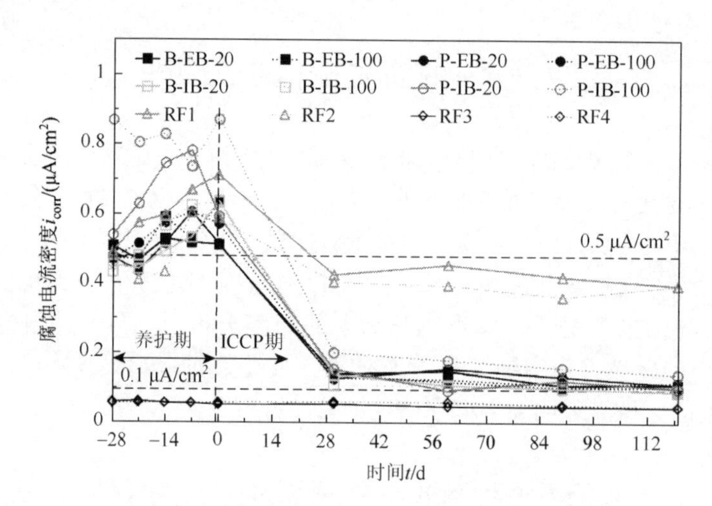

图 3-6　钢筋（板）腐蚀电流密度变化（后附彩图）

在 310 d 的 ICCP 试验期间，持续监测钢筋的电位变化情况。图 3-7 表示的是试验期间记录的混凝土试件中钢筋（板）瞬时断电电位、断电 4 h 后的电位值及 4h 去极化电位。图 3-7（a）表明，施加 20 mA/m^2 电流密度的试件中钢筋（板）的瞬时断电电位均比施加 100 mA/m^2 电流密度的瞬断电位更大；施加 20 mA/m^2 电流密度的试件中钢筋（板）的瞬时断电电位为−500～−800 mV，而施加 100 mA/m^2 电流密度的试件中钢筋（板）的瞬时断电电位随着通电时间逐渐变小，在 310 d 的 ICCP 试验接近结束时，电位值比−1100 mV 更小。瞬时断电电位的结果表明，施加 20 mA/m^2 电流密度可以使处于氯离子浓度高的混凝土试件中的钢筋得到合理有效的阴极保护，施加 100 mA/m^2 电流密度在前期也可以使腐蚀钢筋得到合理有效的阴极保护，但随着试验的持续进行，会逐渐出现过保护的可能性。过保护会导致钢筋发生氢脆的现象，即氢原子进入钢筋中，改变钢筋的内部构造，致使钢筋失去原有的良好延性而变成脆性材料。因此，需要对 ICCP 实施过程中的电流密度进行严格的控制，不仅保证锈蚀钢筋可以得到有效的阴极保护效果，同时确保钢筋不会因为过保护而发生氢脆现象。

除了瞬时断电电位，试验中还分析了钢筋的 4 h 去极化电位。图 3-7（b）是断电 4 h 后测得的钢筋电位值。图 3-7（c）是根据公式（3-5）计算的 4 h 去极化电位。可以看出，除了 P-EB-20 试件，其他试件中的钢筋 4 h 去极化电位都大于 100 mV。通电 30 d 之后，P-EB-20 试件中的钢筋 4 h 去极化电位也同样大于 100 mV。文献[20]指出，如果腐蚀钢筋的 4 h 去极化电位大于 100 mV 可以认为钢筋得到了有效的阴极保护。ICCP 试验中监测的电极电位结果表明，现有外加电流阴极保护规范及准则也适用于基于 CFRP 的 ICCP-SS 系统，钢筋电极电位及去极化电位均符合 ICCP 技术国际规范的评估准则。

综上所述，采用 CFRP 作为阳极材料建立的 ICCP-SS 系统可以有效地抑制钢筋腐蚀，采用 100 mA/m^2 电流密度随着阴极保护的进行存在过保护的危险，而采用 20 mA/m^2 的电流密度更为合理。

图 3-8 表示试件驱动电压在 310 d ICCP 试验期间的变化情况。开始通电时，施加 100 mA/m^2 电流密度的试件系统驱动电压均大于施加 20 mA/m^2 电流密度的试件系统驱动电压，且均小于 3 V。随后，驱动电压随通电时间的增加而增大。

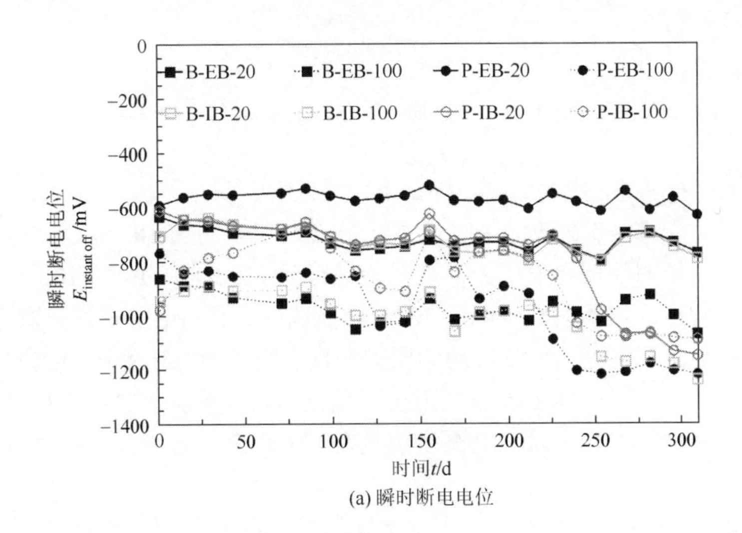

(a) 瞬时断电电位

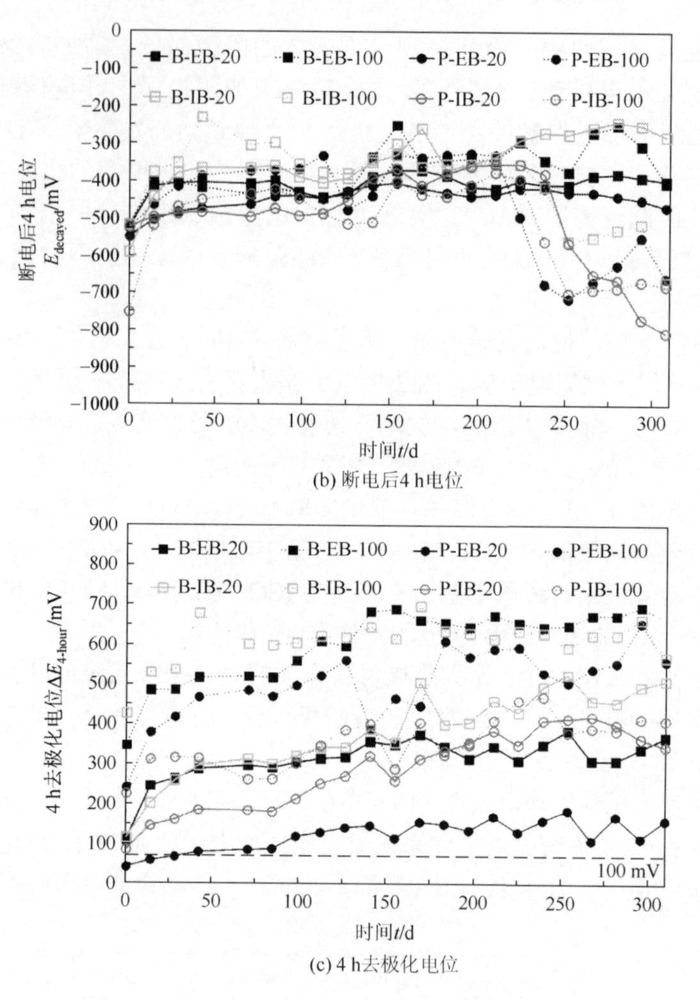

(b) 断电后4 h电位

(c) 4 h去极化电位

图 3-7　ICCP 试验中钢筋（板）的电位变化（后附彩图）

除试件 P-IB-20 以外，所有施加 20 mA/m^2 电流密度的试件驱动电压均没有发生骤然性的上升，到 310 d 试验结束时均小于 10 V。对于施加 100 mA/m^2 电流密度的试件，驱动电压明显地急速增加；在试验进行至 120 d 时，P-EB-100 试件的驱动电压达到外置电源设备的额定电压 30 V；其他试件的驱动电压在试验进行至 310 d 时，增加至 30 V 附近。系统驱动电压的变化表明了 ICCP 系统阻抗的变化。在 20 mA/m^2 电流密度下，ICCP 系统阻抗变化较小，整体驱动电压相对稳定发展；在 100 mA/m^2 电流密度下，ICCP 系统阻抗在试验后期迅速增大导致整体驱动电压增大。

在施加相同电流密度的情况下，表面粘贴 CFRP 的混凝土试件驱动电压均小于内部嵌入 CFRP 的混凝土试件驱动电压。采用掺有碳纤维的黏结剂表面粘贴 CFRP 的方式，黏结剂充当了次阳极的作用，为阳极反应提供了更多的空间，而直接采用内部嵌入 CFRP 的方式，CFRP-混凝土的界面可能会产生更严重的劣化[21]。

综合上述实验结果可知，采用 CFRP 作为辅助阳极的钢筋混凝土外加电流阴极保护系统可以有效抑制钢筋锈蚀；采用表面粘贴的 CFRP 布置方式，且控制电流密度不超过 20 mA/m^2 时，系统运行稳定可靠。

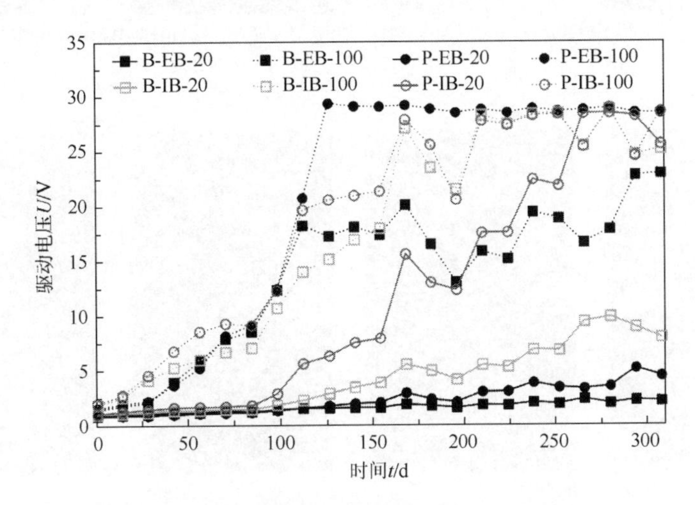

图 3-8　ICCP 试验中驱动电压的变化（后附彩图）

3.4　阳极系统劣化分析

3.4.1　阳极界面酸化

ICCP 试验过程中阳极系统可能遭受不同程度的劣化。试验结束后取下 CFRP，往混凝土或导电黏结剂阳极界面喷洒 0.5%酚酞试剂，结果如图 3-9 所示。施加 20 mA/m^2 电流密度进行 120 d 的试验时，阳极界面在喷洒酚酞试剂之后界面呈现红色，表明阳极界面仍然显碱性。但随着通电时间进行至 310 d，喷洒酚酞试剂后阳极界面的颜色没有变化，表明此时阳极界面由初始的碱性环境转变为酸性环境。当施加 100 mA/m^2 电流密度时，无论是进行了 120 d 还是 310 d ICCP 试验，喷洒酚酞试剂之后阳极界面的颜色均没有变化，说明阳极界面表现为酸性性质。在阳极界面的电化学反应过程中，一方面发生析氧反应［公式（3-6）］，另

(a) B-EB-20试件　　(b) B-EB-100试件

(c) P-EB-20试件　　(d) P-EB-100试件

(e) 侧面纵向酸化检测结果

图 3-9　阳极界面酸化检测结果

一方面在电场作用下，混凝土中的氯离子向阳极界面迁移，氯离子在阳极界面处发生析氯反应［公式（3-7)］。这两种反应产生的氢离子（H^+）和氯气（Cl_2）溶于界面处的孔隙液中，造成阳极界面处 pH 降低呈现酸性，这种现象称为阳极界面酸化现象[22]。此外，对阳极界面酸化进行侧面纵向检测，试件 B-EB-100 试件侧面纵向界面在喷洒酚酞之后的现象如图 3-9（e）所示。可以观察到，阳极界面酸化仅出现在与 CFRP 接触的那个表面，而在界面的内部仍然显碱性，说明阳极界面酸化厚度很小。阳极界面的酸化不仅造成界面性能的降低，使阳极材料与水泥基胶凝材料之间的黏结性能下降，而且还会对阳极材料本身产生不同程度的影响。

3.4.2　CFRP 材料劣化

在 ICCP 试验结束后，对取下的 CFRP 进行观测，结果如图 3-10 所示。试验进行 120 d 后，CFRP 表面无明显变化，表面碳纤维保存完整；而试验进行至 310 d 时，CFRP 表面出现大量的腐蚀产物，部分区域的碳纤维表面呈现不均匀剥落，剥离的碳纤维和孔洞随试验时间和电流密度的增加而表现更为明显。CFRP 材料的劣化不仅与试验中施加的电流密度和通电时间有关，还与 CFRP 的粘贴方式密切相关。当施加的电流密度和通电时间一样时，表面粘贴 CFRP 的方式比内部嵌入 CFRP 的方式，CFRP 表面的劣化更轻微。

当采用相同的 CFRP 粘贴方式时，CFRP 材料的劣化均随着施加电流密度和通电时间的增加而更严重，说明阳极反应对 CFRP 材料的劣化是累积的过程。图 3-11 表示采用 SEM 对 CFRP 表面进行微观形貌检测的结果。如图 3-11（a）所示的 B-EB-20 试件，CFRP 中的碳纤维和环氧树脂基都保持相对完整，而如图 3-11（b）所示的 B-IB-100 试件，不仅观察到 CFRP 中环氧树脂基被降解的现象，而且 CFRP 中的碳纤维裸露并有部分断裂的现象。相比于 CFRP 在含氯离子的溶液中进行极化后，CFRP 试件中的环氧树脂基体脱落造成碳纤维裸露，失去环氧树脂包裹后的碳纤维呈现松散的状态，CFRP 在 ICCP-SS 系统中，由于不均匀劣化的可能性，CFRP 材料劣化更明显。显然，CFRP 中碳纤维的断裂和环氧树脂基的降解表现为 CFRP 力学性能的降低。

(a) B-EB-20试件

(b) B-EB-100试件

(c) B-IB-20试件　(d) B-IB-100试件

图 3-10　CFRP 材料的劣化

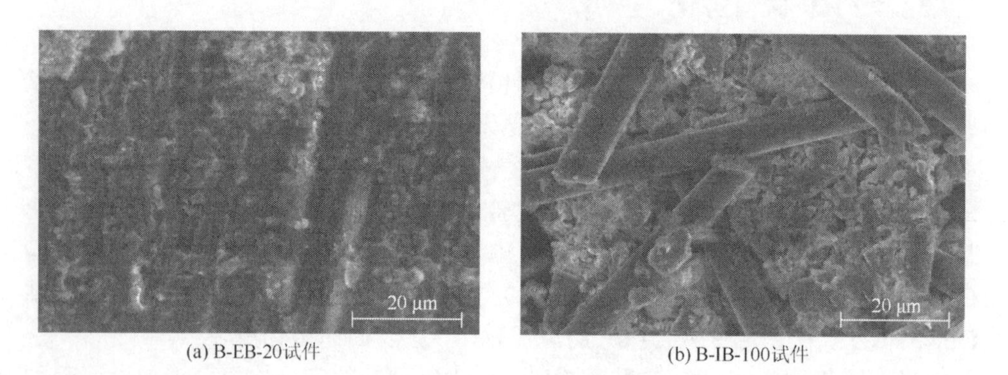

(a) B-EB-20试件　(b) B-IB-100试件

图 3-11　CFRP 材料的 SEM 图像

3.5　CFRP 拉伸性能分析

ICCP 试验过程中，阳极反应不仅造成阳极界面的酸化，而且引起了 CFRP 材料自身的劣化。在 ICCP 试验结束后，对 CFRP 进行单轴拉伸试验，测试 CFRP 材料的残余强度。

CFRP 材料在拉伸试验中观察到两种破坏模式如图 3-12 所示。对于表面粘贴 CFRP 的试件，ICCP 试验结束后取下的 CFRP 材料拉伸破坏模式均为层间剥离断裂，如图 3-12（a）所示；对于内部嵌入 CFRP 试件，CFRP 材料拉伸破坏模式均为横截面断裂，如图 3-12（b）所示。

图 3-13 和表 3-5 表示 CFRP 残余强度随 CFRP 粘贴方式、施加电流密度和混凝土预置钢材类型的变化。一般地，阳极极化后 CFRP 的残余强度均随施加的电流密度增加而降低。CFRP 在阳极极化前的初始拉伸强度为 968 MPa，在 ICCP 试验过程中遭受阳极极化后，试件 B-EB-20 和试件 B-EB-100 的残余强度分别降低为 872.0 MPa 和 673.4 MPa，相对应的残余强度效率分别为 90.1%和 69.6%。

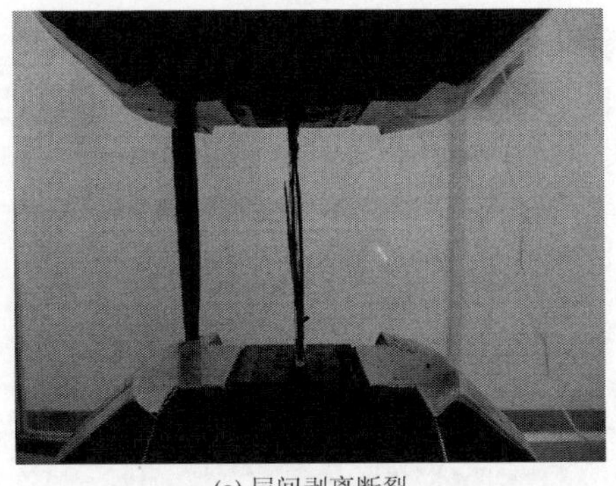

(a) 层间剥离断裂

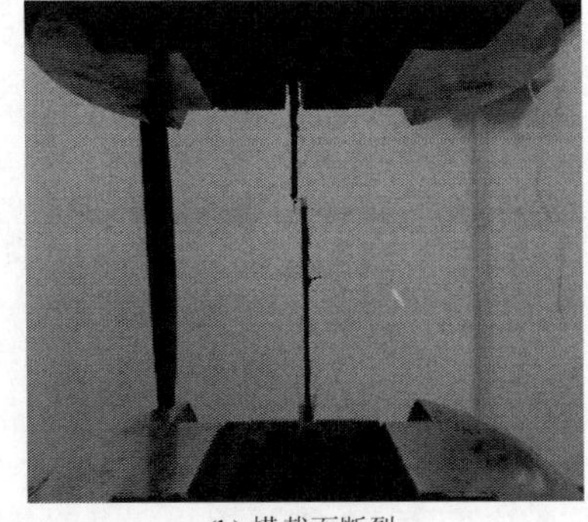

(b) 横截面断裂

图 3-12　CFRP 试件拉伸破坏模式

此外，在施加相同电流密度的情况下，CFRP 采用表面粘贴方式遭受阳极极化后的残余强度均高于内部嵌入 CFRP 的方式，而且电流密度为 20 mA/m^2 时，两种 CFRP 布置方式对其残余强度的影响更明显。试件 B-EB-20 和试件 P-EB-20 的残余强度效率分别为 90.1%和 99.9%，即当采用表面粘贴 CFRP 时，电流密度为 20 mA/m^2 时的阳极极化对 CFRP 的拉伸强度影响很小。但当采用内部嵌入 CFRP 时，试件 B-IB-20 和试件 P-IB-20 的残余强度效率分别下降至 54.8%和 56.2%。最后，除了试件 B-IB-100 和试件 P-IB-100，混凝土中预置不同的钢材形式对阳极极化后 CFRP 残余强度影响较小。

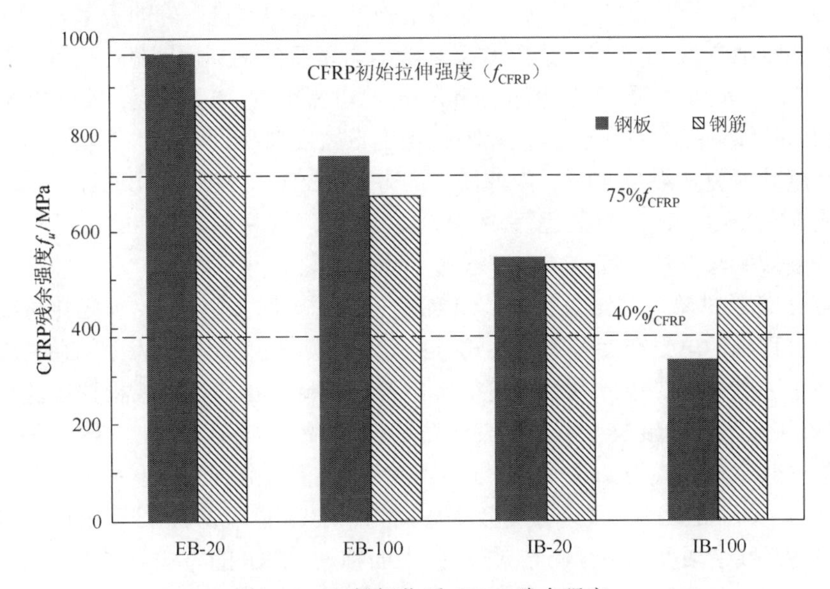

图 3-13　阳极极化后 CFRP 残余强度

综上所述，基于 CFRP 的 ICCP-SS 系统运行过程中，施加的电流密度和 CFRP 的粘贴方式对阳极极化后 CFRP 残余强度影响较为明显，而对混凝土中预置阴极（钢材）形式影响较小。关于电流密度的影响，CFRP 残余强度随施加的电流密度增加而降低；关于 CFRP 粘贴方式的影响，CFRP 采用表面粘贴方式的条件下其残余强度更高。

表 3-5　阳极极化后 CFRP 拉伸试验结果

CFRP 试件	CFRP 粘贴形式	混凝土中预置钢材种类	电流密度/(mA/m^2)	平均残余强度/MPa	残余强度效率/%
B-EB-20	表面粘贴	钢筋	20	872.0	90.1
B-EB-100	表面粘贴	钢筋	100	673.4	69.6
P-EB-20	表面粘贴	钢板	20	967.3	99.9
P-EB-100	表面粘贴	钢板	100	753.9	77.9
B-IB-20	内部嵌入	钢筋	20	530.3	54.8
B-IB-100	内部嵌入	钢筋	100	452.6	46.7
P-IB-20	内部嵌入	钢板	20	544.1	56.2
P-IB-100	内部嵌入	钢板	100	330.6	34.2

图 3-14 表示阳极极化后 CFRP 残余强度效率与电量密度的关系。对于两种 CFRP 粘贴方式，CFRP 残余强度效率均随电量密度的增加而降低。但是，采用内部嵌入CFRP的方式时，即便施加 20 mA/m^2 的电流密度，电量密度达到 149 A·h/m^2 时，CFRP 残余强度效率也小于 60%；当电量密度增加到 744 A·h/m^2 时，CFRP 残余强度效率更是降至 40%。内部嵌入的方式会导致 CFRP 劣化比较严重，可能会影响 ICCP-SS 系统的有效运行。所以，本节针对表面粘贴 CFRP 的情况，对 CFRP 残余强度效率与电量密度的关系开展进一步的讨论。

第 2 章的试验研究结果表明，CFRP 在阳极极化过程中的材料劣化主要与阴极保护过程中的电量密度有关，如式（3-8）所示。显然，基于表面粘贴 CFRP 的 ICCP-SS 系统中，CFRP 残余强度效率也符合类似的劣化规律。根据试验数据拟合，在被氯盐侵蚀的混凝土中采用表面粘贴CFRP的方式形成ICCP-SS系统，CFRP 残余强度效率预测模型如式（3-9）所示。当电量密度分别为 149 A·h/m^2 和 744 A·h/m^2 时，预测的 CFRP 残余强度效率分别为 94.0%和 70.2%。结合电化学信号监测和 CFRP 残余强度效率预测结果表明，表面粘贴 CFRP 的方式可以保证 ICCP-SS 系统长期有效的运行，不仅基于 CFRP 的 ICCP 电化学性能相对稳定，而且 CFRP 的残余强度仍然可以为混凝土结构构件提供有效的结构加固。

此外，第 2 章研究了 CFRP 在各类溶液中进行阳极极化试验后，提出了相应的 CFRP 残余强度效率模型。由图 3-14 发现，CFRP 在含氯盐的混凝土中比在溶液环境中，随电量密度的增加，CFRP 的劣化更明显。当模拟海水中的氯离子和被氯盐侵蚀的混凝土中氯离子浓度相同时，如果 ICCP 系统中通过的电量密度达到 744 A·h/m^2，CFRP 在模拟海水中的残余强度效率为 93.6%，而 CFRP 在被氯盐侵蚀的混凝土中的残余强度效率为 70.2%。对比 CFRP 在模拟混凝土孔溶液和 NaOH 溶液环境中，当 CFRP 通过相同的电量密度时，CFRP 在含氯盐的混凝土中随电量密度的增加，CFRP 的劣化也相对更明显。原因可能是在溶液环境中，CFRP 周围的环境比较稳定，阳极极化引起的 CFRP 劣化较为均匀，而混凝土与 CFRP 的黏结界面比较复杂，由于孔隙结构的不均匀分布，电化学极化会导致 CFRP 表面产生不均匀的点状腐蚀劣化，明显地降低了 CFRP 的拉伸强度，这与 3.4.2 节中观察到的碳纤维劣化的现象一致。

$$f_u = Kf_{u\_\mathrm{RF}} \tag{3-8}$$

$$K = -4.0 \times 10^{-4} \times q + 1 \quad 0 \leqslant q \leqslant 744\ \mathrm{A \cdot h / m^2} \tag{3-9}$$

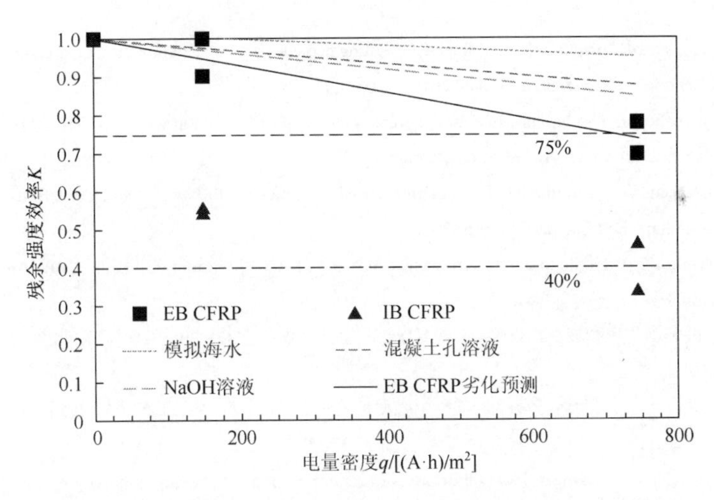

图 3-14　ICCP-SS 系统中阳极极化后 CFRP 残余强度效率模型

3.6　小　　结

本章主要讨论基于 CFRP 双重功能的 ICCP-SS 系统在混凝土中的长期运行性能，研究了 CFRP 的粘贴方式、混凝土中预置的钢材类型及电流密度的影响。根据 ICCP 试验过程中各种电化学信号的测量结果、试验结束后对阳极界面性能的检测和 CFRP 材料力学性能的测试结果，本章的结论如下：

1）采用 CFRP 作为双重功能材料建立的 ICCP-SS 系统可以有效地抑制被氯盐侵蚀的混凝土中的钢筋腐蚀。现有外加电流阴极保护规范及准则同样适用于基于 CFRP 的 ICCP-SS 系统，钢筋电极电位及去极化电位均符合 ICCP 技术国际规范的评估准则。

2）混凝土表面粘贴 CFRP 更有利于 ICCP-SS 系统的长期运行。相比于内部嵌入 CFRP，表面粘贴 CFRP 的试件运行效果更稳定、阳极界面的酸化较弱、CFRP 材料的残余强度更高。

3）溶液环境下建立的 CFRP 力学性能演变规律适用于 ICCP-SS 系统，CFRP 的残余拉伸强度主要随电量密度的增加而降低，对比模拟海水环境，CFRP 在含氯盐混凝土环境中的劣化更为严重。

本章研究结果验证了 ICCP-SS 系统的电化学性能及 CFRP 力学性能劣化规律，揭示了阳极界面的酸化现象，阐明了阳极酸化对结构加固可能的不利影响，但黏结性能的劣化对长期加固效果的影响还需进一步研究。

参考文献

[1] The British Stanards Insitution 2016. Methods of testing cement-part 1：determination of strength：BS EN 196-1：2016[S]. London：BSI Standard Limited 2016，2016.

[2] ASTM International. Standard practice for the preparation of substitute ocean water：ASTM D1141-98（2013）[S]. West Conshohocken，PA：ASTM International，2013.

[3] The British Standards Institution 2013. Specification，Performance，Production and Conformity：BS EN 206：2013[S]. London：BSI Standard Limited 2013，2013.

[4] ACI Committee 201. Guide to durable concrete：ACI 201.2R-08[S]. Farmington Hills，MI：American Concrete Institute，2008.

[5] 中华人民共和国住房和城乡建设部. 海砂混凝土应用技术规范：JGJ 206—2010[S]. 北京：中国建筑工业出版社，2010.

[6] 中华人民共和国住房和城乡建设部. 混凝土强度检测评定标准：GB/T 50107—2019[S]. 北京：中国建筑工业出版社，2019.

[7] Toutanji H，Zhao L，Zhang Y. Flexural behavior of reinforced concrete beams externally strengthened with CFRP sheets bonded with an inorganic matrix [J]. Engineering Structures，2006，28（4）：557-566.

[8] Foster R M，Brindley M，Lees J M，et al. Experimental investigation of reinforced concrete T-beams strengthened in shear with externally bonded CFRP sheets [J]. Journal of Composites for Construction，2017，21（2）：04016086.1-04016086.13.

[9] Dias S J，Barros J A. Performance of reinforced concrete T beams strengthened in shear with NSM CFRP laminates[J]. Engineering Structures，2010，32（2）：373-384.

[10] Bilotta A，Ceroni F，Nigro E，et al. Efficiency of CFRP NSM strips and EBR plates for flexural strengthening of RC beams and loading pattern influence[J]. Composite Structures，2015，124：163-175.

[11] 魏亮亮. 基于 ICCP-SS 体系的钢筋混凝土耐久性保障策略基础研究[D]. 深圳：深圳大学，2015.

[12] Bertolini L，Bolzoni F，Pedeferri P，et al. Cathodic protection and cathodic prevention in concrete：Principles and applications [J]. Journal of Applied Electrochemistry，1998，28（12）：1321-1331.

[13] 南京水利科学研究院. 海港工程钢筋混凝土结构电化学防腐蚀技术规范：JTS 153-2—2012[S]. 北京：中国建筑工业出版社，2012.

[14] NACE International. Impressed current cathodic protection of reinforcing steel in atmospherically exposed concrete structures：NACE SP0290-2007.[S]. Houston：NACE International，2007.

[15] NACE International. Development in rate of corrosion measurements for reinforced concrete structures[S]. Houston：NACE International，1989.

[16] ASTM International. Standard test method for corrosion potentials of uncoated reinforcing steel in concrete：ASTM C876-15[S]. West Conshohocken，PA：ASTM International，2015.

[17] Bertolini L，Yu S W，Page C L. Effects of electrochemical chloride extraction on chemical and mechanical properties of hydrated cement paste[J]. Advances in Cement Research，1996，8（31）：93-100.

[18] ASTM International. Standard test method for tensile properties of polymer matrix composite materials：ASTM D3039/D3039M-08[S]. West Conshohocken，PA：ASTM International，2008.

[19] Grantham M，Herts B，Broomfield J. The use of linear polarisation corrosion rate measurements in aiding rehabilitation options for the deck slabs of a reinforced concrete underground car park[J]. Construction and Building Materials，1997，11：215-224.

[20] The British Standards Institution 2017. Cathodic protection of steel in concrete：BS EN ISO 12696：2016[S]. London：British Standards Limited 2017，2017.

[21] 段淑娥. 阴极保护技术的现代模式[J]. 材料开发与应用，1992，（2）：29-36.

[22] Bertolini L，Bolzoni F，Pastore T，et al. Effectiveness of a conductive cementitious mortar anode for cathodic protection of steel in concrete[J]. Cement and Concrete Research，2004，34（4）：681-694.

第 4 章　ICCP-SS 系统界面性能研究

4.1　引　　言

外置功能材料与基体材料之间的界面性能对钢筋混凝土结构外加电流阴极保护（ICCP）和结构加固（SS）的长期工作性能至关重要。第 3 章的研究结果表明，ICCP-SS 系统中的阳极极化反应可能导致阳极界面酸化，影响双重功能碳纤维增强复合材料（CFRP）与基体材料之间的黏结性能，从而导致系统驱动电压增大，同时影响 CFRP 承担荷载。因此，有必要研究 ICCP-SS 系统中复合材料与混凝土的长期界面性能演变规律。

ICCP 系统通常主要由外部电源、阴极（混凝土内嵌钢筋）和外部阳极系统三部分组成[1]。目前最常用的外部阳极系统是以较为昂贵的阳极金属条（如混合金属氧化物钛）为主阳极，以具备性价比的导电基体材料为次阳极的复合阳极系统[2]。近年来，水泥基胶凝材料因其与混凝土的良好相容性和较低的制造成本成为最常用的次阳极材料[3-5]。采用短切碳纤维[6]、石墨粉[7]等不仅可以提高基体材料的导电性能，而且能够改善基体材料的力学性能。据报道，含有短切碳纤维的基体材料，不仅具备优秀的力学性能、高导电性、高耐腐蚀性和弱热电性能，还有助于实现混凝土内部钢筋的阴极保护效果，并有能力感知自身的应变、损伤和温度[6]。

纤维增强聚合物（FRP）复合材料在土木工程基础设施的加固和修复钢筋混凝土构件中的应用日益广泛。采用环氧树脂外贴 FRP 复合材料是一种有效的钢筋混凝土结构加固（SS）技术[8, 9]。然而，环氧树脂黏合 FRP 复合材料存在由于脱胶而导致界面黏结性能失效的问题[10]。纤维网格和水泥基基体材料组成纤维编织增强（fabric reinforced cementitious matrix，FRCM）复合材料，具有与混凝土基体相容性好、抗冻性好、温度和湿度对复合材料性能影响小、施工简单等诸多环境、结构和可持续性方面的优点，是加固和修复钢筋混凝土结构方面 FRP 复合材料的有效替代方法[11-13]。已有研究表明，FRCM 复合材料在弯曲加固[14, 15]、剪切加固[16, 17]和轴向/偏心受压钢筋混凝土构件中的约束[18, 19]等方面均有效。此外，不同纤维网格类型组成的 FRCM 复合材料，如碳纤维（CFRP）网格、聚丙烯纤维网格、玻璃纤维网格或聚苯撑苯并二噁唑（PBO）纤维网格等，嵌入在基体材料中具有不同的特性和力学性能[20]。其中，碳纤维网格增强水泥基（C-FRCM）复合材料除了具有与其他类型的FRCM复合材料优异的力学性能外，还具有其他功能特性，包括路面除冰的电加热功能[21]、建筑物的电磁波屏蔽功能[22]、建筑物的健康监测功能[23, 24]等。因此，近年来，C-FRCM复合材料的研究与应用得到了重点关注。

C-FRCM复合材料中CFRP网格优良的力学性能和导电性能是实现ICCP-SS系统的基础。在ICCP-SS系统中，C-FRCM复合材料与混凝土的界面工作性能与辅助阳极CFRP网格的劣化情况息息相关。此外，组成C-FRCM基体材料的结构和功能也至关重要。加入短切纤维材料，如碳纤维、聚丙乙烯纤维、钢纤维等制备的基体材料，具备良好的拉伸和弯曲性能，有助于结构加固的实现[25]。其中，添加了短切碳纤维的基体材料作为次阳极材料，能够与主阳极CFRP网格相辅相成，形成复合阳极系统。然而，由于短切碳纤维价格相对昂贵，当前国内较为常用的商业基体材料多含短切聚丙烯纤维。基体材料含有短切碳纤维的C-FRCM复合材料的试验、分析和应用较少，尤其是C-FRCM与混凝土的界面工作性能的研究较少。

基于上述认识，本章采用含有不同短切纤维的水泥基基体材料，制备具备阴极保护和结构加固双重功能的C-FRCM，探究经受氯盐侵蚀且干湿循环365 d后的钢筋混凝土与C-FRCM的界面工作性能的演变，分析基体材料中的短切纤维和电量密度对界面性能的影响。与此同时，通过外加电流阴极保护（ICCP）试验和氯离子滴定试验，验证钢筋的阴极保护效果；通过扫描电子显微镜（SEM）和高分辨X射线衍射（XRD）分析仪对C-FRCM与混凝土界面的微观结构进行表征，探究辅助阳极的劣化机理。

4.2 C-FRCM与混凝土界面的钻芯拉拔性能研究

钻芯拉拔试验方法是用于评估修复覆盖层与现有混凝土衬底之间的附着力的拉伸试验方法。同时，钻芯拉拔试验方法还可用于测量混凝土的拉伸强度，估算混凝土的抗压强度，测量混凝土表面加固结构的黏结强度，测量各种基材上涂层的黏结强度等。与其他受实验室限制使用的试验方法不同，钻芯拉拔试验方法能够较为方便地用于结构中修补材料与基体混凝土黏结强度的现场评价。近年来，国内外学者对新老混凝土界面的黏结机理、性能和工程应用技术等方面的探究也都采用钻芯拉拔试验方法[26-32]。

本节采用钻芯拉拔试验方法，通过C-FRCM与混凝土界面的正拉性能，分析电量密度和基体材料中的短切纤维对C-FRCM与混凝土界面关系的影响；同时，通过ICCP试验和氯离子滴定试验，验证钢筋的阴极保护效果。

4.2.1 钻芯拉拔试件

1. 原材料及基本性能

C-FRCM 中使用的 CFRP 网格由 12 K×12 K 的碳纤维束（即一束垂直或水平的碳纤维是由 12000 根碳纤维丝组成的）编织而成，网格尺寸为 10 mm×10 mm（即两束碳纤维之间的距离是 10 mm），如图 4-1 所示。参考《碳纤维复丝拉伸性能试验方法》（GB/T 3362—2005）[33]获得 CFRP 网格中纤维束的性能指标，并将结果列于表 4-1。

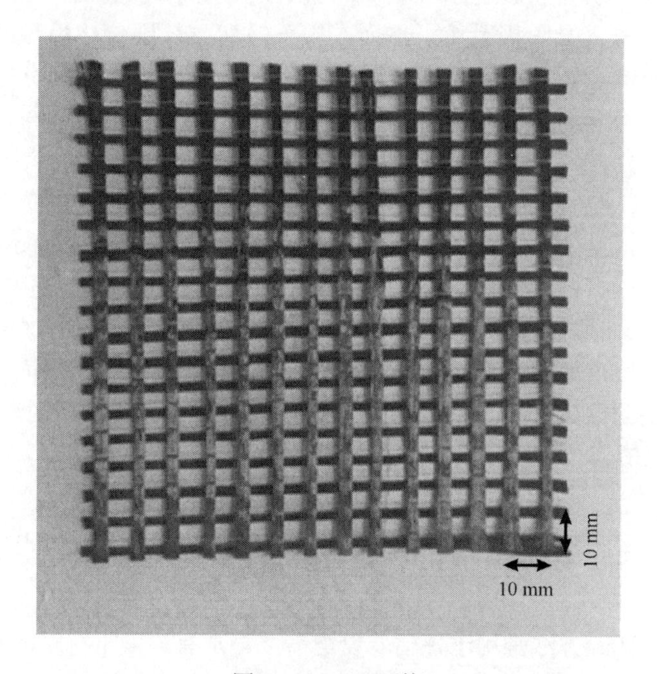

图 4-1 CFRP 网格

表 4-1 碳纤维束的力学性能

纤维种类	单丝数量/束	f_{tf}/MPa	E_f/GPa	ε_u/%
碳纤维	12000	1907	178	1.2

注：f_{tf}为拉伸强度；E_f为弹性模量；ε_u为极限应变。

采用三种水泥基基体材料（即基体材料）制备 C-FRCM，具体材料配方见表 4-2；其中 C1 配方中不含短切纤维，C2 配方中含有短切碳纤维，C3 配方中含有短切聚丙烯纤维（商业配方）。参考水泥胶砂强度检验方法（ISO 法）[34]测试三种基体材料的抗压抗折强度。制备尺寸为 40 mm×40 mm×160 mm 棱柱体试块，将基体材料在标准环境（温度 20℃±3℃，湿度 90%±5%）下养护时间为 7 d、14 d 和 28 d 后的抗压强度、抗折强度列于表 4-3。根据表 4-3 可知，三种基体材料的抗压强度前 7 d 增长速度较快，7～14 d 及 14～28 d 的增长速度较为缓慢，28 d 标准强度分别为 10.40 MPa、12.30 MPa 和 10.46 MPa。对比三种基体材料的抗压强度、抗折强度可知，含有短切碳纤维的 C2 基体材料及含聚丙烯纤维的 C3 基体材料的抗折强度高于不含短切纤维的 C1 基体材料的抗折强度；但是抗压强度的结果相反，不含短切纤维的 C1 基体材料的抗压强度高于含短切纤维的 C2 基体材料及 C3 基体材料的抗压强度。这说明短切纤维能够提高水泥基基体材料的抗折强度，但是会降低其抗压强度，与 Wang 等[35]、Xu 等[36]和 Ardanuy 等[37]的研究结果相吻合。

表 4-2　C-FRCM 中基体材料的配方[38]　　（单位：%）

基体材料类型	水泥	水	砂	粉煤灰	硅灰	乳液型消泡剂	甲基纤维素	短切碳纤维	可再分散粉	巴斯夫减水剂
C1	100	35	100	35	5	0.2	0.2	—	3	1.2
C2	100	35	100	35	5	0.2	0.2	1	3	1.2
C3	100	34	144	商业机密						

注：所有材料的含量均为水泥的质量分数。

表 4-3　基体材料的力学性能

基体材料类型	抗折强度/MPa			抗压强度/MPa		
	7 d	14 d	28 d	7 d	14 d	28 d
C1	5.71	10.24	10.40	80.26	83.46	102.61
C2	9.42	10.17	12.30	51.48	58.69	83.51
C3	5.82	10.45	10.46	55.3	65.35	70.27

采用尺寸为 400 mm×400 mm×10 mm 的模板制备 C-FRCM，其中 CFRP 网格位于 C-FRCM 中间，上下各浇筑 5 mm 厚的基体材料。C-FRCM 成型 48 h 后从模板中取出，置于标准环境（温度 20℃±3℃，湿度 90%±5%）中养护 28 d 后，再将其切割成与混凝土试件宽度长度一致的尺寸，具体工序如图 4-2 所示。

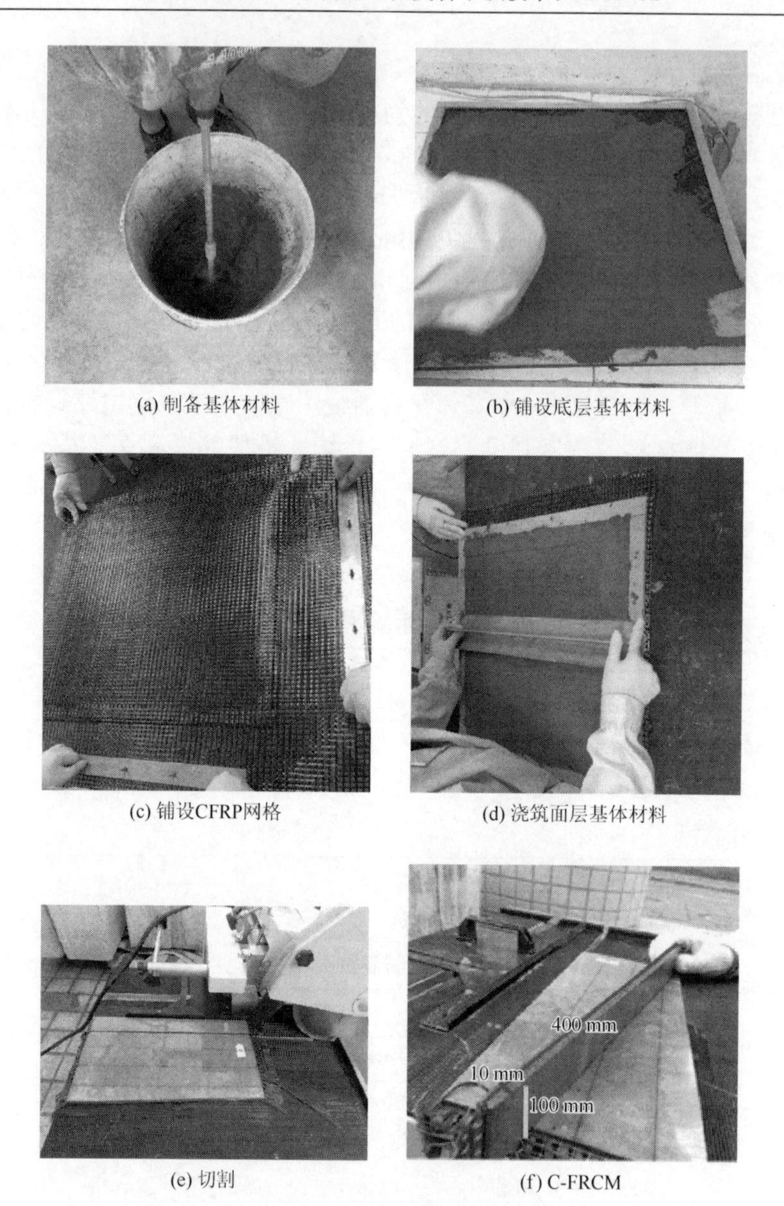

(a) 制备基体材料　(b) 铺设底层基体材料

(c) 铺设CFRP网格　(d) 浇筑面层基体材料

(e) 切割　(f) C-FRCM

图 4-2　C-FRCM 的制作过程

混凝土基体所用的材料包括：硅酸盐水泥（P. Ⅱ 52.5R）、细骨料、粗骨料（5～15 mm 的碎石）、减水剂和氯化钠等。其具体配合比如表 4-4 所示。参考《普通混凝土力学性能试验方法标准》（GB/T 50081—2002）[39]测试混凝土抗压强度。表 4-5 列出了尺寸为 150 mm×150 mm×150 mm 的混凝土标准试块在养护时间 28 d 及后续放置 120 d、180 d、270 d 和 360 d 后的抗压强度，这些放置时间与后续研究工作中试件的通电保护时间一致。如表 4-5 所示，混凝土养护 28 d 的标准抗压强度为 43.55 MPa，后期自然状态下放置 120 d、180 d、270 d 和 360 d 的抗压强度基本稳定在 60～64 MPa。

表 4-4　混凝土材料配合比　（单位：%）

硅酸盐水泥	细骨料	粗骨料	水	减水剂	氯化钠
100	936	251	48	253	3

注：所有材料的含量均为水泥的质量分数。

表 4-5　混凝土力学性能

试验时间	28 d	120 d	180 d	270 d	360 d
立方体抗压强度/MPa	43.55	62.25	63.8	61.6	62.3

试验模拟滨海地区受氯盐侵蚀的既有钢筋混凝土结构，在混凝土浇筑过程中掺入占水泥质量 3%的氯化钠。此外，钢筋混凝土试块在构建试验试件之前进行了 365 d 的干湿循环，使钢筋达到一定的腐蚀程度。干湿循环周期为 3 d（2d 湿状态、1d 干状态），其中湿状态是采用自动洒水器对试件进行不间断的洒水浸湿，干状态是将试件至于烈日下自然晒干。混凝土试块尺寸为 400 mm×100 mm×100 mm，内置长为 450 mm 的 HRB400ϕ16 带肋螺纹钢筋，并在一侧暴露 50 mm 长的钢筋以便钻孔连接导线。此外，钢筋两侧预先采用环氧树脂进行绝缘保护，如图 4-3 所示。

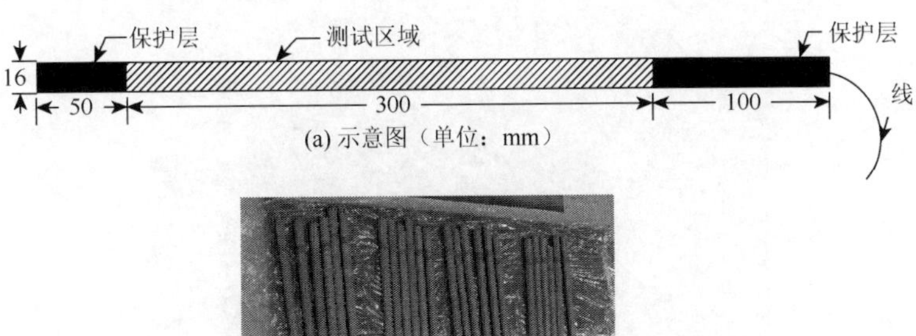

(a) 示意图（单位：mm）

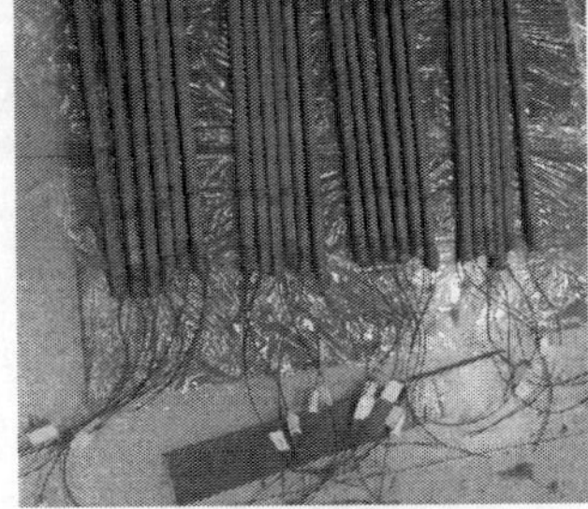

(b) 实物图

图 4-3　混凝土试块内钢筋尺寸示意图和实物图

2. 钻芯拉拔试件设计及制备

如图 4-4（a）所示，切割好的 C-FRCM 粘贴于钢筋混凝土试块上表面构成试验试件。对于三种 C-FRCM，采用相对应的水泥基基体材料作为粘贴剂，厚度控制在 5 mm 左右。如图 4-4（b）所示，将 CFRP 网格和钢筋分别连接直流电源的正极和负极，从而实现对钢筋的外加电流阴极保护。为了进行对比，同时制备三个未添加氯化钠（NaCl）的钢筋混凝土试件。

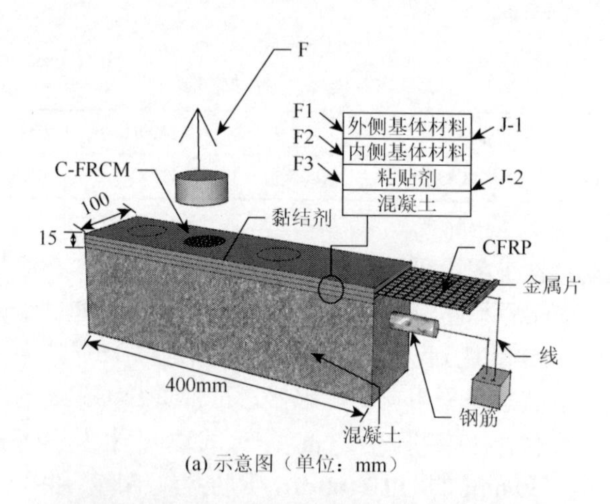

(a) 示意图（单位：mm）

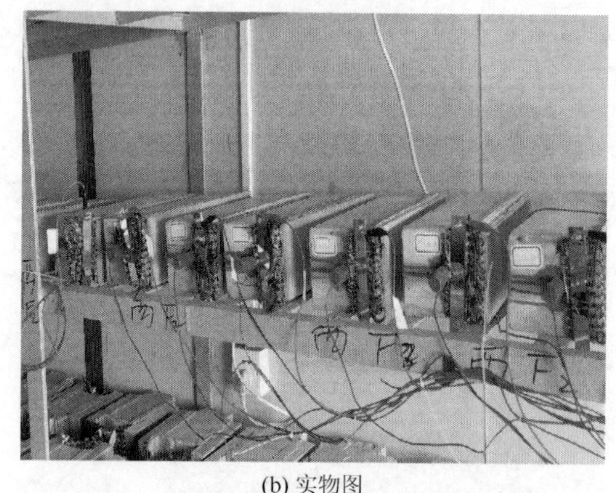

(b) 实物图

图 4-4　ICCP-SS 系统的钻芯拉拔试件

在 ICCP 技术中，通常采用电流密度作为控制参数。试验中，电流密度为通过钢筋表面的电流与钢筋和混凝土接触的面积之比。参考文献[40]，试验除了采用规定的最大电流密度 20 mA/m^2，还进行了两组加速试验，电流密度分别为

60 mA/m^2 和 100 mA/m^2，其目的是使用相对较大的电流密度（为标准电流密度的 3 倍和 5 倍），在合理时间内模拟真实结构在标准电流密度下的长期性能。基于等电荷量原则，引入电量密度 $q = i \times t$，采用大电流密度的加速试验，较小的电流密度下可以在较长时间与实际情况相一致。这也是钢筋混凝土耐久性研究中常用的加速试验模拟方法。

根据试验形式、基体材料、电流密度和通电时间对试件进行编号，例如，在“POC1-i20-t1”中，“PO”表示“pull off”，即为钻芯拉拔试验，“C1”表示基体材料配方为 C1，“i20”表示外加电流密度为 20 mA/m^2，以及“t1”表示通电时间为 120 d。另外，t2、t3 和 t4 分别表示通电时间为 180 d、270 d 和 360 d，以此类推，将所有试件的试验参数列于表 4-6。此外，钢筋混凝土试块中未加氯化钠（NaCl）的对比试件命名为“DB”。试件中存在多重界面。为便于研究，图 4-4（a）定义了 F1 层、F2 层、F3 层所代表的含义及 J-1 界面和 J-2 界面所在的位置：其中 F1 为 C-FRCM 中的外侧基体材料；F2 为 C-FRCM 中的内侧基体材料；F3 为粘贴剂；J-1 代表 C-FRCM 中的 CFRP 网格与水泥基基体界面，J-2 代表 C-FRCM 与混凝土的界面。

表 4-6　试件参数及拉拔试验结果

基体材料	试件编号	通电时间/d	电量密度/($\times 10^6$ C/m^2)	平均拉拔强度 σ_{ave}/MPa	破坏模式
—	DB	—	—	—	—
C1	POC1-i0	0	0.00	2.71	FB
	POC1-i20-t1	120	0.20	2.77	CB
	POC1-i60-t1	120	0.60	2.65	FB
	POC1-i100-t1	120	1.00	3.02	CB
	POC1-i60-t2	180	0.90	2.76	FB
	POC1-i100-t2	180	1.50	2.89	FB
	POC1-i60-t3	270	1.35	2.34	FB
	POC1-i100-t3	270	2.25	2.41	FB
	POC1-i60-t4	360	1.80	2.67	FB
	POC1-i100-t4	360	3.00	2.12	FB
C2	POC2-i0	0	0.00	2.56	FB
	POC2-i20-t1	120	0.20	2.53	FB
	POC2-i60-t1	120	0.60	2.43	FB
	POC2-i100-t1	120	1.00	2.40	FB
	POC2-i60-t2	180	0.90	2.42	FB
	POC2-i100-t2	180	1.50	2.41	FB

续表

基体材料	试件编号	通电时间/d	电量密度/($\times10^6$ C/m^2)	平均拉拔强度 σ_{ave}/MPa	破坏模式
C2	POC2-i60-t3	270	1.35	2.48	FB
	POC2-i100-t3	270	2.25	2.15	FB
	POC2-i60-t4	360	1.80	2.38	FB
	POC2-i100-t4	360	3.00	2.37	FB
C3	POC3-i0	0	0.00	1.64	FB
	POC3-i20-t1	120	0.20	1.63	FB
	POC3-i60-t1	120	0.60	1.84	FB
	POC3-i100-t1	120	1.00	1.77	FB
	POC3-i60-t2	180	0.90	1.71	FB
	POC3-i100-t2	180	1.50	1.76	FB
	POC3-i60-t3	270	1.35	1.78	FB
	POC3-i100-t3	270	2.25	1.63	FB
	POC3-i60-t4	360	1.80	1.78	FB
	POC3-i100-t4	360	3.00	1.66	FB

注：FB 表示 C-FRCM 中 CFRP 网格与水泥基基体界面的破坏；CB 表示混凝土基体的破坏。

4.2.2　试验方案

1. ICCP 试验

将钻芯拉拔试件中的 CFRP 网格和钢筋分别连接直流电源的正极和负极后，对其进行 365 d 的 ICCP 试验。在钢筋混凝土试块干湿循环的 365 d 及 ICCP 试验进行的 365 d 中，采用 CST700 钢筋锈蚀测试仪对钢筋开路电位进行实时监测。在钢筋混凝土试块干湿循环的后 135 d，对“DB”系列及外加电流密度为 i0、i20、i60 和 i100 系列的所有构件均进行了实时监测。在 ICCP 试验进行到电流稳定的第 40 天，对“DB”系列及外加电流密度为 i0 和 i20 系列试件进行了 120 d 的实时监测，对外加电流密度为 i60 和 i100 系列试件进行了 360 d 的实时监测，每隔 15 d 记录电位监测数据。

2. 钻芯拉拔试验

当 ICCP 试验进行到设计时间后，根据文献[41]对试件进行钻芯拉拔试验。试验前，采用 50 mm 的钻芯装置在试件上表面进行圆形切割至混凝土基体内部 10 mm 处；并在试件表面的圆形区域用环氧树脂胶结剂附着一个钢盘，固化 24 d。试验中，采用碳纤维粘贴强度检测仪（SW-TJ10，北京盛世伟业科技有限公司）

对每个试件开展3次钻芯拉拔试验。如图4-5所示，试验过程中检测仪应始终垂直于试件，施加单轴拉伸荷载，并及时记录数字表中的极限荷载值。

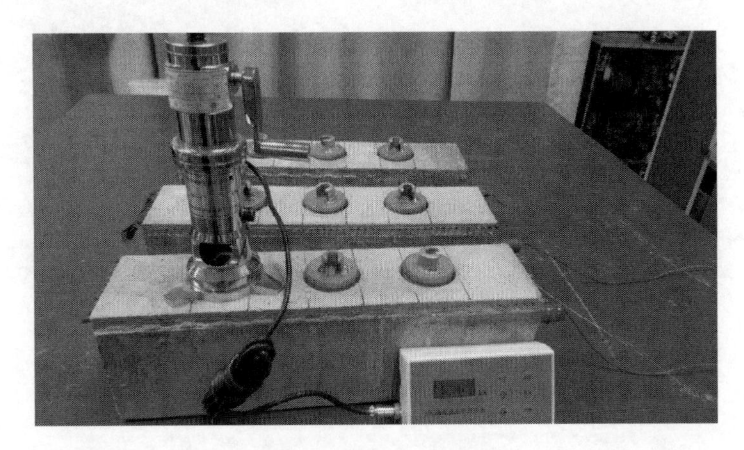

图4-5　钻芯拉拔试验

3. 氯离子滴定试验

根据文献[42]，当ICCP试验进行到设计时间后对钻芯拉拔试件进行氯离子滴定试验，计算试件F1、F2和F3层中Cl^-的含量。试验前，如图4-6所示，首先采用磨粉机从C-FRCM的F1层开始到F3层，由上至下每隔2 mm进行取样；其次将所有样品研磨过筛，达到45 μm的细度；然后放置于60℃的烘干箱内烘干48 d；最后通过酸溶（可测结合氯离子和自由氯离子的总氯离子含量）和水溶（只测自由氯离子含量）两种方法溶解试样并静置24 d。试验中，采用自动电位滴定仪（图4-7）对所有样品中进行滴定试验，并及时记录试验数据。

(a) 磨粉机磨粉

(b) 研钵研磨

(c) 过筛后烘干

(d) 溶解静置试样

图 4-6　制备氯离子滴定试验试样

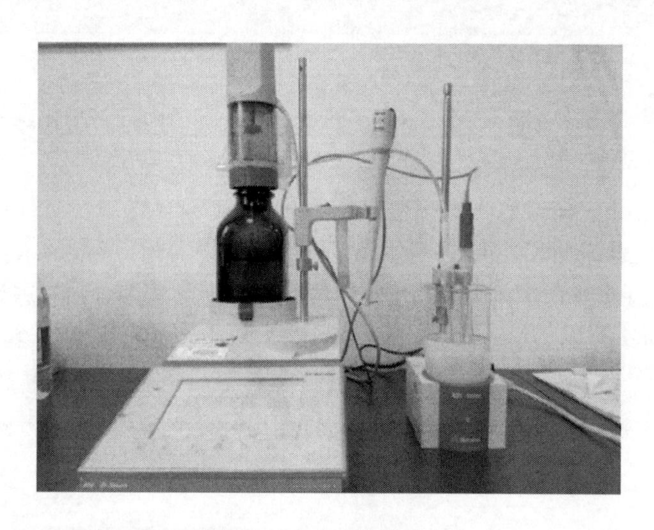

图 4-7　自动电位滴定仪

4.2.3　钢筋的阴极保护效果

1. 钢筋开路电位结果分析

自然电位法是目前最常用的判定钢筋锈蚀程度的方法。因此，在本次试验中，采用文献[43]的评判标准（表 4-7），通过开路电位相对于 $CuSO_4$ 电极的评判标准来划分钢筋的腐蚀情况。图 4-8 为干湿循环后 135 d 和 ICCP 试验周期 365 d 中混凝土构件的钢筋开路电位相对于 $CuSO_4$ 电极的监测结果。

表 4-7　钢筋开路电位的评判标准

相对于 Ag/AgCl 电极/mV	相对于 $Cu/CuSO_4$ 电极/mV	腐蚀几率
＞–119	＞–200	不腐蚀＞90%
–119～–269	–200～–350	不确定
＜–269	＜–350	腐蚀＞90%

如图 4-8 所示，在干湿循环的 135 d 内，作为参考试件的“DB”系列试件内部的钢筋开路电位始终高于–200 mV，由此可知，在外加电流阴极保护实施前，混凝土材料未加 NaCl 时，钢筋发生腐蚀的概率很小。其余用于制备本章试验试件的混凝土材料中含有 NaCl 的混凝土试件在整个干湿循环周期内钢筋电位始终低于–350 mV，由此可知这些试件内部的钢筋已经发生了较大程度的腐蚀。

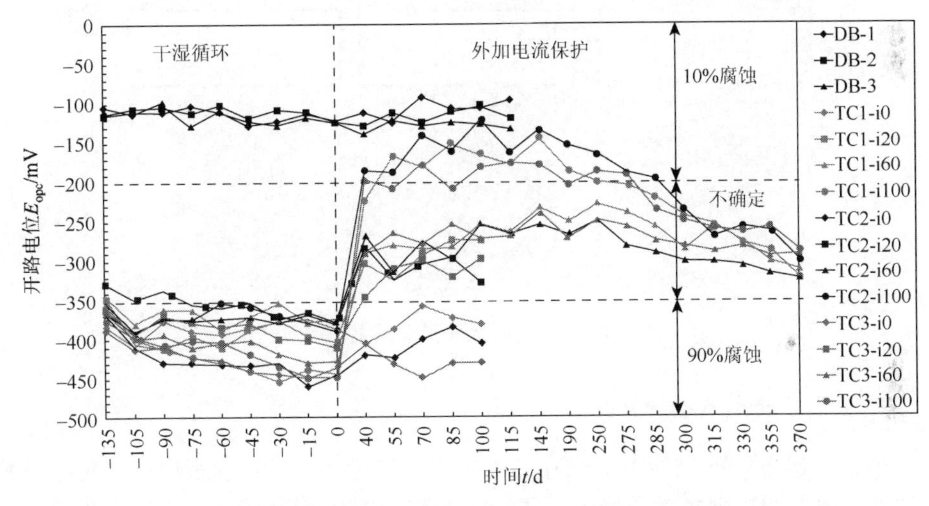

图 4-8　阴极保护前后钢筋开路电位的变化（后附彩图）

时间负值表示未通电之前

在试验试件上施加外加电流保护 40 d 后，混凝土试件内部钢筋的开路电位将继续进行监测。对于未施加 ICCP 保护的“i0”系列试件，钢筋的开路电位始终保持在–350 mV 以下，由此可以再次证明未进行通电保护时，试件内部钢筋持续保持腐蚀状态；对于外加电流密度分别为 20 mA/mm^2 和 60 mA/mm^2 的“i20”和“i60”系列试件，钢筋开路电位稳定在–200～–350 mV。此区间钢筋的腐蚀状态不确定，表明 ICCP 导致钢筋腐蚀状态较干湿循环阶段有较大改善。对于电流密度为 100 mA/mm^2 的“i100”系列试件，钢筋开路电位随时间的推移基本接近或大于–200 mV，有的甚至达到“DB”系列试件的开路电位，由此可知电流密度为“i100”

系列试件内部的钢筋得到了充分的保护。但是，在 ICCP 试验的后期，电流密度为“i100”系列试件的开路电位有所下降，由此可知 ICCP 系统保护钢筋的效率降低，这可能是由于阳极系统的劣化造成的。

为了进一步验证外加电流阴极保护的效果，在钻芯拉拔试验结束后，选取 POC1 系列试件在干湿循环 365 d 后及电流密度为 60 mA/m^2 的情况下通电保护 180 d 和 360 d 后（即 POC1-i60-t2 和 POC1-i60-t4）的钢筋混凝土试块，取出其内部钢筋进行对比分析。如图 4-9 所示，随着通电保护时间的增加，POC1-i60-t4 试件的钢筋表面的锈蚀程度较 POC1-i60-t2 试件的轻微，铁锈颜色较浅，表面较为光滑。由此可以再次证明开路电位在−200～−350 mV 时，试件内部的钢筋能够得到有效的保护。

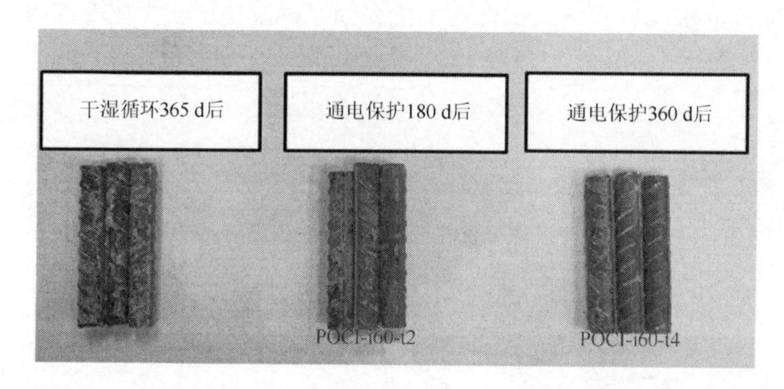

图 4-9　POC1 试件阴极保护前后钢筋的对比图

2. 氯离子滴定试验结果分析

基于上述 ICCP 试验中钢筋开路电位的结果可知，本试验采用的三种基体材料试件的钢筋阴极保护效果类似。进一步选取 POC1 系列试件在不同电量密度下的 F1、F2、F3 层在酸溶和水溶条件下进行氯离子滴定试验，探究氯离子在不同环境下的迁移状态。如图 4-4（a）所示，F1、F2 和 F3 层分别代表 C-FRCM 中的外侧基体材料、C-FRCM 中的内侧基体材料、粘贴剂。根据文献[42]，计算每层的氯离子含量，并将结果列于表 4-8。

表 4-8　POC1 系列试件在不同电量密度下 F1、F2、F3 层氯离子滴定试验结果

试件编号	电量密度/(×10^6 C/m^2)	层号	水溶 Cl^-/%	酸溶 Cl^-/%
POC1-i0	0.00	F1	0.0055	0.0056
		F2	0.0051	0.0055
		F3	0.0052	0.0059

续表

试件编号	电量密度/($\times 10^6$ C/m^2)	层号	水溶 Cl^-/%	酸溶 Cl^-/%
POC1-i20-t1	0.20	F1	0.0056	0.0056
		F2	0.0050	0.0058
		F3	0.0076	0.0088
POC1-i60-t1	0.60	F1	0.0046	0.0050
		F2	0.0046	0.0047
		F3	0.1151	0.1242
POC1-i100-t1	1.00	F1	0.0085	0.0097
		F2	0.0125	0.0147
		F3	0.1673	0.1746
POC1-i60-t3	1.35	F1	0.0049	0.0063
		F2	0.0194	0.0231
		F3	0.1631	0.1700
POC1-i100-t3	2.25	F1	0.0065	0.0116
		F2	0.0168	0.0184
		F3	0.1403	0.1779
POC1-i160-t4	1.80	F1	0.0069	0.0080
		F2	0.0172	0.0259
		F3	0.1817	0.2108
POC1-i100-t4	3.00	F1	0.0114	0.0202
		F2	0.0251	0.0328
		F3	0.1853	0.2024

根据表4-8，将POC1系列试件F1～F3层的氯离子滴定的情况绘制于图4-10。如图4-10所示，氯离子在酸溶条件下的固化能力比在水溶条件下的固化能力强。结合表4-8和图4-10可知，对于电量密度为0的POC1-i0试件，F1、F2和F3层各层的自由氯离子和氯离子总含量基本相似，其中自由氯离子含量分别为0.0055%、0.0051%和0.0052%；氯离子总含量分别为0.0056%、0.0055%和0.0059%。这表明在没有外加电流阴极保护的情况下，钢筋混凝土试块中的氯离子不会发生转移，其中少量的氯离子可能来自钢筋混凝土试块浇注过程用水。

对于电量密度为0.2×10^6 C/m^{2}的POC1-i20-t1试件，F1和F2层中的氯离子含量基本与未通电时的氯离子含量相似，F3层中的自由氯离子及氯离子总含量有所增加但不明显。当电量密度为0.6×10^6 C/m^{2}时，POC1-i60-t1试件F1和F2层中的氯离子含量基本保持不变，但是F3层中的氯离子含量则迅速增加到电量密度为0.2×10^6 C/m^{2}时氯离子含量的15倍左右。由此可知，当电量密度为0.6×10^6 C/m^{2}时，钢筋混凝土试块中的氯离子已经向辅助阳极的方向发生了迁移。

结合电量密度 1×10^{6} C/m^{2} 的 POC1-i100-t1 试件，1.35×10^{6} C/m^{2} 的 POC1-i60-t3 试件，1.8×10^{6} C/m^{2} 的 POC1-i60-t4 试件，2.25×10^{6} C/m^{2} 的 POC1-i100-t3 试件和 3.0×10^{6} C/m^{2} 的 POC1-i100-t4 试件中 F1、F2 和 F3 层氯离子含量的情况可知，当电量密度低于 1×10^{6} C/m^{2} 时，随着电量密度的增加，F3 层中的氯离子含量会大量增加；当电量密度高于 1×10^{6} C/m^{2} 时，F3 层中的氯离子含量随电量密度的增加有所波动，但是总体上仍是高于电量密度为 1×10^{6} C/m^{2} 时 F3 层中的氯离子含量。而 F1 层和 F2 层的氯离子含量在电量密度从 0 增长到 3.0×10^{6} C/m^{2} 的整个过程中波动较小，相对于 F3 层来说，其氯离子含量基本没有显著变化。因此可知，钢筋混凝土试块中的氯离子向辅助阳极方向的大量迁移发生在电量密度为 0.2×10^{6}～1×10^{6} C/m^{2} 的区间，并且主要聚集在 C-FRCM 与钢筋混凝土试块的界面处。

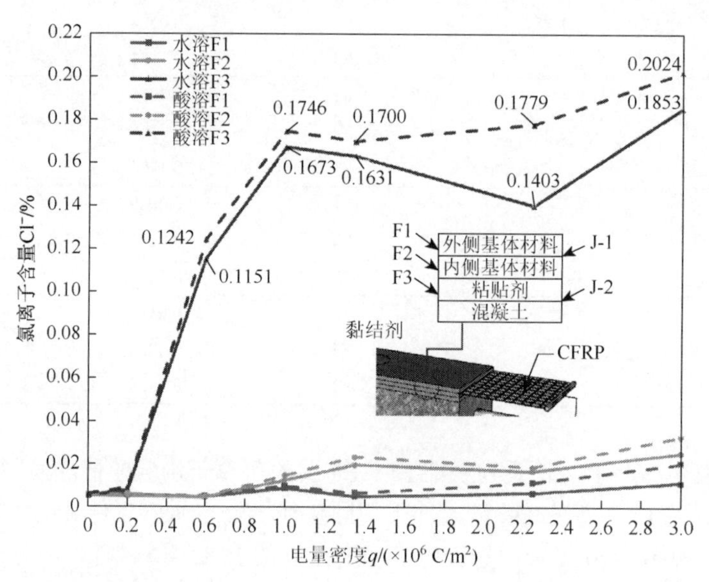

图 4-10　POC1 系列试件 F1～F3 层的氯离子滴定情况

4.2.4　钻芯拉拔试验破坏模式及强度

钻芯拉拔试验可能出现的破坏模式有 4 种，如图 4-11 所示：图 4-11（a）为混凝土基体的破坏；图 4-11（b）为 C-FRCM 基底与混凝土界面（即 J-2 界面）的破坏；图 4-11（c）为 C-FRCM 中 CFRP 网格与水泥基基体界面（即 J-1 界面）的破坏；图 4-11（d）为水泥基基体材料与钢板界面的破坏。根据这 4 种不同失效模式，计算临界应力有两种方法[40]：一是对于连续的 C-FRCM［图 4-11（a）、图 4-11（b）和图 4-11（d）］，拉拔强度的计算由仪器测试的负载直接除以整个测试区域；二是破坏发生在 C-FRCM 中 CFRP 网格与水泥基基体界面［图 4-11（c）］，测试区域将不再是整个面积，而是净面积，即整个面积减去纤维织物覆盖面积。

$$\sigma = P/A \tag{4-1}$$

式中：σ 为拉拔强度（MPa）；P 为破坏荷载（kN）；A 为试验加载面积（m^2），当破坏模式为混凝土基体的破坏时，$A = \pi r^2 = 1.96\times10^{-3}\ m^2$；当破坏模式为 C-FRCM 中 CFRP 网格与水泥基基体界面的破坏时，$A_{净} = \pi r^2 - A_{碳纤维} = 1.84\times10^{-3}\ m^2$。

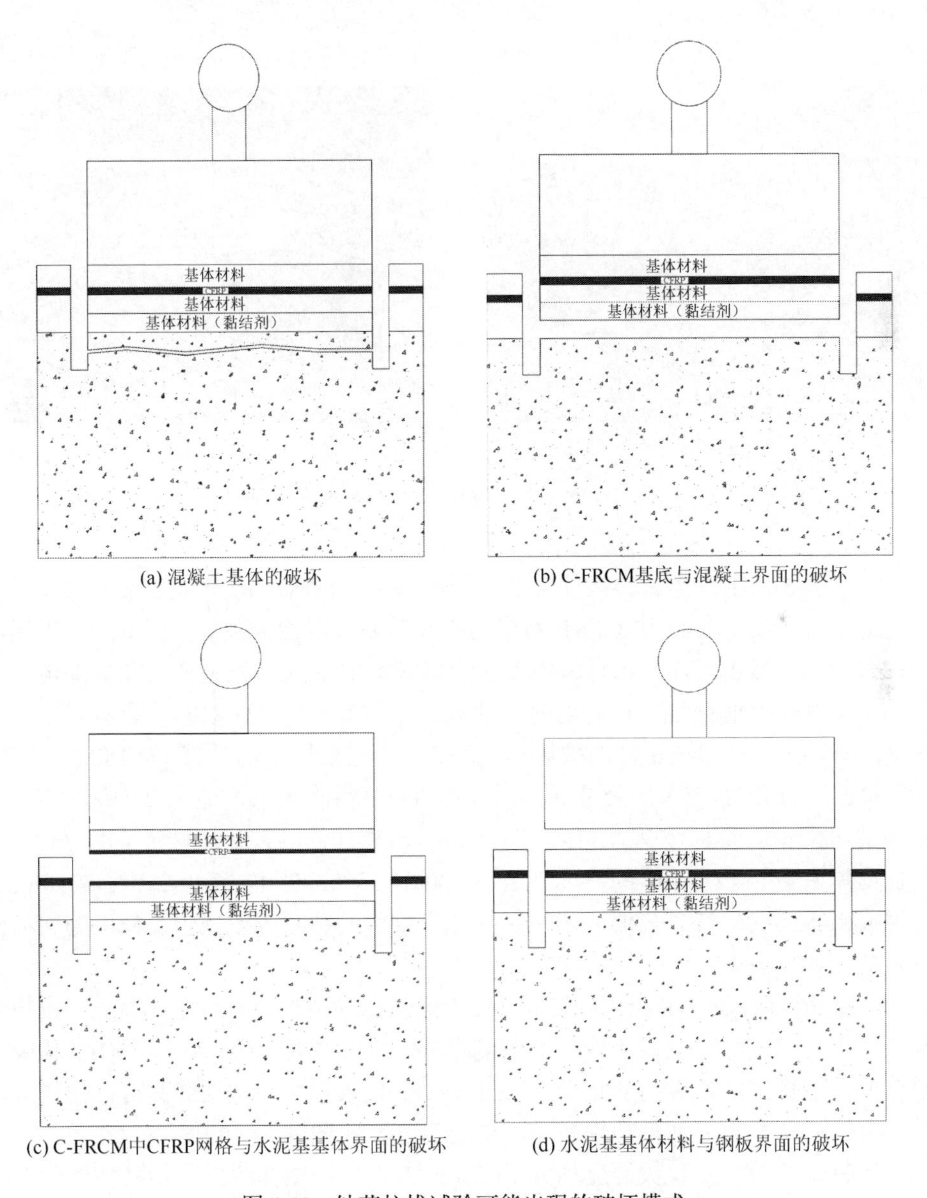

图 4-11　钻芯拉拔试验可能出现的破坏模式

对于本试验设计的三种基体材料下的试件，在钻芯拉拔试验中，只出现了两种破坏模式：一是C-FRCM中CFRP网格与水泥基基体界面（即J-1界面）的破坏，如图4-12（a）所示，对应于图4-11（c）的破坏模式；二是混凝土基体的破坏，如图4-12（b）所示，对应于图4-11（a）的破坏模式。根据破坏模式，采用公式（4-1）计算所有试验的拉拔强度，并将所有系列试件的平均拉拔强度的结果列于表4-6。

(a) C-FRCM板中CFRP界面的破坏（FB）

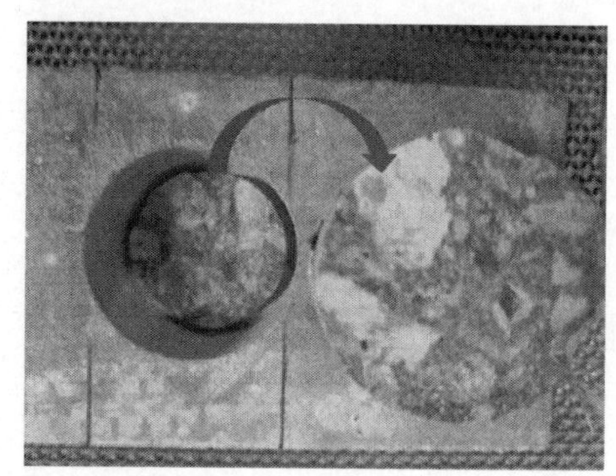
(b) 混凝土基体的破坏（CB）

图4-12　试件的破坏模式

如表4-6所示，当试验试件未进行通电保护时，POC1、POC2及POC3系列试件均发生了C-FRCM中CFRP网格与水泥基基体界面的破坏（即FB）；当通电保护时间为120 d时，基体材料中不含短切纤维的POC1系列试件在外加电流密度为i20和i100时出现了仅有的两次混凝土基体的破坏（即CB），含有短切纤维的POC2和POC3系列试件的破坏模式均为FB；当通电保护时间为180 d、270 d和360 d时，POC1、POC2及POC3系列的所有试件在外加电流密度为i60和i100时的破坏模式均为FB。因此可知，对于本试验设计的三种基体材料下的试件，在外加电流密度i60和i100的情况下通电120 d、180 d、270 d和360 d后，C-FRCM与混凝土界面（即J-2界面）的粘贴性能良好，其钻芯拉拔试验过程中的破坏没有发生在此界面处。

根据文献[44]可知：拉拔强度大于2.1 MPa代表界面粘贴性能为优秀；拉拔强度介于1.7～2.1 MPa代表界面粘贴性能很好；拉拔强度介于1.4～1.7 MPa代表界面粘贴性能良好；拉拔强度介于0.7～1.4 MPa代表界面粘贴性能尚可；拉拔强度低于0.7 MPa代表界面粘贴性能差。结合表4-6和图4-14可知，POC1和POC2系列所有试件的平均拉拔强度均大于2.1 MPa，可知试件的界面粘贴性能优秀；POC3系列所有试件的平均拉拔强度介于1.4～1.7 MPa，可知试件的界面粘贴性能良好。因此，对于本试验设计的三种基体材料下的试件，均能满足结构加固当前国际规范界面粘贴性能的要求。

4.2.5　ICCP 对拉拔强度的影响

将本试验设计的三种基体材料下所有试件的平均拉拔强度随电量密度（$q = i \times t$）的变化情况绘制于图 4-13 中。结合表 4-6 和图 4-13 可知，当电量密度为 0 时，未含短切纤维的 POC1 系列试件的平均拉拔强度最大；含有短切碳纤维的 POC2 系列试件的平均拉拔强度次之；含有短切聚丙烯纤维的 POC3 系列试件的平均拉拔强度最小。结合表 4-3 中基体材料的力学性能可知，试件平均拉拔强度的大小与其相对应的基体材料抗压强度的大小关系相对应，即抗压强度高的基体材料所对应试件的平均拉拔强度也较高。

如图 4-13 所示，对于 POC1 系列试件，当电量密度在 0～0.9×10^6 C/m^2 的区间时，其平均拉拔强度随着电量密度的增加基本稳定在 2.65～2.75 MPa；当电量密度为 1.0×10^6 C/m^2 时，其平均拉拔强度达到最大值，为 3.02 MPa；当电量密度超过 1.0×10^6 C/m^2，随着电量密度的增加，其平均拉拔强度不断下降；当电量密度为 3.0×10^6 C/m^2 时，其平均拉拔强度由电量密度为 1.0×10^6 C/m^2 时的 3.02 MPa 下降至 2.12 MPa，降低了 29.8%。由此可知，未含短切纤维的 POC1 系列试件的平均拉拔强度受电量密度的影响较大，特别是当电量密度超过 1.0×10^6 C/m^2，其平均拉拔强度有明显的降低。这可能是由于阳极系统的劣化造成的。

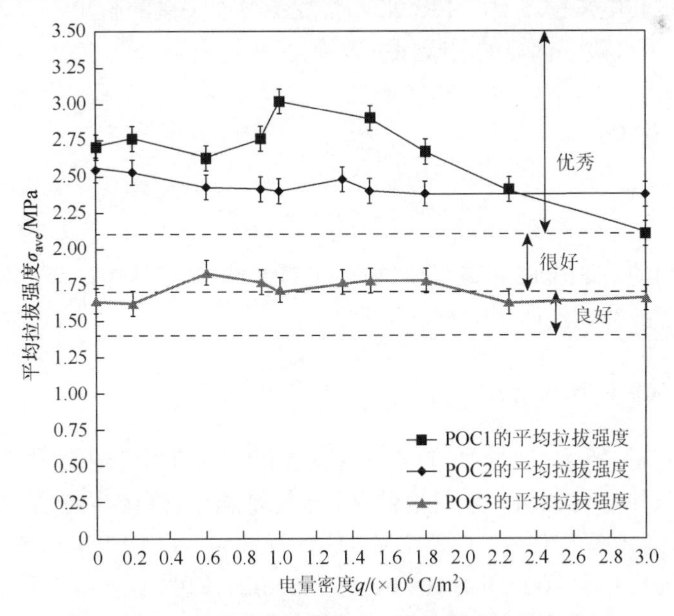

图 4-13　试件的平均拉拔强度（随电量密度的变化）

对于 POC2 系列试件，在本试验设计的 0～3.0×10^6 C/m^2 的电量密度区间内，其平均拉拔强度随着电量密度的增大基本保持稳定，维持在 2.1～2.6 MPa。对于 POC3 系列试件，其平均拉拔强度随电量密度的变化趋势与 POC2 系列试件基本相同，随着电量密度的增大基本保持稳定，但是其平均拉拔强度较 POC1 系列试件和 POC2 系列试件低，维持在 1.4～1.7 MPa。由此可知，含有短切碳纤维的 POC2 系列试件及含有短切聚丙烯纤维的 POC3 系列试件的拉拔强度受电量密度的影响不大。

4.3 C-FRCM 与混凝土界面的剪切性能研究

C-FRCM 与混凝土界面关系的研究除了可以采用钻芯拉拔试验研究，还可以参考 CFRP 与混凝土界面粘贴性能研究方法。目前对于探究 CFRP 作为加固材料与混凝土界面关系的相关试验主要包括 4 种：梁式试验、单剪试验、双剪试验和修正梁试验。与单剪试验相比，双剪试验具有试验条件对称，试验过程不需要外部固定系统等优点。van Gemert[45]和 Swamy[46]通过双剪试验探究得到了钢板与混凝土界面的剪应力、应力应变关系及传递规律；此外，Kobatake[47]、Neubauer[48]、Chajes[49]、姚谏[50]和任慧韬[51]等也通过双剪试验对 CFRP 与混凝土界面力学性能进行了研究。

本节采用双剪试验，通过 C-FRCM 与混凝土界面的双剪性能，分析基体材料中的短切纤维和电量密度对 C-FRCM 与混凝土界面关系的影响；与此同时，通过 ICCP 试验，再次验证钢筋的阴极保护效果。

4.3.1 双剪试件

1. 原材料

试验所用的 C-FRCM 中碳纤维网格（CFRP 网格）、基体材料、混凝土材料和钢筋均与钻芯拉拔试验所用的材料相同。

2. 双剪试件设计及制备

图 4-14（a）所示，切割好的 C-FRCM 粘贴于钢筋混凝土试块两侧构成试验试件。对于三种 C-FRCM，采用相对应的水泥基基体材料作为黏结剂，厚度控制在 5 mm 左右。双剪试件中，C-FRCM 的尺寸为 200 mm×100 mm×30 mm；钢筋混凝土试块的尺寸为 200 mm×100 mm×100 mm。如图 4-14（b）所示，将 CFRP 网格和钢筋分别连接直流电源的正极和负极，从而实现对钢筋的外加电流阴极保

护。在 ICCP 技术中，采用的电流密度跟钻芯拉拔试件相同，分别是规范规定的最大电流密度 20 mA/m^2 及两组加速试验（电流密度为 60 mA/m^2 和 100 mA/m^2）。同样，基于等电荷量原则，引入电量密度 $q = i \times t$，采用大电流密度的加速试验，在较小的电流密度下可以较长时间与实际情况相一致。

试件命名规则与钻芯拉拔试验相同，即根据试验形式、基体材料、电流密度和通电时间来进行。例如，“DSC1-i20-t1”中，“DS”表示“double shear”即为双剪试验，“C1”表示基体材料为 C1，“i20”表示外加电流密度为 20 mA/m^2，“t1”表示通电时间为 120 d。以此类推，将所有试件的试验参数列于表 4-9。为了进行对比，选取与钻芯拉拔试验相同的“DB”系列作为 ICCP 试验中的参考试件。

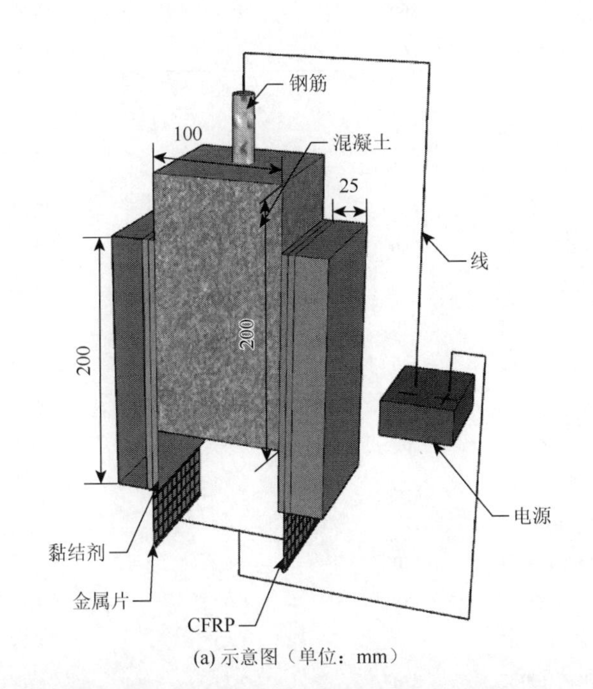

(a) 示意图（单位：mm）

(b) 实物图

图 4-14　ICCP-SS 系统的双剪试件

表 4-9　试件参数及双剪试验结果

基体材料	试件编号	通电时间/d	电量密度/($\times 10^6$ C/m^2)	平均剪切强度 f_s/MPa	破坏模式
—	DB	—	—	—	—
C1	DSC1-i0	0	0.00	5.60	FB
	DSC1-i20-t1	120	0.20	5.59	FB
	DSC1-i60-t1	120	0.60	5.68	FB
	DSC1-i100-t1	120	1.00	5.82	FB
	DSC1-i60-t2	180	0.90	5.69	FB
	DSC1-i100-t2	180	1.50	5.50	FB
	DSC1-i100-t3	270	2.25	3.54	FB
	DSC1-i60-t4	360	1.80	4.39	FB
	DSC1-i100-t4	360	3.00	3.33	FB
C2	DSC2-i0	0	0.00	4.19	FB
	DSC2-i20-t1	120	0.20	4.12	FB
	DSC2-i60-t1	120	0.60	3.83	FB
	DSC2-i100-t1	120	1.00	3.81	FB
	DSC2-i60-t2	180	0.90	3.74	FB
	DSC2-i100-t2	180	1.50	3.70	FB
	DSC2-i100-t3	270	2.25	3.53	FB
	DSC2-i60-t4	360	1.80	3.60	FB
	DSC2-i100-t4	360	3.00	3.42	FB
C3	DSC3-i0	0	0.00	3.53	FB
	DSC3-i20-t1	120	0.20	3.35	FB
	DSC3-i60-t1	120	0.60	3.48	FB
	DSC3-i100-t1	120	1.00	3.59	FB
	DSC3-i60-t2	180	0.90	3.52	FB
	DSC3-i100-t2	180	1.50	3.35	FB
	DSC3-i100-t3	270	2.25	1.93	FB
	DSC3-i60-t4	360	1.80	2.11	FB
	DSC3-i100-t4	360	3.00	1.62	FB

注：FB 表示 C-FRCM 中 CFRP 网格与水泥基基体界面的破坏。

4.3.2　试验方案

1. ICCP 试验

将双剪试件中的 CFRP 网格和钢筋分别连接直流电源的正极和负极后，对其进行 365 d 的 ICCP 试验。在钢筋混凝土试块干湿循环的 365 d 及 ICCP 试验进行的 365 d 中，采用 CST700 钢筋锈蚀测试仪对钢筋开路电位进行实时监测。对于钢筋混凝土试块，干湿循环进行到一定的时间，即干湿循环的后 135 d，对“DB”系列及外加电流密度为 i0、i20、i60 和 i100 系列的所有构件均进行了实时监测。在 ICCP 试验进行到电流稳定的第 40 d，对“DB”系列及外加电流密度为 i0 和 i20 系列试件进行 120 d 的实时监测，对外加电流密度为 i60 和 i100 系列试件进行 360 d 的实时监测，每隔 15 d 记录电位监测数据。

2. 双剪试验

当 ICCP 试验进行到设计时间后，采用 100 t 拟动力试验机对试件实施双剪试验，加载速度由位移控制（0.6 mm/min），其中同等编号下有两组平行试件。如图 4-15 所示，试验过程中，采用 20 mm 的位移传感器（LVDT）监测位移，力传感器监测荷载，并利用 DH3820 数据采集仪采集力学信号与位移信号。

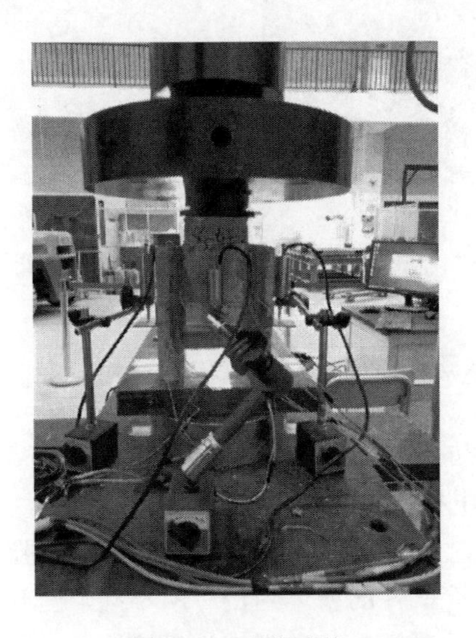

图 4-15　双剪试验

3. DIC 试验

在双剪试验进行的同时，对试件进行数字图像相关（digital image correlation，DIC）试验。DIC 是一种测量物体二维或三维表面位移和应变场的全场非接触技术。DIC 利用随机散板图案，通过识别加载前后试件表面的对应关系，确定表面的位移矢量[52]。相比其他实验技术，如干涉法和电子散斑干涉法，DIC 具备不需要复杂的表面处理和对测试环境的要求低而具有简单可操作性强的特点[53, 54]。DIC 对于较大应变场的连续测量具有独特的优势[55, 56]。

本节 DIC 试验采用的是中国科学技术大学与东南大学共同开发的非接触式三维应变光学测量系统，利用一台 500 万像素的数码相机采集图像，DIC 仪器如图 4-16（a）所示。试验前，采用哑光白喷漆和黑色墨水在试件表面形成随机斑点图案，如图 4-16（b）所示。

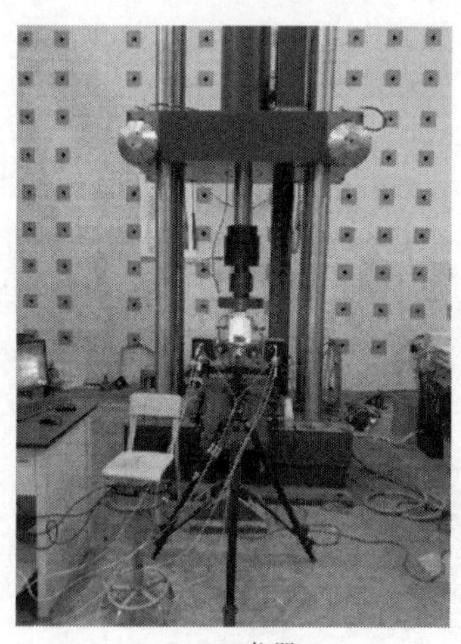

(a) DIC仪器

(b) 试件处理情况图（散斑图）

图 4-16　DIC 仪器及试件处理情况图

4.3.3　钢筋的阴极保护效果

图 4-17 为干湿循环的后 135 d 和 ICCP 试验周期 365 d 中混凝土构件的钢筋开路电位相对于 $CuSO_4$ 电极的监测结果，其参考试件选用与钻芯拉拔试验相同的“DB”系列试件，测试时间和测试方法也与钻芯拉拔试验相同。由图 4-17 可知，虽然钻芯拉拔试件与双剪试件的整体结构有所不同，但 ICCP-SS 系统实现的原理是相同的，因此在相同的时间、相同的电流密度下，双剪试件中钢筋的开路电位跟钻芯拉拔试件中钢筋的开路电位整体趋势基本相同。

在双剪试件上施加外加电流保护 40 d 后，混凝土试块内部钢筋的开路电位将继续进行监测。对于试验编号为“i0”系列的试件，钢筋的开路电位始终保持在 –350 mV 以下，由此可以再次证明未实施 ICCP 试验时，干湿循环 365 d 后的试件内部钢筋的腐蚀情况严重；对于试验编号为“i20”和“i60”系列的所有双剪试件，钢筋开路电位稳定在–200～–350 mV，钢筋的腐蚀状态为不确定。由此可知，ICCP 技术导致钢筋腐蚀状态较干湿循环阶段有一定的改善。对于试验编号为“i100”

系列试件，钢筋开路电位随时间的推移基本接近或大于–200 mV，由此可知电流密度为 100 mA/mm² 的系列试件，其内部的钢筋得到了充分的保护。但是，与钻芯拉拔试件相同，在 ICCP 试验的后期，电流密度为 100 mA/mm² 系列的双剪试验试件的开路电位有所下降，ICCP 系统保护钢筋的效率降低。

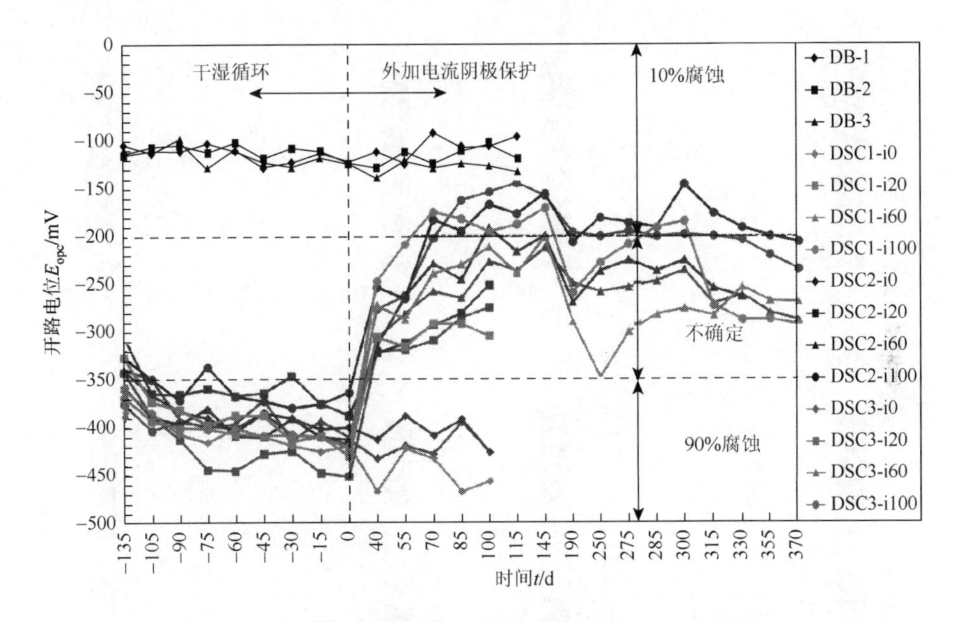

图 4-17　阴极保护前后钢筋开路电位的变化（后附彩图）

时间负值表示未通电之前

4.3.4　双剪试验破坏模式及强度

1. 剪切强度与试验破坏模式

双剪试验可能出现的破坏模式有 4 种，如图 4-18 所示：图 4-18（a）为 C-FRCM 中 CFRP 网格与水泥基基体界面的破坏；图 4-18（b）为 C-FRCM 基底与基体材料界面的破坏；图 4-18（c）为混凝土基体的破坏；图 4-18（d）为基体材料与混凝土界面之间的破坏。剪切强度的计算公式为

$$f_s = P/2A \tag{4-2}$$

式中：f_s 为剪切强度（MPa）；P 为破坏荷载（kN）；A 为单边试件的粘贴面积（m²），$A = 30\times10^{-3}\ \text{m}^2$。

根据式（4-2）计算双剪试验中所有系列试件的剪切强度，并将平均剪切强度的结果列于表 4-9。

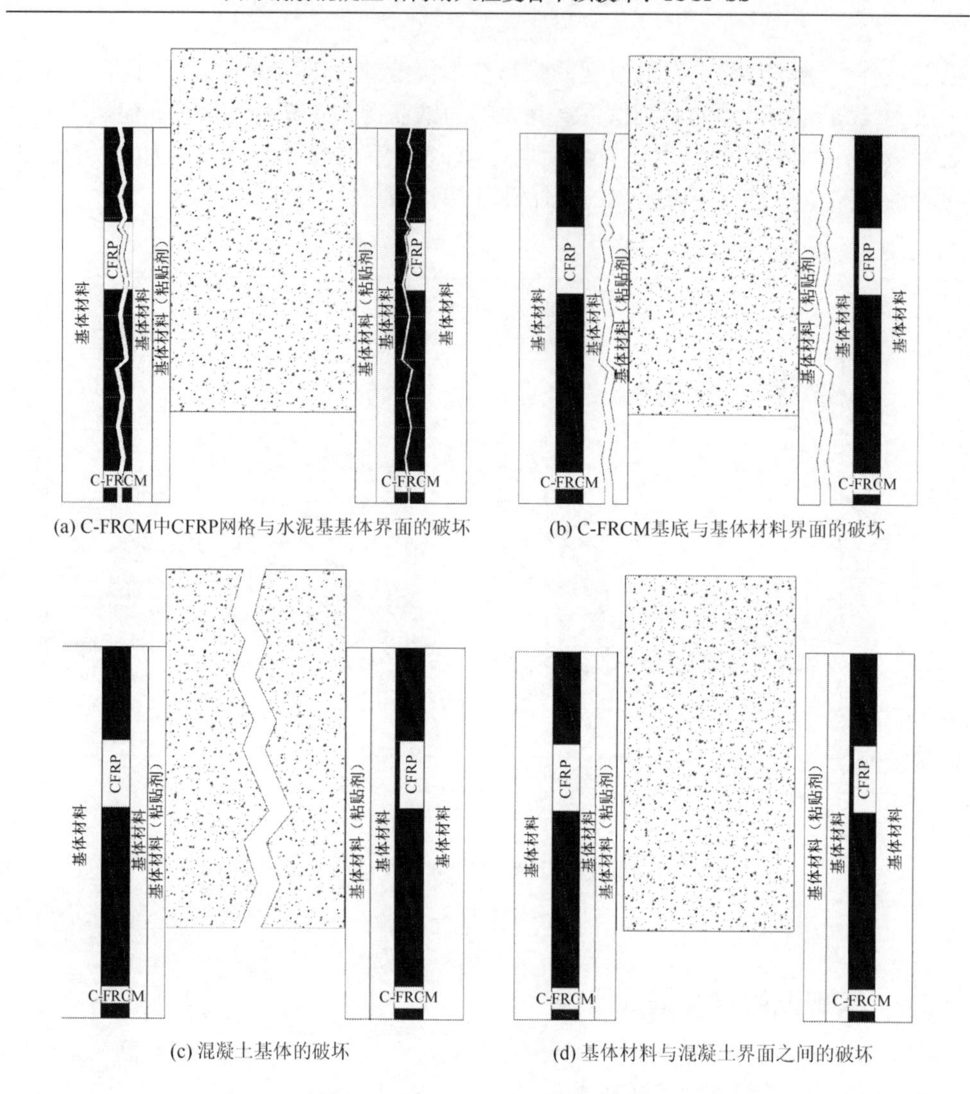

(a) C-FRCM中CFRP网格与水泥基基体界面的破坏

(b) C-FRCM基底与基体材料界面的破坏

(c) 混凝土基体的破坏

(d) 基体材料与混凝土界面之间的破坏

图 4-18　双剪试验可能出现的破坏模式

如表 4-9 所示，本试验设计的三种基体材料下的双剪试件，在未进行通电保护及通电保护时间为 120 d、180 d、270 d 和 360 d 时，未含短切纤维的 DSC1 系列、含有短切碳纤维的 DSC2 系列及含有短切聚丙烯纤维的 DSC3 系列试件均发生了 C-FRCM 中 CFRP 网格与水泥基基体界面的破坏，如图 4-19 所示，对应于图 4-18（a）。因此可知，本试验设计的三种基体材料下的试件，在外加电流密度为 60 mA/mm^2 和 100 mA/mm^2 的情况下通电 120 d、180 d、270 d 和 360 d 后，C-FRCM 与混凝土界面具备良好的工作性能，其双剪试验过程中的破坏没有发生在此界面处。

图 4-19　双剪试件的破坏模式

2. DIC 描述剪切试验破坏过程

试件的剪切破坏是脆性破坏，通常发生在某个瞬间，在实验过程中很难用肉眼观察到其具体的破坏过程。因此，采用非接触式三维应变光学测量系统对双剪试验的整个过程进行实时监测。在采集的图像中，当微应变的颜色为蓝色时，代表此区域受压，当微应变的颜色为红色时，代表此区域受拉。对于本实验设计的三种基体材料下的试件，其双剪试验的破坏模式均为 C-FRCM 中 CFRP 网格与水泥基基体界面的破坏（即 FB），因此这里随机选取编号为 DSC1-i100-t4 的试件进行分析。

图 4-20 显示的是 DSC1-i100-t4 试件在双剪试验过程中的图像，图 4-21 给出了试验采集的剪切强度与时间曲线图。图 4-20（a）为尚未施加荷载的初始状态，对应于图 4-21 曲线中的原点（即 a 点）。此时双剪试件与加载端已经接触，但是并未受到荷载的作用。观察图 4-20（b，c）可知，随着时间的推移，荷载逐渐增大，试件右下角 C-FRCM 中 CFRP 网格界面区域出现 1389～3144 的压应变，而 CFRP 网格界面右上区域出现 1619～1725 的拉应变，但此时试件并未产生真正的裂缝。这两张图均对应于图 4-21 中曲线 a～d 阶段，即剪切强度随着时间的增加而线性增加的阶段。观察图 4-20（d）可知，在这个时刻下，试件右下角 C-FRCM 中 CFRP 网格界面区域出现 4373 的压应变，CFRP 网格界面处的受压区已经出现裂缝；CFRP 网格界面右上区域的拉应变为 1127，此区域试件没有发生任何破坏。此图对应于图 4-21 曲线中的 d 点，表示当试验进行至第 618 s 时，试验剪切强度不再是线性增加而是突然减小，这是由于试件产生的微小裂缝导致试件瞬间失衡。观察图 4-20（e～g）可知，随着试件的推移，荷载的不断增加，试件右下角 C-FRCM 中 CFRP 网格界面区域出现 7949～30954 的压应变，CFRP 网格界面处裂缝开展情况是由右下角的微小裂缝向上慢慢扩展且宽度越来越大；CFRP

网格界面右上区域的拉应变仍稳定在 1525～1784 的拉应变，由此可知双剪试验的破坏形式主要为受压破坏。此过程对应于图 4-21 曲线中的 d～g 阶段，即尽管试件已经出现裂缝，但是由于其并未发生完整的破坏剪切强度仍有所上升的阶段。图 4-20（h）则对应于图 4-21 曲线中的 h 点，表示试验进行至第 661 s 时，试件右下角 C-FRCM 中 CFRP 网格界面区域出现 34113 的最大压应变，试件达到了最大剪切强度，发生完全的破坏，下一秒试验即停止。

试验的剪切破坏通常是发生在某一瞬间，传统试验中只能通过观察荷载-时间曲线关系图或是靠“嘣”的一声来判断试验是否已经停止。而全程监测双剪试验过程的实施，可以通过设定采集频率得到大量的照片，从而准确地观察到试件的整个破坏过程及发生完全破坏的那一瞬间，从而更好地理解双剪试验中 C-FRCM 中 CFRP 网格与水泥基基体界面的破坏模式。

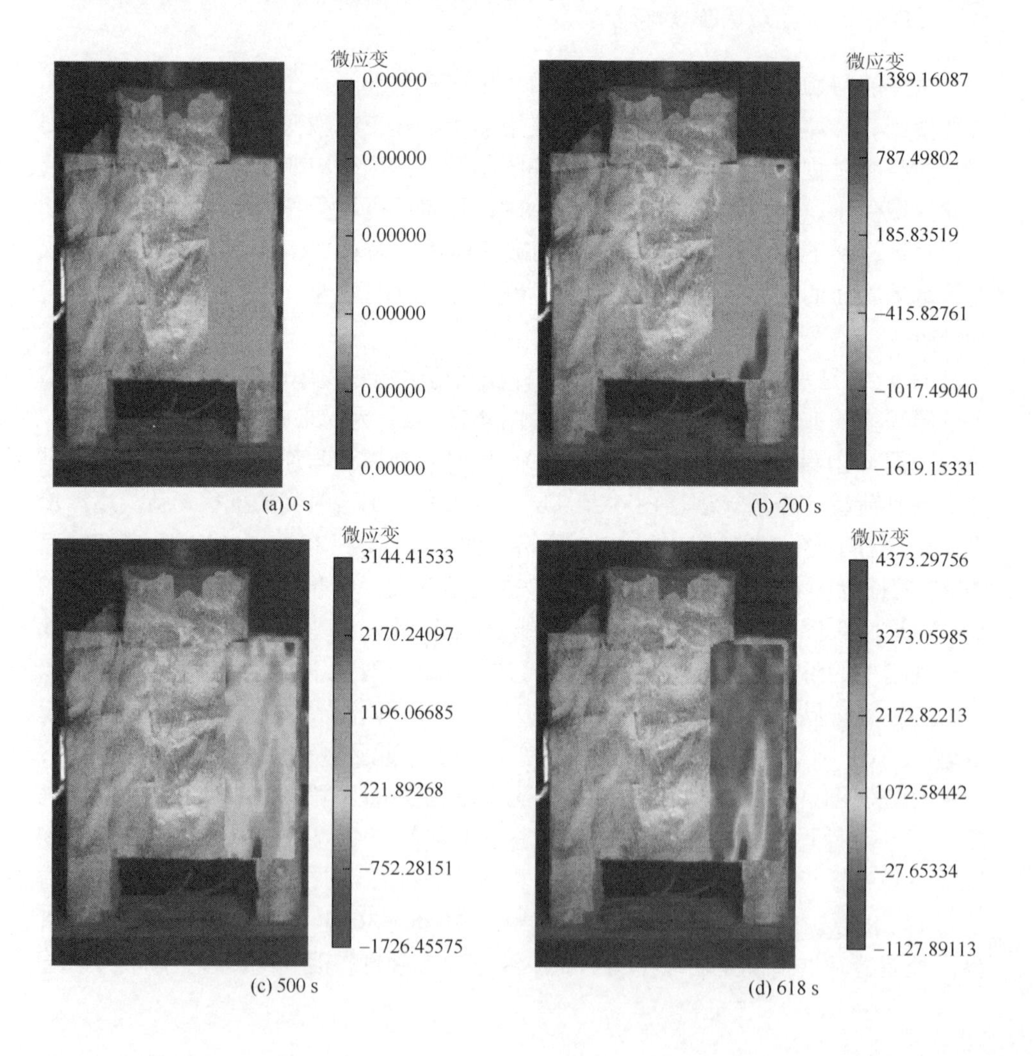

(a) 0 s　　(b) 200 s

(c) 500 s　　(d) 618 s

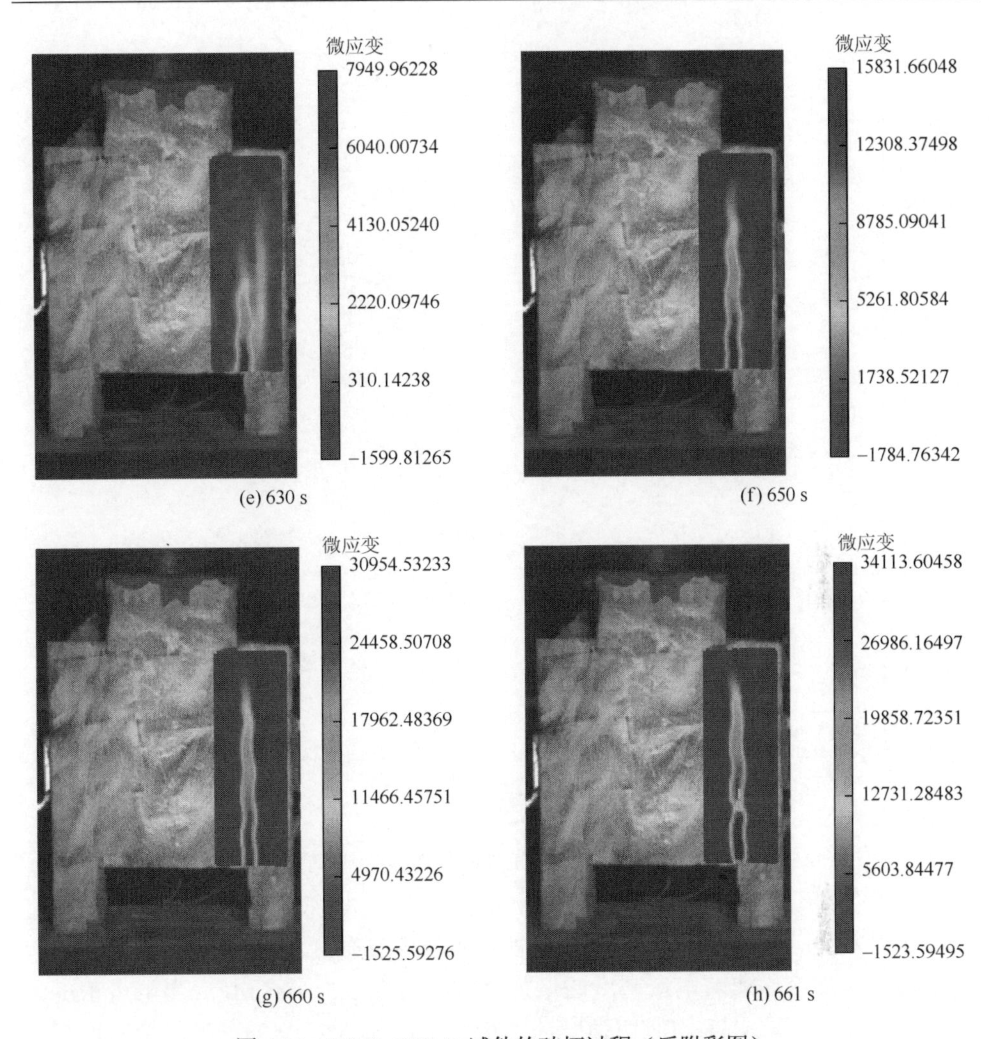

图4-20　DSC1-i100-t4试件的破坏过程（后附彩图）

4.3.5　ICCP对剪切强度的影响

将本试验设计的三种基体材料下所有试件的平均剪切强度随电量密度（$q=i\times t$）的变化情况绘制于图4-22中。由表4-9和图4-22可知，当电量密度为0时，未含短切纤维的DSC1系列试件的平均剪切强度最大；含有短切碳纤维的DSC2系列试件的平均剪切强度次之；含有短切聚丙烯纤维的DSC3系列试件的平均剪切强度最小。结合表4-3基体材料的力学性能可知，试件平均剪切强度的大小也与其相对应的基体材料抗压强度的大小相对应，即抗压强度高的基体材料所对应试件的平均剪切强度也较高。

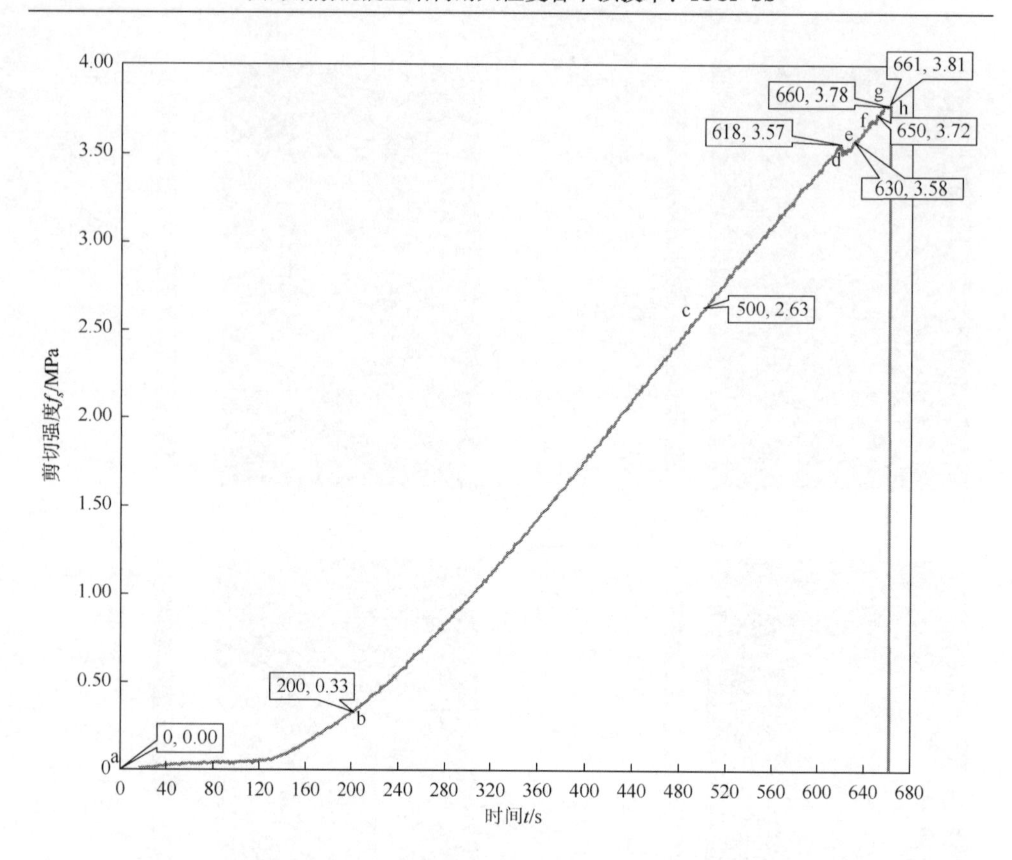

图 4-21　DSC1-i100-t4 试件的剪切强度-时间曲线图

如图 4-22 所示，对于 DSC1 系列试件，当电量密度为 0～0.9×10^6 C/m^2 时，其平均剪切强度均随着电量密度的增加基本稳定在 5.5～5.7 MPa；当电量密度为 1.0×10^6 C/m^2 时，其平均剪切强度达到最大值，为 5.82 MPa；当电量密度超过 1.0×10^6 C/m^2，随着电量密度的增加，其平均剪切强度不断下降；当电量密度为 3.0×10^6 C/m^2 时，其平均剪切强度由电量密度为 1.0×10^6 C/m^2 时的 5.82 MPa 下降至 3.33 MPa，下降了 42.8%。

对于 DSC2 系列试件，在电量密度为 0～3.0×10^6 C/m^2 时，其平均剪切强度随着电量密度的增大虽有微弱的下降趋势但基本保持稳定，维持在 3.4～4.2 MPa。由此可知含有短切碳纤维的 DSC2 系列试件的剪切强度受电量密度的影响不大。

对于 DSC3 系列试件，其平均剪切强度随电量密度增加的变化趋势与 DSC1 系列试件的基本相同。当电量密度为 0～0.9×10^6 C/m^2 时，其平均剪切强度均随着电量密度的增加基本稳定在 3.35～3.55 MPa；当电量密度为 1.0×10^6 C/m^2 时，其平均剪切强度达到最大值，为 3.59 MPa；当电量密度超过 1.0×10^6 C/m^2，随着电量密度的增加，其平均剪切强度不断下降；当电量密度为 3.0×10^6 C/m^2 时，其平均剪切强度由电量密度为 1.0×10^6 C/m^2 时的 3.59 MPa 下降至 1.62 MPa，下降了 54.9%。

因此可知，未含短切纤维的 DSC1 系列试件和含有聚丙烯纤维的 DSC3 系列试件的平均剪切强度受电量密度的影响均较大，特别是当电量密度超过 1.0×10^6 C/m^2 时，其平均剪切强度有明显的降低。这可能是由于随着 ICCP 试验的进行，阳极系统的劣化造成的。

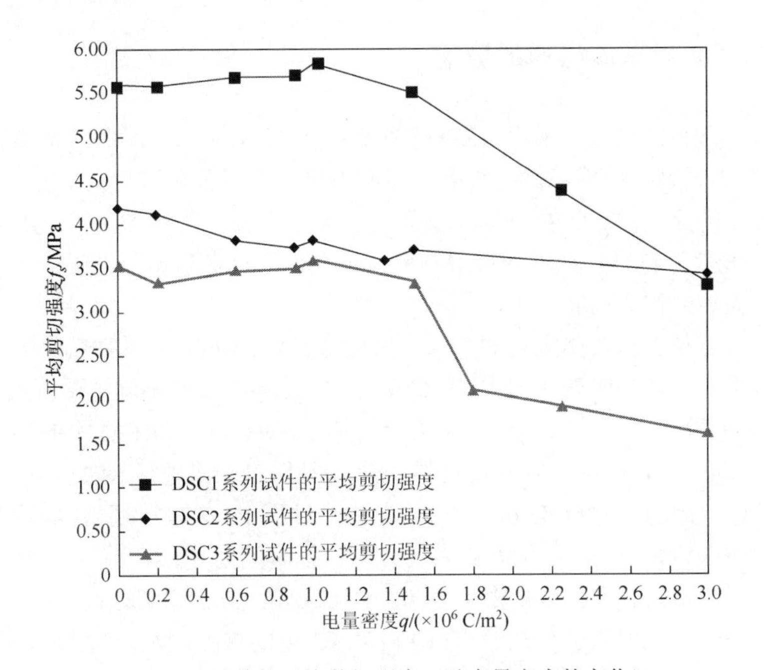

图 4-22　试件的平均剪切强度（随电量密度的变化）

4.4　阳极系统的劣化机理研究

基于钻芯拉拔试验和双剪试验可知，虽然其试验形式及受力情况有所不同，但是钻芯拉拔试件和双剪试件的主要破坏模式均为 C-FRCM 中 CFRP 网格界面的破坏，因此拉拔强度和剪切强度都能够反映 C-FRCM 与混凝土良好的界面工作性能。

对于钻芯拉拔试件和双剪试件的 ICCP 试验后期，均出现了电流密度为“i100”系列试件的开路电位有所下降，ICCP 系统保护钢筋的效率降低。这可能是由于阳极系统的劣化造成的。因此，为了更深入地理解 ICCP-SS 系统下 C-FRCM 与混凝土的界面工作性能及其阳极劣化行为，在力学试验结束后，通过扫描电子显微镜（SEM）和高分辨 X 射线衍射（XRD）分析仪对 C-FRCM 与混凝土界面的微观结构进行表征，探究 C-FRCM 作为辅助阳极的劣化机理及基体材料中短切纤维的作用。

由 4.2 节和 4.3 节可知，钻芯拉拔试件和双剪试件的基体材料一致，ICCP-SS 系统的构建和阴极保护效果也一致，因此选取钻芯拉拔试件系列进行微观试验，分析拉拔强度、剪切强度与辅助阳极劣化机理的关系。

4.4.1 ICCP 对基体材料的影响

在力学试验结束后，采用 XRD 分析仪对（D8 Advance3030502，美国 Bruker 公司）ICCP 试验中试件基体材料的主要元素进行定量分析，探究 ICCP 试验中阳极系统劣化的原因。XRD 的基本原理是利用 X 射线在晶体中的衍射现象来获得衍射后 X 射线信号特征，经过处理得到衍射谱图。通过衍射谱图结果，便可获得被测物体内晶体结构。

基于钻芯拉拔试验结果可知，未含短切碳纤维的 POC1 系列试件的平均拉拔强度随电量密度增加时变化最大，因此选取 POC1 系列试件不同电量密度下的 F1、F2、F3 层［图 4-4（a）］进行 XRD 试验。其中，F1 为 C-FRCM 中的外侧基体材料；F2 为 C-FRCM 中的内侧基体材料；F3 为粘贴剂。在进行 XRD 实验之前，需要将样品进行磨粉过筛至 45 μm 左右。在试验过程中，XRD 试验仪器的电压及功率设定为 40 kV/40 mA，步长设置为 0.02，扫描时间为 0.1 s。

将 POC1 系列试件在电量密度 0、0.2×10^6 C/m^2、0.6×10^6 C/m^2、1×10^6 C/m^2、1.8×10^6 C/m^2 和 3.0×10^6 C/m^2 下的 F1、F2、F3 层的 XRD 物相谱图绘制于图 4-23 中。在图中，最尖锐的衍射峰用“A”标记，代表石英石（Quartz），符号“B”代表氢氧化钙（Porlandite），符号“C”代表碳酸钙（Calcite）。显然，POC1 系列试件在 F1 层、F2 层和 F3 层中的主要化合物均为：Quartz、Porlandite 和 Calcite。Quartz 成为 F1 层、F2 层和 F3 层中的主要物相是由于 C1 配方的基体材料中加入了大量的砂子；而 Porlandite 和 Calcite 是基体材料的水化产物，两者结合可以形成 $Ca(OH)_2$ 晶体。

如图 4-24（a～c）所示，POC1 系列试件中 F1 层、F2 层和 F3 层的 XRD 物相在不同电量密度下得到的衍射峰基本相似，表明 Quartz、Porlandite 和 Calcite 这三种主要化合物的含量在整个 ICCP 试验周期基本保持稳定，不会随外加电流密度和通电时间的变化而变化。因此可以推断，辅助阳极的主要劣化并没有发生在 C-FRCM 的基体材料中，而是可能发生在 C-FRCM 的 CFRP 网格上。

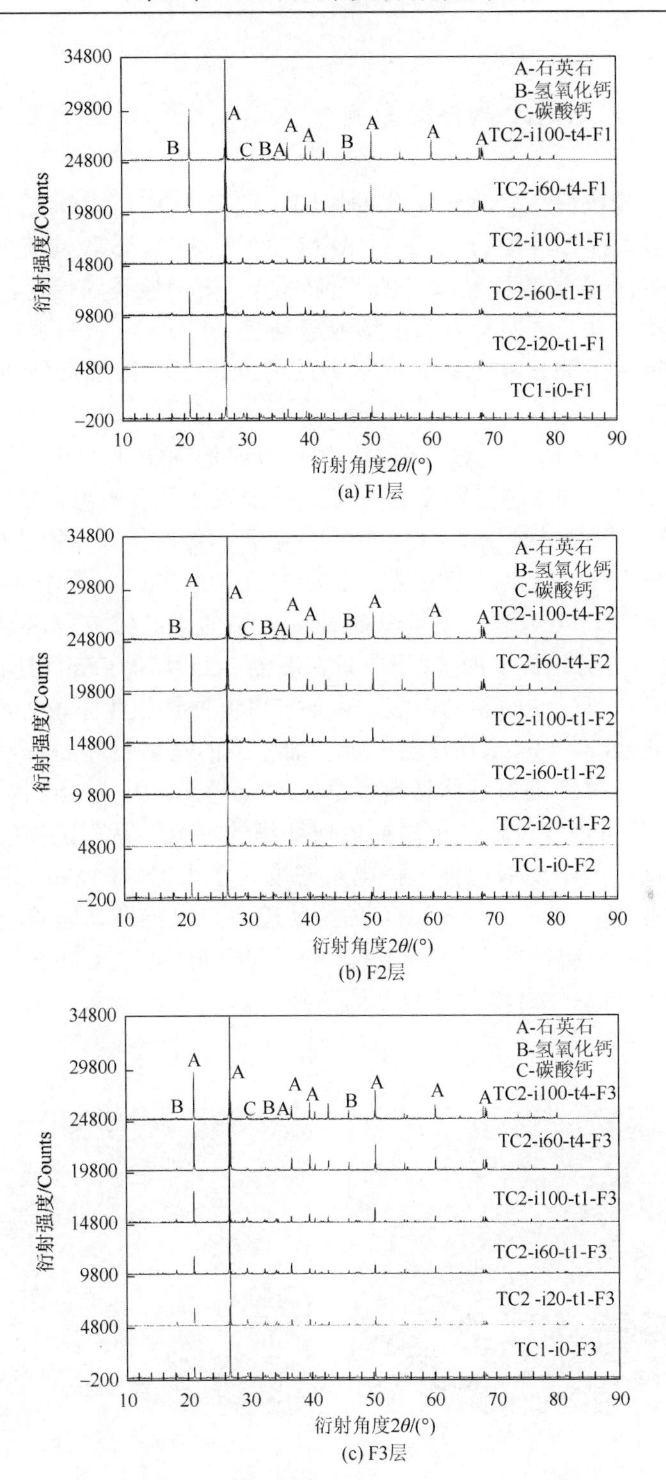

图 4-23　POC1 试件的 F1、F2、F3 层 XRD 分析图

4.4.2 ICCP 对 CFRP 网格的影响

为了进一步探究阳极系统劣化的原因，选取 POC1、POC2 和 POC3 系列试件的 J-1 界面［图 4-4（a）］进行 SEM 试验。SEM 试验是依据电子与物质的相互作用，获取被测样品本身的各种物理、化学性质的信息，如形貌、组成、晶体结构、电子结构和内部电场或磁场等。将 SEM 试验观察到的 POC1、POC2 和 POC3 系列试件 CFRP 网格中碳纤维根束的微观形貌列于图 4-24～图 4-26 中。

如图 4-24（a）所示，对于未添加短切纤维的 POC1 系列试件，在没有进行通电保护的情况下（电量密度为 0），碳纤维表面呈现光滑完整的形态；当电量密度为 1×10^6 C/m^2 时［图 4-24（b）］，部分碳纤维出现了微小的径向裂痕，CFRP 网格开始发生劣化；当电量密度为 1.5×10^6 C/m^2 时［图 4-24（c）］，碳纤维的裂痕扩大，可以观察到部分碳纤维外层的碳纤维皮剥落导致其直径变小，CFRP 网格的劣化程度加重；当电量密度为 2.25×10^6 C/m^2 时［图 4-24（d）］，可以观察到碳纤维发生完整的断裂，表明 CFRP 网格发生了较为严重的劣化。此外，对比图 4-24（b～d）发现，碳纤维周围的基体材料随着电量密度的增加而减少，表明碳纤维与基体材料的黏结性能降低。由 4.2.4 节中拉拔强度和 4.3.4 节中的剪切强度可知，未添加短切纤维的 POC1 系列试件的平均拉拔强度和 DSC1 试件的平均剪切强度在电量密度大于 1.0×10^6 C/m^2 之后均开始明显下降。因此结合图 4-24（a～d）描述的现象可以推断，随着电量密度的增加，CRFP 网格中碳纤维会发生破坏，导致 C-FRCM 中 CFRP 网格产生劣化及 CFRP 网格与基体材料黏结强度的降低，从而影响其系列试件的拉拔强度和剪切强度。

(a) 电量密度为0时

(b) 电量密度为1.00×10^6 C/m^{2}时

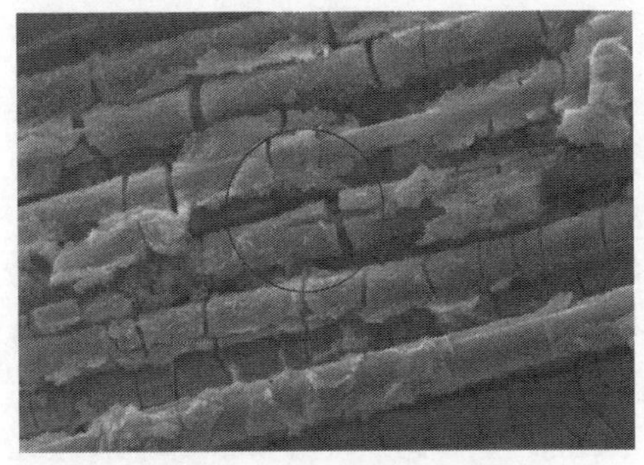

(c) 电量密度为1.5×10^6 C/m^2时

(d) 电量密度为2.25×10^6 C/m^2时

图4-24　POC1 系列试件的 J-1 界面的碳纤维情况

同理，如图 4-25（a～d）所示，对于添加短切碳纤维的 POC2 系列试件，在电量密度为 0［图 4-25（a）］的情况下，碳纤维表面呈现光滑完整的形态；当电量密度为 1×10^6 C/m^2时［图 4-25（b）］，与 POC1 系列观察到的情况相似，碳纤维出现了微小的裂痕，CFRP 网格开始发生劣化；随着电量密度的增大，碳纤维

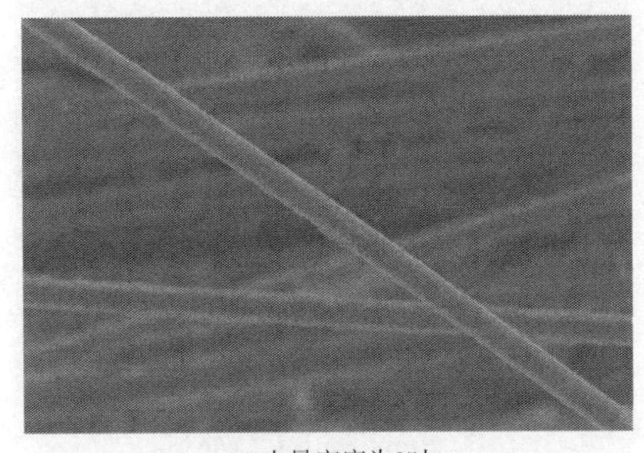

(a) 电量密度为0时

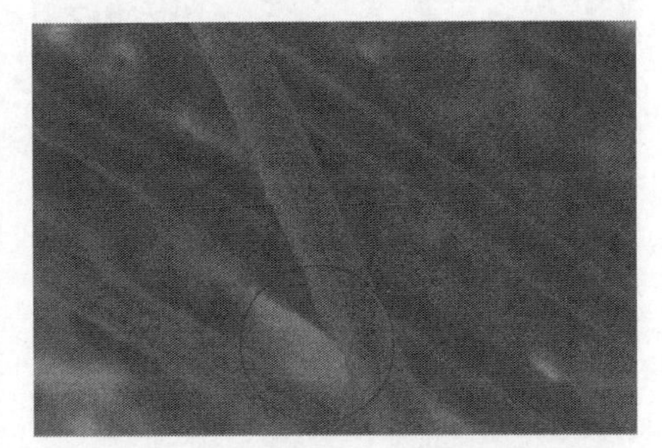

(b) 电量密度为1.0×10^6 C/m^2时

(c) 电量密度为1.5×10^6 C/m^2时

(d) 电量密度为2.25×10^6 C/m^2时

图4-25　POC2 系列试件的 J-1 界面的碳纤维情况

的裂痕越来越多，一层一层剥落导致其直径变小；当电量密度到达 2.25×10^{6} C/m^{2} 时［图 4-25（d）］，部分碳纤维已经发生了完整的径向断裂，CFRP 网格的劣化程度加重。观察图 4-25（c，d）可以再次证明随着电量密度的增加，CFRP 网格的劣化会导致其周围基体材料减少，使得 CFRP 网格与基体材料的黏结性能降低。

对比同等电量密度下的图 4-24（c）和图 4-25（c）、图 4-24（d）和图 4-25（d）发现，未含短切碳纤维的 POC1 系列试件中 CFRP 网格的碳纤维出现的裂痕数量或断裂程度均比含有短切碳纤维的 POC2 系列试件中的显著，可知 POC1 系列试件中 CFRP 网格的劣化情况比 POC2 系列试件中的严重。此外，由 4.2.4 节中拉拔强度和 4.3.4 节中的剪切强度可知，基体材料添加了短切碳纤维的 POC2 系列试件的平均拉拔强度和 DSC2 系列试件的平均剪切强度随电量密度的增加基本保持稳定。因此可以推断，短切碳纤维的导电性能可能会减缓 C-FRCM 中 CFRP 网格的劣化程度，从而使得其系列试件的拉拔强度和剪切强度随电量密度的增加仍可保持稳定。

观察图 4-26（a～d）可知，对于添加短切聚丙烯纤维的 POC3 系列试件 J-1 界面的整体微观情况跟 POC1 系列试件和 POC2 系列试件的基本相似，随着电量

(a) 电量密度为0时　　(b) 电量密度为1×10^{6} C/m^{2}时

(c) 电量密度为1.5×10^{6} C/m^{2}时　　(d) 电量密度为2.25×10^{6} C/m^{2}时

图 4-26　POC3 系列试件的 J-1 界面的碳纤维情况

密度的增大，碳纤维慢慢出现裂痕使得直径变细或是发生完全断裂，从而导致CFRP 网格劣化；而 CFRP 网格的劣化也会导致其周围基体材料减少，使得 CFRP 网格与基体材料的黏结性能降低。

对比同等电量密度下图 4-25（c）和图 4-26（c）、图 4-25（d）和图 4-26（d）发现，含有短切聚丙烯纤维的 POC3 系列试件中碳纤维的裂痕数量或断裂程度也比含有短切纤维的 POC2 系列试件中的显著，可知 POC3 系列试件中 CFRP 网格的劣化情况比 POC2 系列试件中的严重，从而推断不具备导电性能的短切聚丙烯纤维并不能减缓 C-FRCM 中 CFRP 网格的劣化程度。然而，由 4.2.4 节中拉拔强度和 4.3.4 节中的剪切强度可知，基体材料添加了短切聚丙烯纤维的 POC3 系列试件的平均拉拔强度和 DSC3 系列试件的平均剪切强度随电量密度的增加，它们的变化趋势并不相同，其中 POC3 系列试件的拉拔强度随电量密度的增加基本保持稳定，而 DSC3 系列试件的剪切强度在电量密度超过 0.9×10^6 C/m^2 后，随电量密度的增加而大幅度下降。这可能是由于钻芯拉拔试验和双剪试验的受力情况不同，以及短切聚丙烯纤维所承担的力学作用不同造成的。

4.4.3　CFRP 网格的劣化过程

为了更进一步明确 CFRP 网格的劣化过程，选取 POC1 系列试件在电量密度为 0、1×10^6 C/m^2、1.5×10^6 C/m^2 和 2.25×10^6 C/m^2 下的部分 J-1 界面的 SEM 照片进行对比，同时进行能量色散 X 射线谱（EDS）分析，结果如图 4-27（a）～图 4-27（d）所示。其中图 4-28（a1、d1、c1 和 d1）为 CFRP 网格中碳纤维的 SEM 图，（a2、b2、c2、d2 和 d3）对应 SEM 图中碳纤维表皮剥落或是破坏处的 EDS 色谱图。

根据图 4-27（a2、b2、c2、d2 和 d3）的 EDS 结果可知，碳纤维表皮剥落或是破坏处的主要元素是 C 元素且其百分比远远高于其他元素，由此可知 EDS 显示的是 CFRP 网格中的碳纤维本身，而不是 C-FECM 中的基体材料，从而再次证明 CFRP 网格的劣化与其碳纤维的破坏紧密相连。

(a1) 电量密度为0时J-1界面

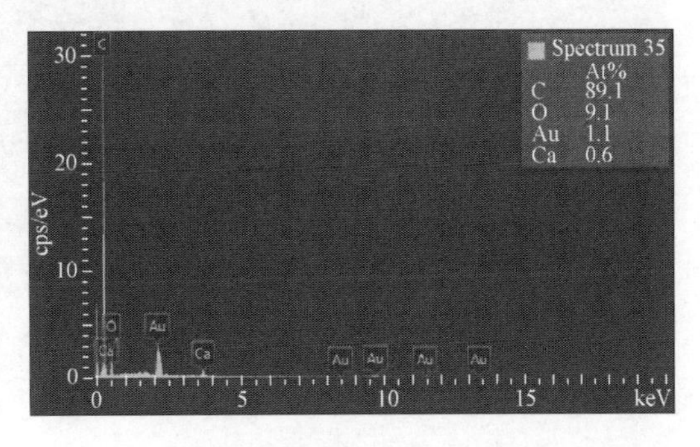

(a2) 电量密度为0时Spectrum 35的结果

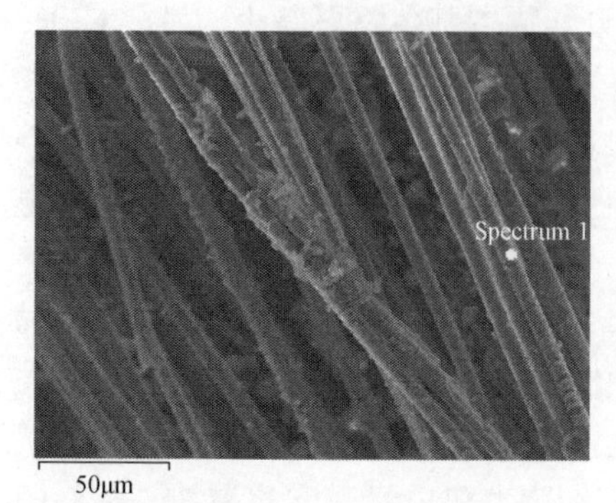

(b1) 电量密度为1×10^6 C/m^2时J-1界面

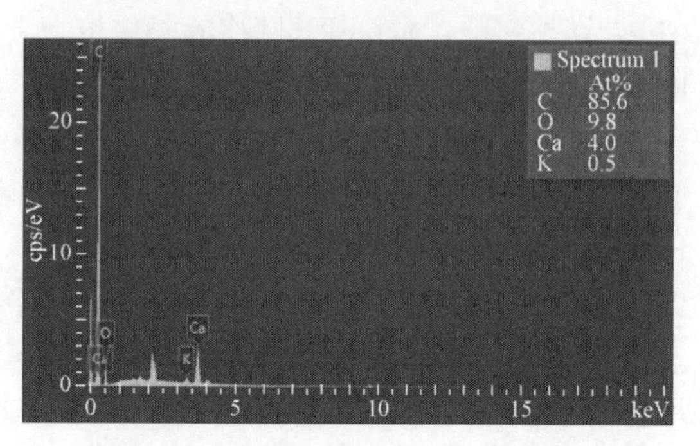

(b2) 电量密度为1×10^6 C/m^2时Spectrum 1的结果

(c1) 电量密度为1.5×10^6 C/m^2时J-1界面

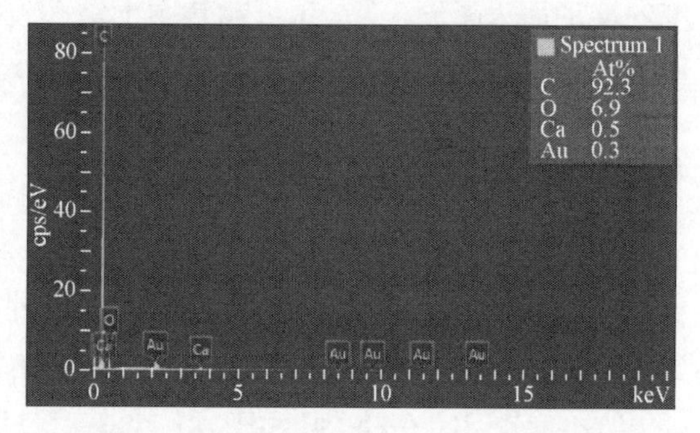

(c2) 电量密度为1.5×10^6 C/m^2时Spectrum 1的结果

(d1) 电量密度为2.25×10^6 C/m^2时J-1界面

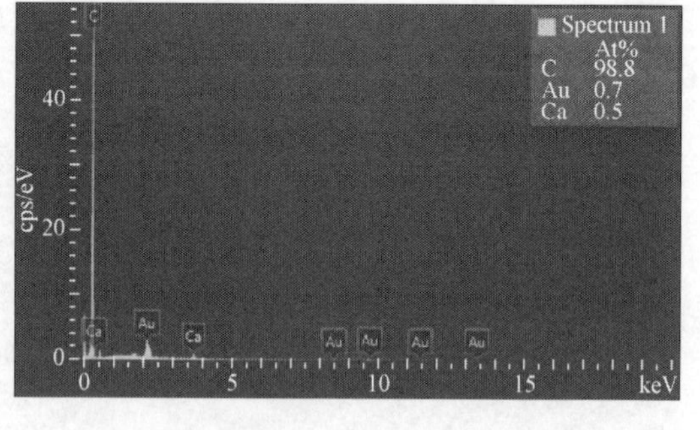

(d2) 电量密度为2.25×10^6 C/m^2时Spectrum 1的结果

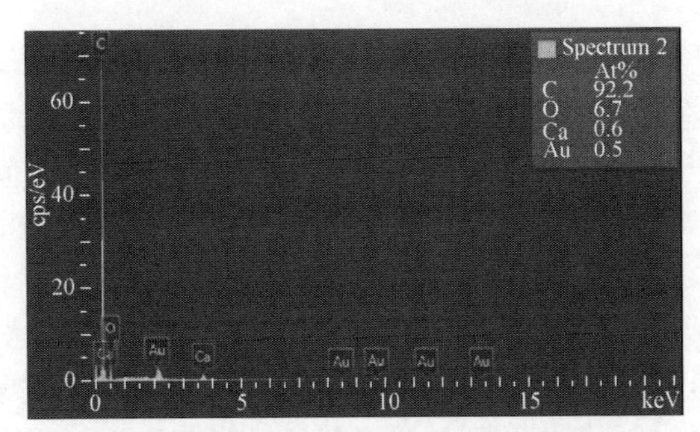

(d3) 电量密度为2.25×10^{6} C/m^{2}时Spectrum 2的结果

图4-27　EDS对J-1界面SEM照片的色谱分析图

图4-27（a1）显示的是在电量密度为0的情况下，CFRP网格中光滑完整的碳纤维；由4-27（a1～b1）可知，完整的碳纤维破坏首先是先产生如刀割般的裂痕但并未完全断裂，此时碳纤维还是个整体，只是部分表皮发生了剥落；由图4-27（c1）可知，随着电量密度的增加，碳纤维上的裂痕越来越多，其外层会慢慢剥落下来使得其直径变小；由图4-27（d1）可知，当电量密度达到2.25×10^{6} C/m^{2}时，碳纤维进一步发生逐层剥落，部分纤维甚至直接发生了径向的断裂。由此可知，随着电量密度的增加，CFRP网格中的碳纤维破坏过程是先发生微小的裂缝，然后一层层剥离导致直径变小或是直接发生径向的断裂，从而导致CFRP网格的劣化。

4.4.4　C-FRCM基体材料中的短切纤维的作用

在本章采用的短切纤维材料中，短切碳纤维具备优秀的导电性能，而短切聚丙烯纤维是不导电材料。如图4-13和图4-22所示，分别添加短切碳纤维和短切聚丙烯纤维的POC2和POC3系列试件的拉拔强度变化趋势类似，基本不受电流密度的影响；但采用相同材料的DSC2和DSC3系列试件剪切强度变化趋势却有显著差异。这表明基体中不同类型短切纤维的导电性能对于C-FRCM在长期阳极极化过程中的界面工作性能有重要影响。

图4-28（a～c）为POC2系列试件中短切碳纤维在基体材料中的微观形态；由图4-28可知，短切碳纤维在基体材料中分散良好。已有研究表明，良好分散的短切碳纤维不仅能使水泥基基体的弯曲强度和抗拉强度有所提高，而且碳纤维之间的相互接触和重叠会形成导电网络，使得基体材料的导电性能也能够得到有效调节。图4-28（a）观察到水化产物黏附在碳纤维上，说明碳纤维与水泥砂浆黏结良好；图4-28（b）观察到碳纤维的拉拔和断裂行为，该行为可以通过吸收能量来

提高机械性能；图 4-28（c）观察到碳纤维可以抑制裂纹的生长，阻止裂缝的自由膨胀[65, 66]。此外，短切碳纤维在水泥基基体材料中的导电行为属于隧道效应[58, 60]，隧道效应既存在于随机分散在水泥基基体中的重叠碳纤维之间，也存在于被水泥基基体隔开的相邻碳纤维之间。结合 4.2 节的讨论结果可知，POC2 系列试件中 CFRP 网格的劣化情况对比 POC1 系列试件和 POC3 系列试件中的 CFRP 网格的劣化情况明显缓解，表明添加了短切碳纤维的基体材料能够作为次阳极与主阳极 CFRP 网格形成具备三维导电网络的主次阳极系统，分散了极化电流并缓解了极化导致的碳纤维网格劣化[66]，使得其拉拔强度和剪切强度基本不受电量密度的影响。

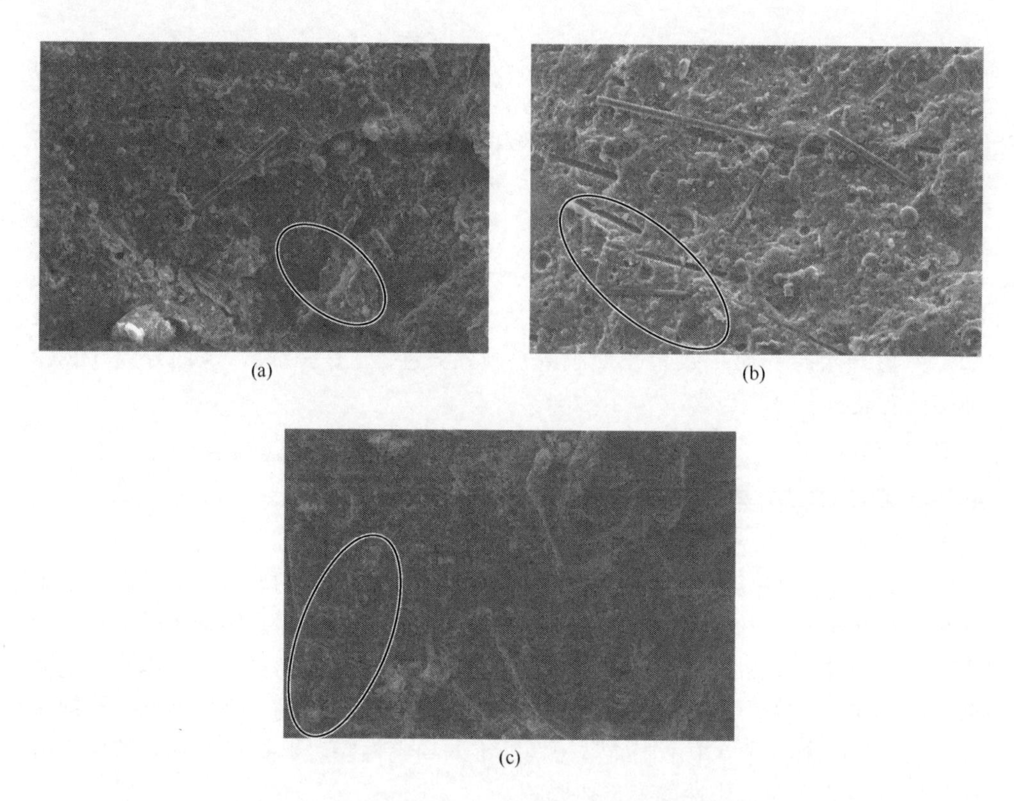

(a)　　(b)

(c)

图 4-28　短切碳纤维在水泥基基体材料中的微观形态

已有研究表明[67, 68]，内掺短切聚丙烯纤维不仅能够提高基体材料的抗弯性能、拉伸性能，而且能够提高新老混凝土界面的粘贴性能。但是聚丙烯纤维不导电，导致内掺短切聚丙烯纤维的 POC3 系列试件中，CFRP 网格的劣化程度与未添加短切碳纤维的 POC1 系列试件相似，如 4.2 节所示。然而 CFRP 网格的劣化对钻芯拉拔试验和双剪试验结果的影响并不相同。由 4.2 节描述的钻芯拉拔试验破坏模式可知，钻芯拉拔试验主要表征为 C-FRCM 的受拉性能，CFRP 网格与受力方向垂直。因此可知 POC3 系列试件的平均拉拔强度随着电量密度保持基本稳定的主要原因是 C-FRCM 与混凝土界面的拉拔强度与主阳极 CFRP 网格劣化程度的关系较小，内掺短切聚丙烯纤维能够保证基体材料的受拉性能，从而降低因阳极极化导致的 CFRP 网格和基体材料黏结性能的下降对 C-FRCM 与混凝土界面拉拔强度的影响程度。基于 3.3.2 节中 DIC 描述的双剪试验破坏过程可知，双剪试验主要表征为 C-FRCM 的受压性能，CFRP 网格与受力方向平行。由表 4-3 基体材料的力学性能可知，短切纤维虽然能够改善基体材料的拉伸强度、弯曲强度、弯曲韧性和耐冲击性等各项力学性能，但是短切纤维的加入并不能提高基体材料的抗压强度，从而使得短切纤维对 C-FRCM 的受压性能的贡献不大[35-37]。因此，DSC3 系列试件的剪切强度随电量密度的增加而大幅度下降的主要原因是辅助阳极中 CFRP 网格发生劣化，内掺聚丙烯纤维对基体材料的受压开裂性能贡献不大。

4.5　小　　结

本章采用三种不同基体材料制备 C-FRCM，并与钢筋混凝土构建 ICCP-SS 试件。通过钻芯拉拔试验和双剪试验探究了在电流密度 60 mA/m^2 和 100 mA/m^2 的情况下通电 120 d、180 d、270 d 和 360 d 后钢筋混凝土与 C-FRCM 的界面工作性能，并通过微观表征研究了 C-FRCM 的劣化机理。基于本章研究成果，得到以下结论：

1）在 360 d 的 ICCP 试验周期内，试件内部的钢筋得到有效的锈蚀保护。通过氯离子滴定试验发现，随着电量密度的增加，混凝土内部的氯离子会向 C-FRCM 迁移。

2）三种不同基体材料试件的钻芯拉拔试验和双剪试验的破坏模式一致，均主要为 C-FRCM 中 CFRP 网格与水泥基基体界面的破坏，C-FRCM 与混凝土的界面不会成为破坏界面。DIC 分析表明，双剪试验的破坏源自 CFRP 网格与基体界面的受压开裂。

3）当 C-FRCM 基体材料中未添加短切纤维时，其拉拔强度和剪切强度在电量密度超过 0.9×10^6 C/m^2 后，会随着电量密度的增加而大幅度下降，表明阳极极化对界面工作性能有不利影响。

4）当 C-FRCM 基体材料中添加导电的短切碳纤维时，基体材料中的短切碳纤维能够作为次阳极与主阳极 CFRP 网格形成具备三维导电网络的主次阳极系统，分散了极化电流并缓解了极化导致的碳纤维网格劣化，使得其拉拔强度和剪切强度基本不受电量密度的影响。

5）当 C-FRCM 基体材料中添加不导电的短切聚丙烯纤维时，其拉拔强度不受电量密度的影响，而双剪强度在电量密度超过 $0.9\times10^6\ C/m^2$ 后随电量密度的增加而大幅度下降。这是由于短切聚丙烯纤维虽然可以改善或维持基体的抗拉性能，但是不能缓解阳极极化对界面性能的劣化，也无法改善界面的受压开裂性能。

6）通过微观分析发现，阳极极化导致 C-FRCM 中 CFRP 网格劣化，基体材料的劣化不明显。CFRP 网格的劣化有两种模式：一是随着电量密度的增加从微小的裂痕开始层层剥落导致直径变小；二是当电量密度增加达到一定程度时，直接发生径向断裂。

参考文献

[1] Pedeferri P. Cathodic protection and cathodic prevention[J]. Construction and Building Materials，1996，10（5）：391-402.

[2] Wyatt B S. 4.21-Practical application of cathodic protection[J]. Materials Science and Materials Engineering，2010，4：2801-2832.

[3] Weale C J. Cathodic protection of reinforced concrete：Anodic process in cements and related electrolytes[D]. Birmingham：Aston University，1992.

[4] Broomfield J P. Corrosion of Steel in Concrete：Understanding，Investigation and Repair[M]. 2nd ed. London：Taylor & Francis，1997.

[5] Bertolini L，Bolzoni F，Pastore T，et al. Effectiveness of a conductive cementitious mortar anode for cathodic protection of steel in concrete[J]. Cement and Concrete Research，2004，34（4）：681-694.

[6] Fu X L，Chung D D L. Carbon fiber reinforced mortar as an electrical contact material for cathodic protection[J]. Cement and Concrete Research. 1995，25（4）：689-694.

[7] Darowicki K，Orlikowski J，Cebulski S，et al. Conducting coatings as anodes in cathodic protection[J]. Progress in Organic Coatings，2003，46（3）：191-196.

[8] Carloni C，Subramaniam K V. Application of fracture mechanics to debonding of FRP from RC members[C]//ACI Spring 2012 Convention，Dallas，2012：1-15.

[9] Carrara P，Ferretti D. A finite-difference model with mixed interface laws for shear tests of FRP plates bonded to concrete[J]. Composites Part B：Engineering，2013，54：329-342.

[10] Advisory Committee on Technical Recommendation for Construction of National Research Council. Guide for the design and construction of externally bonded FRP systems for strengthening existing structures：CNR-DT 200 R1/2013[S]. Rome：The Italy National Research Council，2013.

[11] D'Ambrisi A，Feo L，Focacci F. Bond-slip relations for PBO-FRCM materials externally bonded to concrete[J]. Composites Part B：Engineering，2012，43（8）：2938-2949.

[12] D'Ambrisi A，Feo L，Focacci F. Experimental analysis on bond between PBO-FRCM strengthening materials and concrete[J]. Composites Part B：Engineering，2013，44（1）：524-532.

[13] D'Ambrisi A，Focacci F. Flexural strengthening of RC beams with cement-based composites[J]. Journal of Composites for Construction，2011，15（5）：707-720.

[14] Pellegrino C，D'Antino T. Experimental behaviour of existing precast prestressed reinforced concrete elements strengthened with cementitious composites[J]. Composite Part B：Engineering，2013，55：31-40.

[15] Ombres L. Debonding analysis of reinforced concrete beams strengthened with fibre reinforced cementitious mortar[J]. Engineering Fracture Mechanics，2012，81：94-109.

[16] Blanksvard T，Taljsten B，Carolin A. Shear strengthening of concrete structures with the use of mineral-based composites[J]. Journal of Composite for Construction，2019，13（1）：25-34.

[17] Tzoura E，Triantafillou T C. Shear strengthening of reinforced concrete T-beams under cyclic loading with TRM or FRP jackets[J]. Materials and Structures，2014，49：17-28.

[18] Bournas D A，Triantafillou T C，Zygouris K，et al. Textile-reinforced mortar（TRM）versus FRP jacketing in seismic retrofitting of RC columns with continuous or lap-spliced deformed bars[J]. Journal of Composite for Construction，2019，13（5）：360-371.

[19] Ombres L. Concrete confinement with a cement based high strength composite material[J]. Composite Structures，2014，109：294-304.

[20] D'Antino T，Pellergino C，Carloni C，et al. Experimental analysis of the bond behavior of glass，carbon，and steel FRCM composites[J]. Key Engineering Materials，2015，624：371-378.

[21] Wang Z Y，Wang Z，Ning M，et al. Electro-thermal properties and Seebeck effect of conductive mortar and its use in self-heating and self-sensing system[J]. Ceramic International，2017，43（12）：8685-8693.

[22] Wang C，Li K Z，Li H J，et al. Influence of CVI treatment of carbon fibers on the electromagnetic interference of CFRC composites[J]. Cement and Concrete Composities，2008，30（6）：478-485.

[23] Manuela C，Raffaele Z. Electrical conductivity of self-monitoring CFRC[J]. Cement and Concrete Composities，2005，27（4）：463-469.

[24] Faezeh A，Nemkumar B. Cement-based sensors with carbon fibers and carbon nanotubes for piezoresistive sensing[J]. Cement and Concrete Composites，2012，34（7）：866-873.

[25] Jacopo D，Tiziano B，Valeria C. Mechanical，electrical and self-sensing properties of cementitious mortars containing short carbon fibersb[J]. Journal of Building Engineering，2018，20：8-14.

[26] Bentz D P，de Ia Verga I，Muñoz J F，et al. Influence of substrate moisture state and roughness on interface microstructure and bond strength：Slant shear vs. pull-off testing[J]. Cement and Concrete Composites，2018，87：63-72.

[27] Courard L，Piotrowski T，Garbacz A. Near-to-surface properties affecting bond strength in concrete repair[J]. Cement and Concrete Composites，2014，46：73-80.

[28] 董三升，冯坤昌，史文智. 基于不同界面剂的新老混凝土黏结抗拉强度试验研究[J]. 混凝土，2001，（2）：14-16.

[29] 卜良桃，高伟，罗兴华. 高性能水泥复合砂浆与混凝土粘结性能钻芯拉拔试验研究[J]. 湖南大学学报（自然科学版），2009，36（1）：19-23.

[30] 卜良桃，周宁，毛晶晶. 新老混凝土黏结界面钻芯拉拔强度的试验研究[J]. 西安建筑科技大学学报（自然科学版），2009，41（5）：599-605.

[31] 卜良桃，周云鹏. 纤维水泥砂浆与混凝土界面黏结性能钻芯拉拔试验研究[J]. 河海大学学报（自然科学版），2016，44（4）：291-296.

[32] 卜良桃，周宁，鲁晨，等. PVA-ECC与混凝土界面钻芯拉拔试验研究[J]. 山东大学学报（工学版），2012，

42（2）：45-51.

[33] 中国建筑材料工业协会. 碳纤维复丝拉伸性能试验方法：GB/T 3362—2005[S]. 北京：中国建筑工业出版社，2005.

[34] 国家建筑材料工业局. 水泥胶砂强度检验方法（ISO 法）：GB/T 17671—1999[S]. 北京：中国建筑工业出版社，1999.

[35] Wang C，Li K Z，Li H J，et al. Effect of carbon fiber dispersion on the mechanical properties of carbon fiber-reinforced cement-based composites[J]. Material Science and Engineering，2008，487（1-2）：52-57.

[36] Xu J，Yao W，Wang R Q. Nonlinear conduction in carbon fiber reinforced cement mortar[J]. Cement and Concrete Composites，2011，33（3）：444-448.

[37] Ardanuy M，Claramunt J，Filho R D T. Cellulosic fiber reinforced cement-based composites：A review of recent research[J]. Construction and Building Material，2015，79：115-128.

[38] 李婉倩. 碳纤维网格增强水泥基复合材料多功能免拆模板的性能研究[D]. 深圳：深圳大学，2019.

[39] 中国建筑科学研究院. 普通混凝土力学性能试验方法标准：GB/T 50081—2002[S]. 北京：中国建筑工业出版社.

[40] NACE International. Testing of embeddable impressed current anodes for use in cathodic protection of atmospherically exposed steel-reinforced concrete：NACE-TM0294-2007[S]. Houston，TX：NACE International，2007.

[41] ASTM International. Standard test method for tensile strength of concrete surfaces and the bonf strength or tensile strength of concrete repair and overlay materials by direct tension（pull-off method）：ASTM C1583/C1583M-04[S]. West Conshohocken，PA：ASTM International，2004.

[42] American Association of State Highway and Transportation Officials. Standard method of test for sampling and testing for chloride ion in concrete and concrete raw materials：T260-97（2009）[S].

[43] British Standards Institution. Cathodic protection—Part 1：Code of practice for land and marine applications—（formerly CP 1021）：BS 7361-1：1991[S]. London：British Standards Institution，1991.

[44] Sprinkel M M，Ozyildirim C. Evaluation of high performance concrete overlays placed on Route 60 over Lynnhaven Inlet in Virginia[R]. Final report，Virginia Transportation Research Council，Charlottesville，Virginia，2000：1-20.

[45] van Gemert D A. Repairing of concrete structures by externally bonded steel plates[J]. International Journal of Adhesion and Adhesives，1980，2：67-72.

[46] Swamy R N，Jones R，Charif A. Shear adhesion properties of epoxy resin adhesives[J]. Adhesion Between Polymers and Concrete，1986：741-755.

[47] Kobatake Y，Kimura K，Katsumada H. A retrofitting method for reinforcement concrete structures[J]. Properties and Application，1993：435-450.

[48] Neubauer U，Rostasy F S. Design aspects of concrete structures strengthened with externally bonded CFRP plates[C]//Proceedings of the 7th International Conference on Structural Faults and Repairs，Edinburgh，1997，2：109-118.

[49] Chajes M J，Finch W W，Januszka T F，et al. Bond and force transfer of composite material plates bonded to concrete[J]. ACI Structural Journal，1996，93（2）：209-217.

[50] 姚谏，滕锦光. FRP 复合材料与混凝土的粘结强度试验研究[J]. 建筑结构学报，2003，24（5）：10-18.

[51] 任慧韬. 纤维增强复合材料加固混凝土结构基本力学性能和长期受力性能研究[D]. 大连：大连理工大学，2003.

[52] Lagattu F，Lafarie-Frenot M C. Damage and inelastic deformation mechanisms in thermoset and thermoplastic notched laminates[J]. Composites Science and Technology，1996，56（5）：557-568.

[53] Bakis C E，Yih H R，Stinchcomb W W，et al. Damage initiation and growth in notched laminates under reversed cyclic loading[C]//Composite Materials Fatigue and Fracture，Second Volume. Philadelphia：American Society for Testing and Materials，1989：66-83.

[54] Chow C L，Chian X J，Lam J. Experimental investigation and modelling of damage evolution/propagation in carbon/epoxy laminated composites[J]. Composites Science and Technology，1990，39（2）：159-184.

[55] Abanto-Bueno J，Lambros J. Investigation of crack growth in functionally graded materials using digital image correlation[J]. Engineering Fracture Mechanics，2002，69（14-16）：1695-1711.

[56] Li E B，Tieu A K，Yuen W Y D. Application of digital image correlation technique to dynamic measurement of the velocity field in the deformation zone in cold rolling[J]. Optics and Lasers in Engineering，2003，39（4）：479-488.

[57] 王闯，李克智，李贺军，等. 碳纤维的分散性与CFRC复合材料的导电性[J]. 功能材料，2007，38（10）：1641-1644.

[58] Wang C，Jiao G S，Li B B，et al. Dispersion of carbon fibers and conductivity of carbon fiber-reinforced cement-based composites[J]. Ceramics International，2017，43（17）：15122-15132.

[59] Wen S H，Chung D D L. The role of electronic and ionic conduction in the electrical conductivity of carbon fiber reinforced cement[J]. Carbon，2006，44（11）：2130-2138.

[60] Foldyna J，Foldyna V，Zelenak M. Dispersion of carbon nanotubes for application in cement composites[J]. Procedia Engineering，2016，149：94-99.

[61] Wen S H，Chung D D L. Self-sensing of flexural damage and strain in carbon fiber reinforced cement and effect of embedded steel reinforcing bars[J]. Carbon，2006，44（8）：1496-1502.

[62] Chiarello M，Zinno R. Electrical conductivity of self-monitoring CFRC[J]. Cement and Concrete Composites，2005，27（4）：463-469.

[63] Han B G，Zhang L Q，Zhang C Y，et al. Reinforcement effect and mechanism of carbon fibers to mechanical and electrically conductive properties of cement-based materials[J]. Construction and Building Material，2016，125（10）：479-489.

[64] Janas D，Kreft S K，Koziol K K K. Printing of highly conductive carbon nanotubes fibres from aqueous dispersion[J]. Material and Design，2017，116（2）：16-20.

[65] Teomete E. Measurement of crack length sensitivity and strain gage factor of carbon fiber reinforced cement matrix composites[J]. Measurement，2015，74（10）：21-30.

[66] Dalla P T，Dassios K G，Tragazikis I K，et al. Carbon nanotubes and nanofibers as strain and damage sensors for smart cement[J]. Material Today Communcation，2016，8（9）：196-204.

[67] Yin S P，Xu L. Improve fiber woven mesh layer stripping resistance of concrete and effective method[J]. Journal of building science，2010，12（4）：468-473.

[68] Xu S L，Shen L H，Wang J Y，et al. High temperature mechanical performance and micro interfacial adhesive failure of textile reinforced concrete thin-plate[J]. Journal of Zhejiang University Science A：Applied Physics & Engineering，2014，15（1）：31-38.

第 5 章　碳纤维增强复合材料的回收

5.1　回收的意义和现状

碳纤维增强树脂基复合材料（如 CFRP）和碳纤维增强水泥基复合材料（如 C-FRCM）已在土木工程的修复与加固等相关技术领域中得到了广泛应用。ICCP-ss 的研发和推广将进一步促进 CFRP 在土木工程领域的大规模应用。在建筑结构拆除过程中，碳纤维材料难以与基体材料分离，大大增加了建筑废弃物的回收难度与成本。同时，由于环氧树脂的三维交联网络和水泥基胶凝材料的不溶特性，CFRP 和 C-FRCM 在普通环境下都无法自然降解，导致了严峻的环境问题。碳纤维增强复合材料废弃物若采用直接填埋的方式，不仅会占用大量宝贵的用地，而且给环境带来长久的污染；焚烧方式则会产生大量二氧化碳和有毒气体，进一步污染环境。值得注意的是，通常废弃物中的碳纤维仍然保持良好的材料性能，具备较高的再利用价值。因此，研发碳纤维增强复合材料高效环保的回收技术是涉及土木工程、航天工程和交通工程等碳纤维复合材料应用领域可持续发展的重要课题。

针对 CFRP 废弃物的处理问题，各国政府均出台了相关政策法规，引导和鼓励企业妥善处理。欧盟 1999 年出台政策[1]，明确 CFRP 生产商处理其产品的责任，同时对 CFRP 废弃物的填埋量进行严格限制。此外，通过制定税收政策来鼓励企业进行 CFRP 复合材料回收[2]。进入 21 世纪，相关政策进一步收紧。欧盟管理委员会、美国国家环境保护局均在 2004 年开始禁止 CFRP 材料进行填埋处理，英国从 2014 年开始征收 CFRP 废弃物填埋税。进入 21 世纪以来，我国在碳纤维复合材料制造与利用上得到长足发展，碳纤维废弃物问题开始凸显，因此近些年发布大量针对性的政策法规。工业和信息化部要求促进碳纤维增强复合材料回收再利用，加大对碳纤维复合材料废弃物的低成本低能耗回收利用技术的研发及推广应用[3-5]；国务院、发展和改革委员会等部委要求积极开展碳纤维复合材料等新型废弃物回收利用，形成应用示范，推进资源循环利用产业体系建设[6-8]。面对碳纤维增强复合材料废弃物带来的严峻环境难题、政策法规压力、巨大回收经济价值，研究发展技术可行、低成本低能耗、绿色循环的碳纤维增强复合材料回收再利用方法，具有重要的社会意义和经济价值。

目前国内外已报道的碳纤维复合材料回收方法主要可分为三大类[9-13]：机械回收法、热分解回收法和溶剂降解回收法。

5.1.1　机械回收法

机械回收法是指通过切割机械将 CFRP 废弃物先粉碎成富含纤维和富含环氧树脂的细小颗粒，然后使用空气分级器利用重力原理将二者分离，最终得到碳纤维和环氧树脂的产品，其纯度由粉碎和分离效果决定，差异很大。通常，CFRP 会先在低速条件下被粉碎成初级产品（50～100 mm），然后在高速条件下进一步粉碎成更小级别的颗粒（10 mm 以下），最后将颗粒送进空气分级器中分离，最终得到富含碳纤维的粗料和富含环氧树脂的粉末[14, 15]。Palmer 等[16]将 CFRP 逐级粉碎后，利用 Z 型分离技术，调节空气流速将颗粒按形状、重量等进行分离，提高了碳纤维和环氧树脂的分离效果，同时减少了碳纤维的损伤，回收纤维的弯折强度等力学性得到一定程度提高。Howarth 等[17]利用模拟方法，研究在机械回收过程中的能量消耗，发现机械回收过程的能量消耗呈现规模效应，当 CFRP 回收能力为 10 kg/h 时，消耗的单位能量为 2.03 MJ/kg，当回收能力增大到 150 kg/h 时，单位能量消耗降低到 0.27 MJ/kg。

机械回收法虽然操作简单，成本较低；但是回收得到的碳纤维和环氧树脂分离并不彻底，纯度很低，并且碳纤维长度非常短，通常只能作为碳纤维复合材料或其他产品的填料使用，价值很低；此外回收过程产生大量环氧树脂粉尘，不但污染环境，而且对操作人员的健康造成严重威胁；在长期的回收中，尚需考虑切割工具的大量磨损，这是很大的隐性成本。

5.1.2　热分解回收法

热分解回收法是指通过将废弃物置于高温条件下，使 CFRP 中的环氧树脂聚合物分解成小分子化合物气化，碳纤维和环氧树脂分离，留下碳纤维。热分解回收方法对于 CFRP 中富含的杂质如不同类型的热塑性树脂、油漆、金属等，都可以使之分解气化或分离，同时容易大规模应用，因而是目前唯一走向商业应用的 CFRP 回收技术。热分解回收法主要包括流化床法、热解法（有氧或惰性氛围）和微波热解法等。

流化床法是先将 CFRP 粉碎为颗粒，然后置于流化床中，在流动中使 CFRP 颗粒中的环氧树脂受热分解，然后通过风机将碳纤维和环氧树脂（气体或粉末颗粒）分离，碳纤维收集到设计的收集器中，环氧树脂一般直接燃烧处理掉。在这方面进行回收研究最多的是英国诺丁汉大学。Yip 等[18]将 CFRP 颗粒置于 450℃温度下，在流速为 1 m/s 的流化床上进行碳纤维回收，最后回收得到的碳纤维长度均短于 10 mm，研究发现废弃物中的原始碳纤维废料尺寸越长，在回收过程的长度损伤率越高。相比碳纤维原丝，回收碳纤维的杨氏模量基本不变，但是拉伸强度保留值仅大约为 75%。Jiang 等[19]的研究结果同样表明，利用流化床回收得到的碳纤维长度保留值很短，并且拉伸强度下降严重，其保留值只达到碳纤维原丝的 50%～75%，此外，X 射线光电子能谱法测试结果表明回收过程几乎没有在碳纤维表面引入氧，碳纤维的氧碳比基本保持不变，回收碳纤维的界面剪切强度跟碳纤维原丝相近。

热解法一般是将 CFRP 置于密闭容器中，在高温下（通常为 500～800℃），通入惰性气体如氮气，使环氧树脂分解气化，回收得到固体碳纤维。在惰性环境中热解法虽然能够很大程度地避免碳纤维氧化，却会使碳纤维表面生成积碳，不利于回收碳纤维在再利用时与环氧树脂等材料的黏结结合。为解决此问题，需要在高温惰性环境中通入一定量的氧气，用来除去碳纤维表面在热分解过程生成的积碳，但是在此过程，碳纤维容易发生氧化反应，使碳纤维力学性能大幅度下降，所以有氧热解回收得到的碳纤维单丝拉伸强度值降低程度很大，即使在实验室条件下，也仅为碳纤维原丝值的 80%～85%[20, 21]。根据相关资料，第一个商业应用的 CFRP 有氧热解回收装置是由英国 Recycled Carbon Fiber 公司研发的，其回收得到的碳纤维拉伸强度保留值较低，约为碳纤维原丝的 70%，放置在回收炉不同位置的回收碳纤维的拉伸强度值差异很大[22]，估计是受热不均匀导致的。Pimenta 等[23]对美国郝氏的预浸料废弃物进行回收，在 500～700℃温度下，通过调节不同的回收条件（详细未披露），回收得到性能差异非常大的碳纤维；最差条件下，碳纤维表面出现大量裂纹凹坑等缺陷，拉伸强度保留值仅有 16%，最优条件下，碳纤维拉伸强度基本维持原值，但是碳纤维表面环氧树脂残留高达（7.6%），因此测得的拉伸强度值应该是偏高的。由此可见，热解法对碳纤维的力学性能损失很大，回收得到的碳纤维力学性能不仅比较差，并且离散性很大。

微波热解法是在热解法基础上发展起来的，针对传统热解升温由表入里，逐步升温，受热不均匀的缺点，微波热解能够使受热体吸收微波转化为热能，整体受热升温，速度更快且更均匀。Lester 等[24]使用微波热解法，先将 3 g CFRP 预浸料废弃物剪碎，然后设定 3 kW 的固定功率，在多模式微波机中加热 8 s，并持续通入 5 L/min 的氮气气流，以防止碳纤维在加热过程燃烧。回收得到的碳纤维比较干净，环氧树脂残留量为 2.8%；但是力学性能下降严重，相比碳纤维原丝，回收碳纤维拉伸强度下降了 20%，拉伸模量下降了 12%，表面粗糙度下降了 33.6%。微波热解法回收碳纤维最大的优势是速度快，但是牺牲了碳纤维的力学性能，因此目前关于该方法回收研究的文献报道仍然很少，有些学者转换思路，将此方法作为回收碳纤维的预处理方式。

5.1.3　溶剂降解回收法

溶剂降解回收法一般是指通过化学溶剂和高温热的协同作用（有时需要高压条件），使树脂聚合物中的交联键 C—N 或 C—O 键断开，降解成短链的小分子聚合物或化合物，溶解在溶剂中，碳纤维和树脂能够分离过滤，回收到碳纤维。溶剂降解回收法的关键在于需要根据树脂类型（树脂基体和固化剂）的差异设计合适的溶剂和反应条件，使之发生反应并断开三维交联网络中的链接键，实现降解。溶解降解回收法主要包括超/亚临界流体法、常压溶剂法。

超/亚临界流体法，是指利用水、醇类等液体在超/亚临界条件下，所兼具气体和液体的可压缩、可流动特性，低黏度高扩散性优点[25]，具备催化或直接降解树脂的能力，通常还会添加其他的合适溶剂来断开树脂网络的链接键，最终分离树脂降解物和碳纤维，回收到碳纤维。溶液只有在温度和压力均达到其内在临界值时，才能达到超/亚临界状态。在目前的研究中，一般选择水或醇类作为超/亚临界流体。其中，水的临界温度为 373℃，临界压力为 22.06 MPa；醇类的临界温度在 240℃左右，临界压力则因醇种类的不同而有一定差异，大约在 5～8 MPa。

仅仅使用超/亚临界的水或醇对 CFRP 进行回收，一般树脂去除效果不是很好，回收碳纤维残留的环氧树脂较多，因而会设计辅助条件。Piñero-Hernanz 等[26]在温度为 250～400℃，压力为 4～27 MPa 的超/亚临界水条件下，对 CFRP 预浸料进行回收，然而环氧树脂的去除效果不佳。在最优条件（温度 400℃，压力 27 MPa）下，反应 30 min，环氧树脂的去除率仅为 79.3%。其他学者同样在超临界水的条件下对碳纤维进行回收研究[27, 28]，探索了不同实验参数（温度、废料与水反应比例、压力和反应时间）对环氧树脂的降解效率及回收碳纤维性能的影响，认为温度和压强对回收效率影响较大。Fromonteil 等[29]在温度 410℃和压强 24 MPa 的超临界水的条件下，再通入一定量的氧气，回收 CFRP。最终回收到碳纤维，然而对碳纤维的力学性能和化学组分变化没有表征。环氧树脂降解产物为各种醇类、醛类等液相化合物和烯类等气相化合物。白永平[30]在超临界水氧化回收研究表明，在其获得的回收碳纤维中，以环氧树脂的降解率 96.5%为界限，小于该值时，碳纤维拉伸强度值高于原丝值（偏高）；高于该值时，没有环氧树脂的包裹后，碳纤维与氧气充分反应，氧化使碳纤维损伤严重，拉伸强度出现大幅度下降，当树脂完全除去后，拉强度伸保留值仅为碳纤维原丝的 62%。Pickering 等[31-33]研究了超/亚临界条件下甲醇、乙醇、正丙醇和丙酮分解环氧树脂的效果和差异，认为环氧树脂的去除可分为两步，第一步环氧树脂与溶剂反应，第二步环氧树脂在溶剂作用下溶解。溶剂的溶解能力决定了回收体系的反应速率，经过分析对比，正丙醇与环氧树脂的 Hildebrand 参数最接近，因而在进行回收环氧树脂基体的 CFRP

时，是最适宜的化学溶剂。超/亚临界流体法的优点是对 CFRP 中的环氧树脂降解速度非常快，环氧树脂去除率比较高。但是超/亚临界流体法劣势也很明显，不但需要根据环氧树脂的类型“对症下药”地设计溶剂，而且要避免在超/亚临界极端条件下碳纤维性能的损失，此外高压高温条件对回收设备要求非常高，运行时设备间歇时间长。

面对超/亚临界存在的问题，一些学者把方向转到在常压下使用酸碱等溶剂进行碳纤维回收研究。Lee 等[34]使用不同浓度的硝酸作为溶剂，分别在 80℃、90℃和 100℃条件下在流动系统从 CFRP 复合材料中回收碳纤维。当温度为 80℃时，环氧树脂的去除率低于 70%，温度上升到 90℃和 100℃时，环氧树脂基本去除完。实验得出的最优参数为：硝酸浓度 12 mol/L、温度 90℃，反应时间 6 h，在此条件下的回收碳纤维表面基本没有缺陷，拉伸强度保留值达到原丝的 97%。Nie 等[35]将 CFRP 复合材料置于熔融的 NaOH 中，NaOH 与复合材料的重量比为 25，分别在 285～330℃下进行回收，回收过程持续通入 20 mL/min 的氮气气流。在最优参数条件下（330℃），环氧树脂在 30 min 后完全分解，回收碳纤维的拉伸强度损失很少，可达到碳纤维原丝的 95%。然而由于 NaOH 的使用量非常大，并且 NaOH 与环氧树脂降解产物难以分离，导致回收成本非常高。采用酸碱进行回收，需要考虑溶剂本身的问题，高浓度的酸和碱具有非常强的氧化性和腐蚀性，用来回收碳纤维不仅对操作人员的潜在危险非常大，对实验操作性要求非常高，对环境的影响非常大，而且对设备的防腐、防渗要求非常高，综合成本是很大的障碍，因而目前在这方面的研究比较少。

5.1.4 电驱动异相催化降解法的提出和发展

本书在针对 ICCP-SS 系统性能的研究中发现，CFRP 在阳极极化过程中存在一定程度的劣化。通过调整电流密度和电解液成分，系统可发生不同程度的析氧反应或析氯反应，并导致 CFRP 发生以碳纤维氧化或环氧树脂降解为主的不同劣化模式。在此基础上，本书提出了碳纤维复合材料电驱动异相催化降解法（electrically driven heterocatalytic decomposition，EHD）：将碳纤维复合材料作为阳极，利用阳极极化和溶剂催化的协同效应使基体材料降解，分离过滤得到碳纤维。EHD 回收系统主要由 4 个部分组成：①直流电源，为系统提供单向工作电流；②待回收碳纤维复合材料，作为阳极与电源正极相连，阴极材料（不锈钢片）与电源负极相连；③电解液，包含不同浓度的 NaCl 基础溶液与其他成分；④数据记录仪，与回收试件及不锈钢片并联，监测试件电压变化。系统装置见图 5-1。

利用该方法对碳纤维增强树脂基复合材料和碳纤维增强水泥基复合材料分别进行了系统性的回收研究[12, 13]。通过优化应用电流密度和电解液中的 NaCl 浓度，使碳纤维复合材料阳极的劣化主要集中在基体材料，同时精准控制催化剂、反应温度，提高基体材料的降解效率，减少碳纤维在回收过程受到的损伤，实现了碳纤维增强复合材料在绿色、低能耗条件下的高效回收。

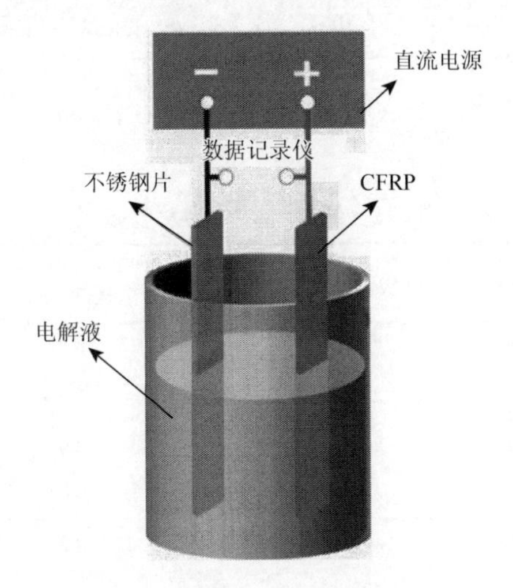

图 5-1　EHD 回收系统装置图

5.2　碳纤维增强树脂基复合材料（CFRP）的回收

5.2.1　实验方案

试件（图 5-2）尺寸为 30 mm×245 mm×2 mm，被设计为三个区域：①用于回收碳纤维的试验区；②绝缘且防水的保护区；③与外部电源连接的接电区。在本节中，设计三个阶段的实验来研究反应条件对回收机理及回收碳纤维的影响，表 5-1 显示了详细的测试组和实验参数。第一阶段实验研究电流密度和 NaCl 浓度的影响，总共考虑了 24 种反应条件，包括 6 种不同的电流密度和 4 种不同的 NaCl 浓度。当电流分别为 78.1 mA、104.2 mA 和 156.3 mA 时，无法获得完整的回收碳纤维，因此没有对此类试件进行表征。基于第一阶段的研究，在第二阶段实验中，选择 20 mA 和 40 mA 的电流及 1%、2%和 3%浓度的 NaCl 作为反应条件，重点考察 0.5 g/L、1 g/L 和 1.5 g/L 浓度的 KOH 促进剂对回收的影响，总共 18 个反应条件。在第一、二阶段的研究基础上，第三阶段优选两种电流（20 mA 和 40 mA），2%NaCl 浓度和 1 g/L KOH 浓度的条件，将反应温度提升到 40℃、60℃和 75℃，研究温度对回收的影响，总共 6 个反应条件。

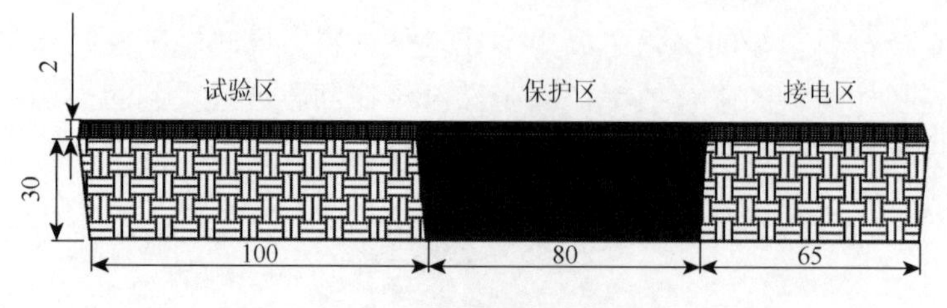

图 5-2　CFRP 回收试件（单位：mm）

表 5-1　实验试件分组及参数[36]

系列	实验组	试件编号	电流 I/mA	电流密度 i/(mA/m^2)	NaCl 浓度 S/%	KOH 浓度/(g/L)	温度/℃
1	I20	I20S0.5	20.0	333.3	0.5	—	25
		I20S1	20.0	333.3	1.0	—	25
		I20S2	20.0	333.3	2.0	—	25
		I20S3	20.0	333.3	3.0	—	25
	I40	I40S0.5	40.0	666.7	0.5	—	25
		I40S1	40.0	666.7	1.0	—	25
		I40S2	40.0	666.7	2.0	—	25
		I40S3	40.0	666.7	3.0	—	25
	I62.5	I62.5S0.5	62.5	1041.7	0.5	—	25
		I62.5S1	62.5	1041.7	1.0	—	25
		I62.5S2	62.5	1041.7	2.0	—	25
		I62.5S3	62.5	1041.7	3.0	—	25
	I78.1	I78.1S0.5	78.1	1320.1	0.5	—	25
		I78.1S1	78.1	1320.1	1.0	—	25
		I78.1S2	78.1	1320.1	2.0	—	25
		I78.1S3	78.1	1320.1	3.0	—	25
	I104.2	I104.2S0.5	104.2	1736.2	0.5	—	25
		I104.2S1	104.2	1736.2	1.0	—	25
		I104.2S2	104.2	1736.2	2.0	—	25
		I104.2S3	104.2	1736.2	3.0	—	25
	I156.3	I156.3S0.5	156.3	2604.2	0.5	—	25
		I156.3S1	156.3	2604.2	1.0	—	25
		I156.3S2	156.3	2604.2	2.0	—	25
		I156.3S3	156.3	2604.2	3.0	—	25

续表

系列	实验组	试件编号	电流 I/mA	电流密度 i/(mA/m^2)	NaCl 浓度 S/%	KOH 浓度/(g/L)	温度/℃
2	I20	I20S1K0.5	20.0	333.3	1.0	0.5	25
		I20S1K1	20.0	333.3	1.0	1.0	25
		I20S1K1.5	20.0	333.3	1.0	1.5	25
		I20S2K0.5	20.0	333.3	2.0	0.5	25
		I20S2K1	20.0	333.3	2.0	1.0	25
		I20S2K1.5	20.0	333.3	2.0	1.5	25
		I20S3K0.5	20.0	333.3	3.0	0.5	25
		I20S3K1	20.0	333.3	3.0	1.0	25
		I20S3K1.5	20.0	333.3	3.0	1.5	25
	I40	I40S1K0.5	40.0	666.7	1.0	0.5	25
		I40S1K1	40.0	666.7	1.0	1.0	25
		I40S1K1.5	40.0	666.7	1.0	1.5	25
		I40S2K0.5	40.0	666.7	2.0	0.5	25
		I40S2K1	40.0	666.7	2.0	1.0	25
		I40S2K1.5	40.0	666.7	2.0	1.5	25
		I40S3K0.5	40.0	666.7	3.0	0.5	25
		I40S3K1	40.0	666.7	3.0	1.0	25
		I40S3K1.5	40.0	666.7	3.0	1.5	25
3	I20	I20S2K1T40	20.0	333.3	2.0	1.0	40
		I20S2K1T60	20.0	333.3	2.0	1.0	60
		I20S2K1T75	20.0	333.3	2.0	1.0	75
	I40	I40S2K1T40	40.0	666.7	2.0	1.0	40
		I40S2K1T60	40.0	666.7	2.0	1.0	60
		I40S2K1T75	40.0	666.7	2.0	1.0	75

5.2.2 回收过程 CFRP 试件的电压

在回收过程中，第一阶段［图 5-3（a）］的大电流组（I78.1、I104.2 和 I156.3）试件电压波动非常大，从反应初期的 4～5 V 蹿升到 7～9 V；而小电流组（I20、I40 和 I62.5）试件电压更小且较稳定，回收结束时，试件电压均小于 4.8 V；原因是在 EHD 回收过程，CFRP 发生氧化劣化，造成电阻值增大，根据欧姆定律，在电流恒定情况下，电阻增大必然导致电压增大。应用大电流造成 CFRP 中的碳纤维氧化更严重，因此试件电压大幅度上升。采用小电流不仅能够减少碳纤维的氧化劣化，还有利于降低能耗。在第二阶段［图 5-3（b）］，KOH 促进剂提高了环氧树脂降解效率，使碳纤维很快从环氧树脂被释放到电解液中，得益于碳纤维良好的导电性能，试件电阻变小，因此试件电压增幅非常小，基本稳定在 2.8～3.8 V。从图中可以看到，NaCl 浓度对电压有一定影响，当 NaCl 浓度为 2%时，试件电压取得最小值，能耗非常低。在第三阶段［图 5-3（c）］，提升温度后，环氧树脂的降解速度进一步提高，碳纤维更快释放到电解液中，并且受到的氧化更少，电阻非常小，试件的电压几乎没有增幅，非常稳定地维持在 2.5～3.1 V，电能消耗进一步降低。

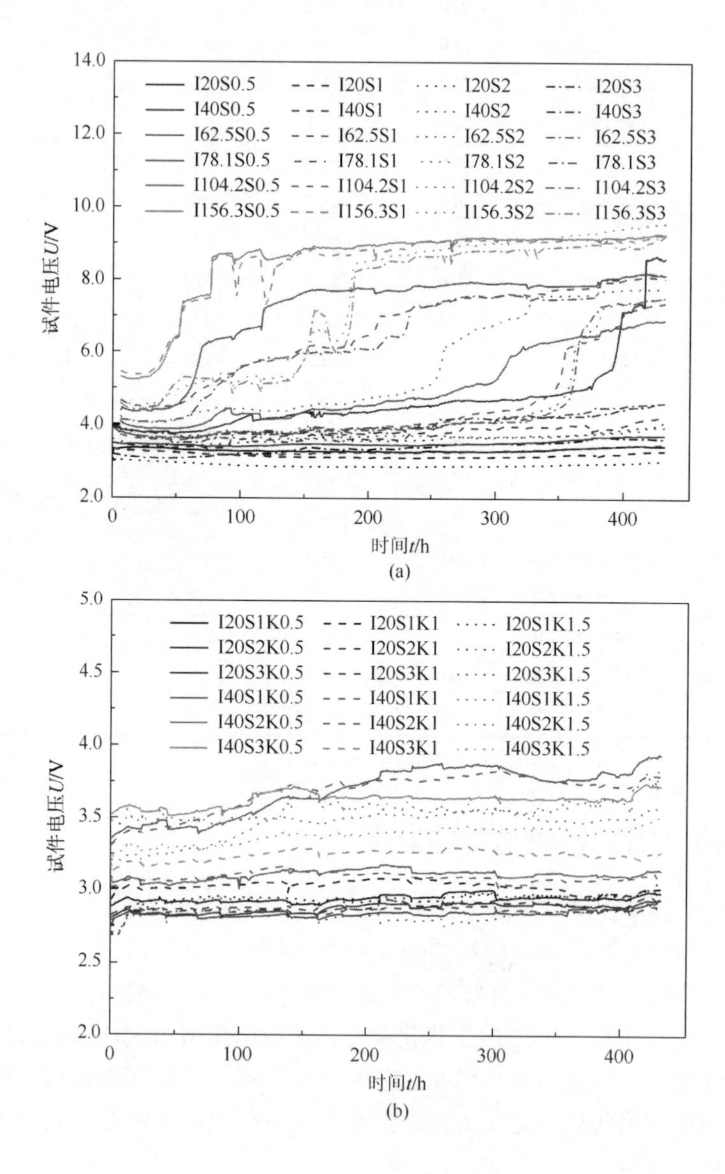

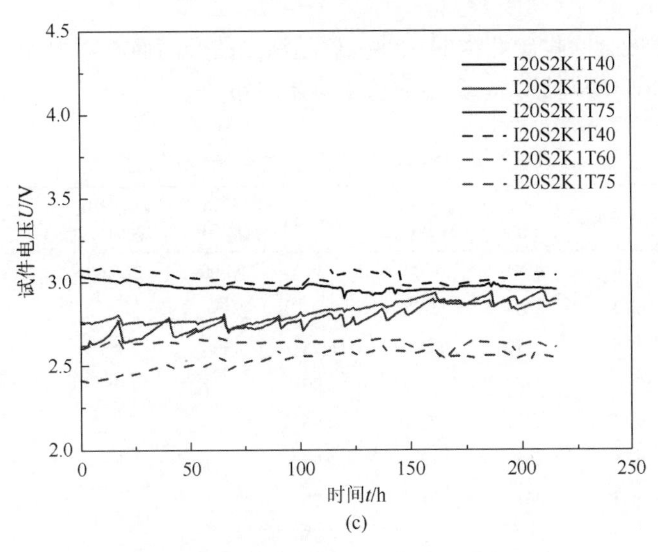

(c)

图 5-3　回收过程试件电压（后附彩图）

5.2.3 CFRP 回收碳纤维的拉伸强度

表 5-2 和图 5-4 展示了不同反应条件下回收碳纤维的单丝拉伸强度。总的来说，第一阶段回收碳纤维拉伸强度偏低且呈现明显的电流关联性，I40 和 I20 系列的拉伸强度保留值基本维持在 70%～80%，I62.5 系列拉伸强度保留值仅在 51.41%～55.2%，表明碳纤维在回收过程受到氧化劣化，应用电流越大劣化越严重，从回收碳纤维的直径减小和试件电压上升情况可以得到佐证。长时间负载大电流，会损坏碳纤维的整体结构，可能造成去石墨化或碳化，因而回收碳纤维拉伸强度随电流增大呈现明显的逐级下降，并且大电流组（I78.1、I104.2 和 I156.3）因为碳纤维劣化程度太严重导致未能回收到碳纤维，所以在 EHD 回收中建议应用电流应低于 I62.5（电流密度 10.4 A/m^2）。

在第二阶段，回收碳纤维的拉伸强度随着 KOH 浓度的增加而不断下降。仅保持在碳纤维原丝（virgin carbon fiber，vCF）的 57.32%～73.82%，比第一阶段还低。推测是因为 KOH 加速了环氧树脂的降解，使碳纤维很快从环氧树脂中分离出来，暴露在电解液中。一方面在弱碱环境下，碳纤维会受到轻微的腐蚀作用；另一方面离子半径很小的 OH^-，在回收过程插入到纤维表面与石墨层中间，即所谓的离子插层作用，导致碳纤维皮层膨胀，造成碳纤维表皮发生剥落，横截面积减少，在受力时，碳纤维总拉伸强度下降。

第三阶段，反应温度提升至 40℃及以上时，进一步加快了环氧树脂的降解速度，碳纤维很快和树脂分离，因而回收时间缩短为室温条件下的 1/2，减少了碳纤维受到的电化学劣化和碱作用，回收碳纤维的拉伸强度大幅度上升，为 vCF 的

79.85%～89.83%。回收碳纤维的拉伸强度随温度的升高而不断增加［图 5-4（c）］。在 25～40℃区间增幅最大，到后面增量逐步减小。

表 5-2　回收碳纤维力学性能与表面信息

试件	除脂率/%	拉伸强度/MPa	拉伸强度保留值/%	直径/μm	剪切强度/MPa	剪切强度保留值/%	失效模式	平均粗糙度/nm
vCF	—	4641	100.00	7.00	31.00	100.00	DB	201
I20S0.5	68.3	2634	56.76	6.97	—	—	—	—
I20S1	89.6	3472	74.81	6.95	—	—	—	—
I20S2	95.8	3768	81.19	6.96	—	—	—	—
I20S3	90.4	3488	75.16	6.96	—	—	—	—
I40S0.5	67.1	2583	55.66	6.96	—	—	—	—
I40S1	89.3	3417	73.63	6.95	—	—	—	—
I40S2	93.7	3693	79.57	6.95	—	—	—	—
I40S3	89.8	3458	74.51	6.95	—	—	—	—
I62.5S0.5	63.3	2386	51.41	7.12	—	—	—	—
I62.5S1	65.5	2471	53.24	6.97	—	—	—	—
I62.5S2	68.5	2562	55.20	6.92	—	—	—	—
I62.5S3	66.1	2509	54.06	6.94	—	—	—	—
I20S1K0.5	99.7	3399	73.24	6.93	29.69	95.77	CB	195
I20S1K1	99.6	3165	68.20	6.91	33.48	108.00	DB	214
I20S1K1.5	100.0	2952	63.61	6.85	32.76	105.68	DB	205
I20S2K0.5	99.8	3426	73.82	6.94	29.50	95.16	CB	196
I20S2K1	99.7	3310	71.32	6.90	37.43	120.74	DB	219
I20S2K1.5	99.5	3021	65.09	6.87	33.06	106.65	DB	213
I20S3K0.5	99.9	3413	73.54	6.93	28.83	93.00	CB	193
I20S3K1	99.7	3198	68.91	6.92	34.06	109.87	DB	209
I20S3K1.5	99.6	2966	63.91	6.86	33.65	108.55	DB	203
I40S1K0.5	99.7	3357	72.33	6.87	—	—	—	—
I40S1K1	99.6	2980	64.21	6.85	—	—	—	—
I40S1K1.5	99.6	2666	57.44	6.81	—	—	—	—
I40S2K0.5	99.4	3365	72.51	6.88	27.00	87.11	CB	185
I40S2K1	99.8	2776	59.81	6.84	28.08	90.57	DB	199
I40S2K1.5	99.6	2735	58.93	6.82	24.70	79.69	CB	175
I40S3K0.5	99.5	3348	72.14	6.87	26.53	85.58	CB	189
I40S3K1	99.8	2910	62.70	6.85	28.33	91.39	DB	197
I40S3K1.5	99.3	2660	57.32	6.82	25.20	81.29	CB	178
I20S2K1T40	99.5	3774	81.32	7.00	25.42	82.00	CB	190
I20S2K1T60	99.9	4068	87.65	6.99	33.59	108.35	DB	203

续表

试件	除脂率/%	拉伸强度/MPa	拉伸强度保留值/%	直径/μm	剪切强度/MPa	剪切强度保留值/%	失效模式	平均粗糙度/nm
I20S2K1T75	99.8	4077	87.85	6.98	33.72	108.77	DB	208
I40S2K1T40	99.3	3706	79.85	7.00	24.61	79.39	CB	195
I40S2K1T60	99.4	4147	89.36	7.00	29.84	96.26	DB	199
I40S2K1T75	99.7	4169	89.83	6.99	35.79	115.45	DB	211

注：①DB 为环氧树脂层剥离破坏失效模式；

②CB 为碳纤维与环氧树脂界面剥离破坏失效模式。

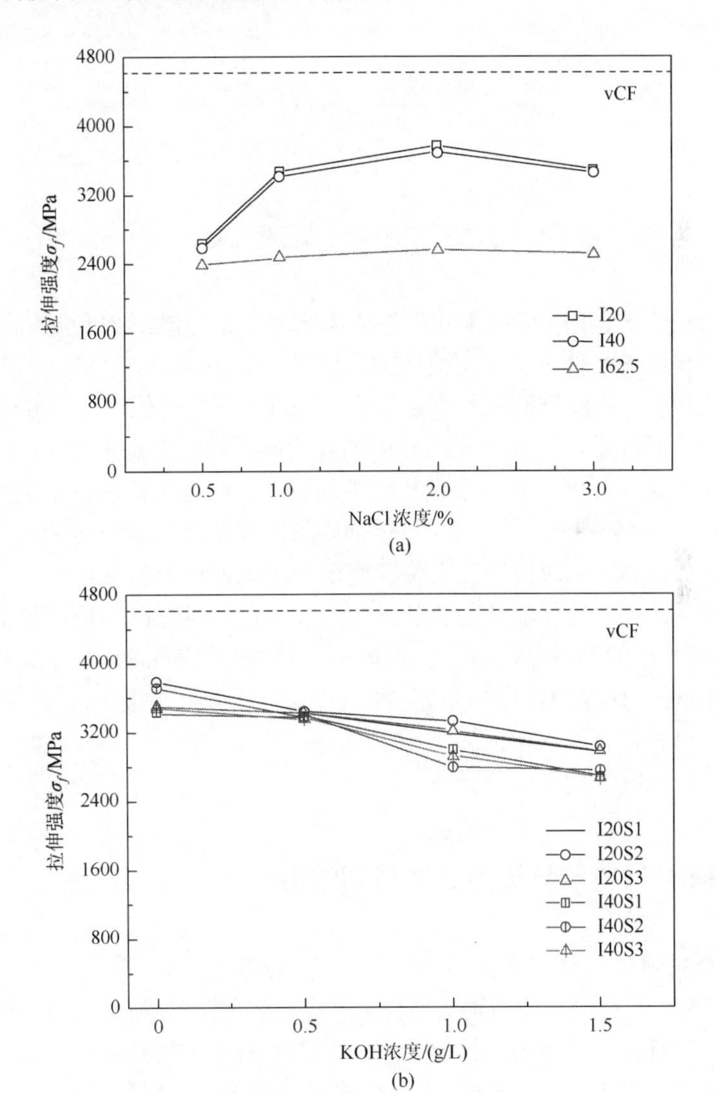

(a)

(b)

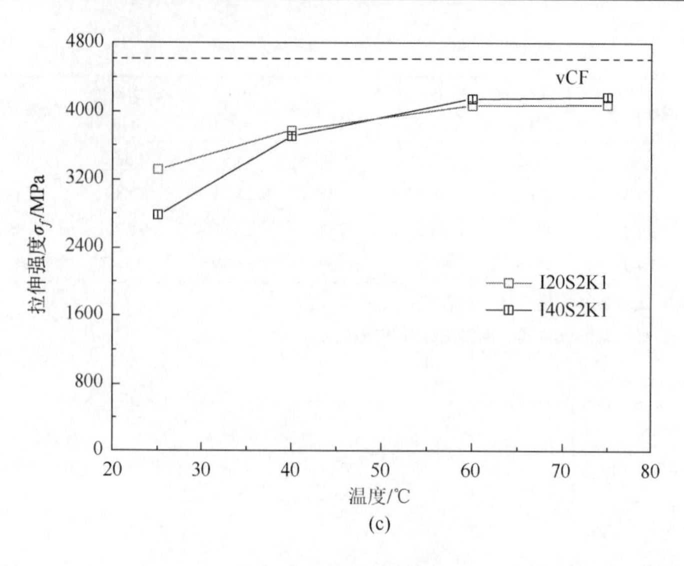

(c)

图 5-4　回收碳纤维拉伸强度

在机械回收过程中，碳纤维和环氧树脂难以完全分离，碳纤维的除脂率很低，而且回收碳纤维的拉伸强度保留值通常很低（vCF 的 50%～65%）[9, 16]。此外，受限于回收效果，回收碳纤维长度必须小于 10 mm。热分解法在 400～600℃下密闭容器中回收碳纤维，可以回收到除脂率高的碳纤维，但是表面会产生积碳，降低剪切强度和拉伸强度，并且带来热集中问题，力学性能离散性很大，碳纤维拉伸强度一般在 50%～85%[10, 22]。通过溶剂降解回收法回收碳纤维[26, 31, 35, 37]，可以获得干净的碳纤维，同时拉伸强度保留值很高（vCF 的 85%～98%）。但是通常需要强酸、强碱或有毒的化学试剂和复杂的处理过程，利用超/亚临界流体回收则需要高温（250～410℃）高压（4～27 MPa），苛刻的反应条件增加了处理难度和对设备的要求。在本研究中，EHD 回收方法可以在常压条件下进行，试件 I40S2K1T75 的回收碳纤维拉伸强度保留值达到 vCF 的 89.83%，高于机械回收法、热分解法，接近溶剂降解回收法的中位值。

5.2.4　CFRP 回收碳纤维的界面剪切性能

在复合材料中，碳纤维和环氧树脂之间的界面剪切强度（interfacial shear strength，IFSS）是将力作用传递到碳纤维，进而利用碳纤维优异拉伸性能的基础，因此是回收碳纤维的关键力学性能之一，在本研究中采用微滴包埋试验对其进行表征。结果示于表 5-2 和图 5-5，失效模式示于图 5-6。在第二阶段，回收碳纤维的剪切强度变化与 KOH 浓度密切相关，当 KOH 在较低浓度（0.5 g/L）时，IFSS

略低于 vCF（85.58%～95.77%）；当 KOH 浓度增加到 1.0 g/L 时，IFSS 大幅度增加到 vCF 的 90.57%～120.74%；KOH 浓度继续增加到 1.5 g/L 时，IFSS 尚高达 vCF 的 79.69%～108.55%（此处应该注意 I40 系列的特殊性），表明在 EHD 回收中 KOH 对回收碳纤维 IFSS 有增强作用，应该归因于对碳纤维表面形貌及官能团的优化。此外，回收碳纤维 IFSS 呈现明显的电流差异性，I20 系列 IFSS 为 93%～120.74%，除了 KOH 浓度在 0.5 g/L 时稍低于 vCF，其余试件均远高于 vCF；I40 系列 IFSS 为 vCF 的 81.29%～91.39%；表明应用电流对回收碳纤维的 IFSS 具有重要影响，通过将应用电流控制在适当水平，可以明显增强回收碳纤维的 IFSS，起到表面改性作用。

在第三阶段，反应温度提高到 40℃时，IFSS 突然下降到 82%和 79.3%，失效模式均为 CB；温度上升到 60℃以上时，IFSS 很快跃升，I20S2K1T60 与 I40S2K1T60 剪切强度分别达到 vCF 的 108.35%和 96.26%，破坏界面发生在环氧树脂层，失效模式都是 DB，I20S2K1T60 破坏断面黏附有细长针状的树脂；当温度继续上升到 70℃时，剪切强度进一步增大，I20S2K1 和 I40S2K1 的分别达到 vCF 的 108.77%和 115.45%，剥离模式都是 DB［图 5-6（i）和图 5-6（m）］，环氧树脂层的破坏界面为棱状和凹凸状，破坏表面积很大，特别是 I40S2K1 呈现破碎性剥离趋势，失效时强大的作用力使微滴内部破裂；以上数据表明，由于反应时间缩短为室温条件下的 1/2，电化学氧化刻蚀程度迅速减弱（40℃），当温度继续上升后，碳纤维表面的氧化刻蚀得到加强，比表面积和粗糙度都变大，碳纤维的浸润性得到改善，界面的机械咬合效应增强，形成所谓的锚定作用，因而碳纤维界面剪切强度不断增大，并且破坏模式更加理想。

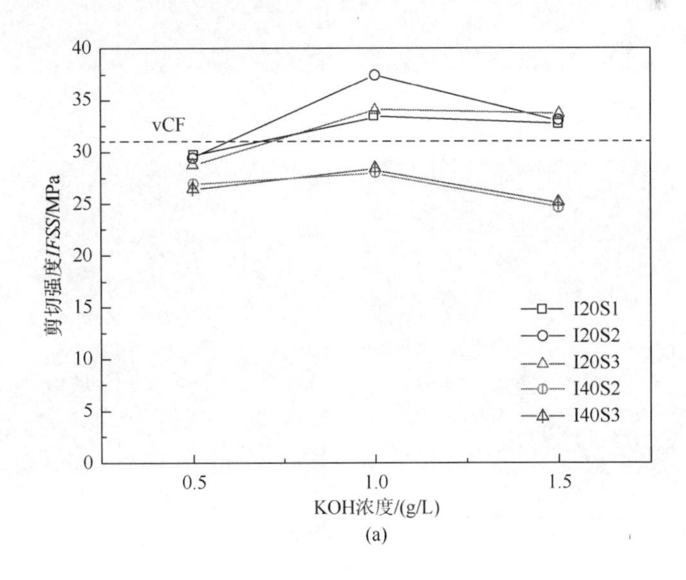

(a)

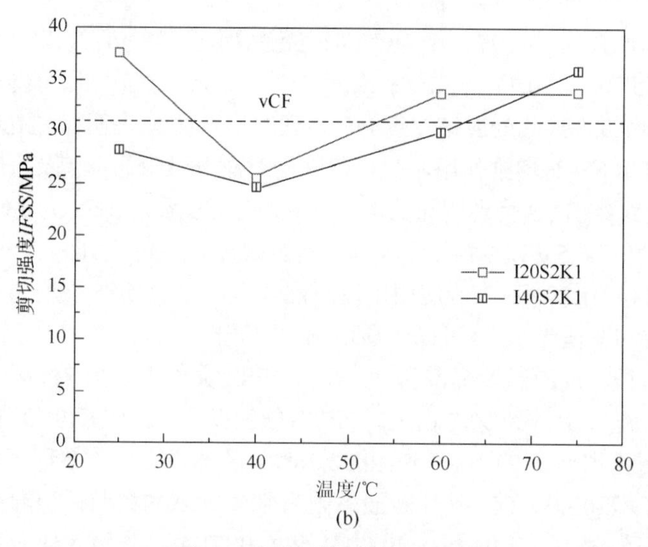

(b)

图 5-5　回收碳纤维剪切强度

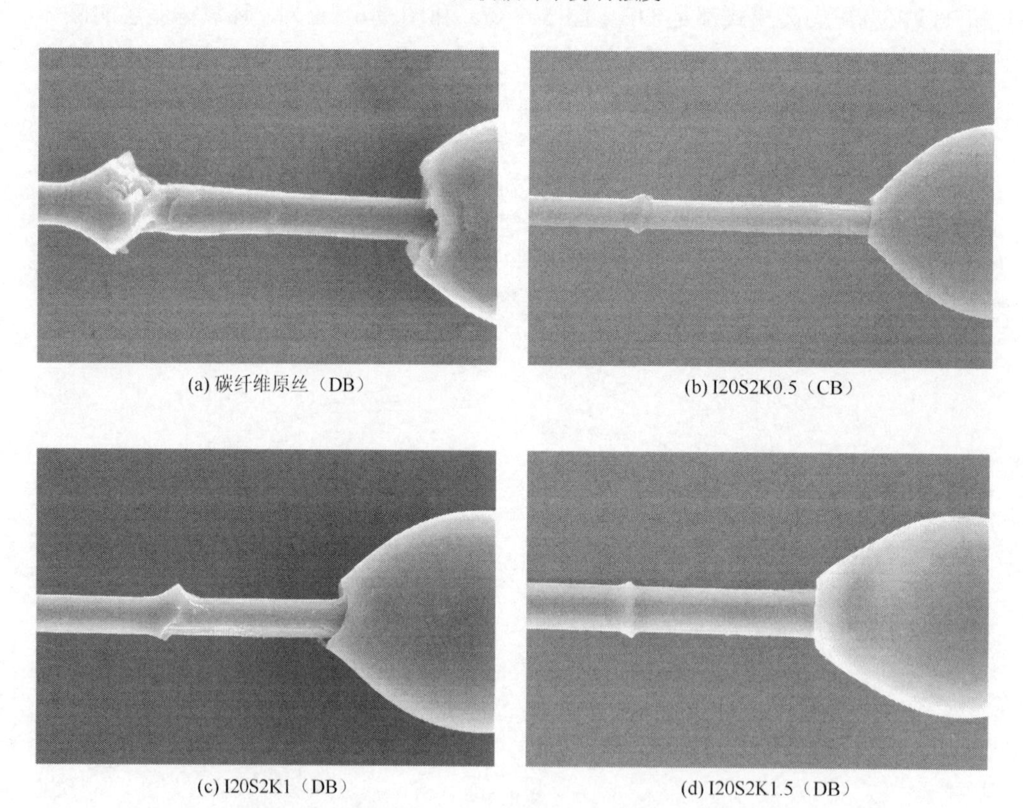

(a) 碳纤维原丝（DB）　(b) I20S2K0.5（CB）

(c) I20S2K1（DB）　(d) I20S2K1.5（DB）

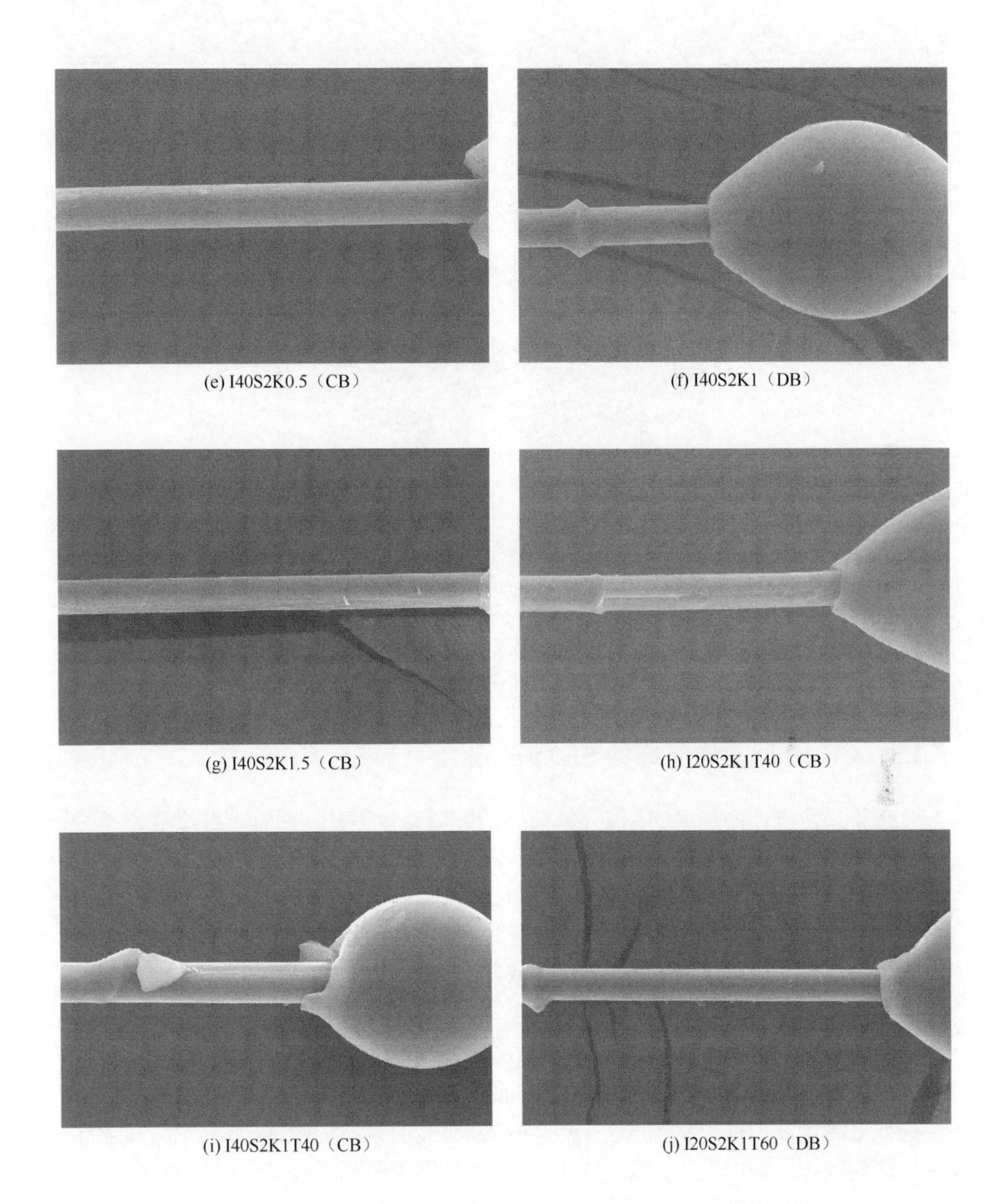

(e) I40S2K0.5（CB）　　(f) I40S2K1（DB）

(g) I40S2K1.5（CB）　　(h) I20S2K1T40（CB）

(i) I40S2K1T40（CB）　　(j) I20S2K1T60（DB）

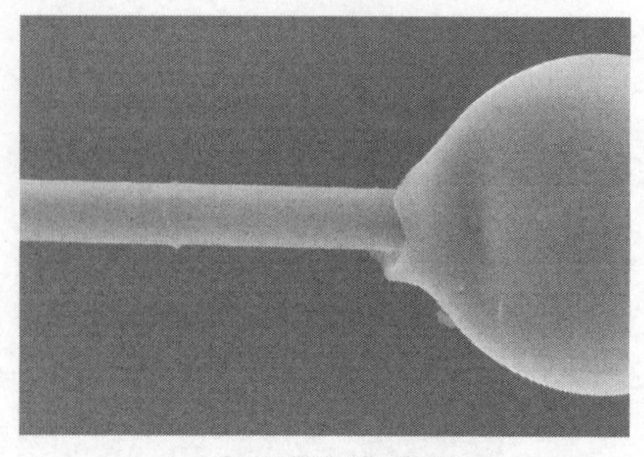

(k) I40S2K1T60（DB）

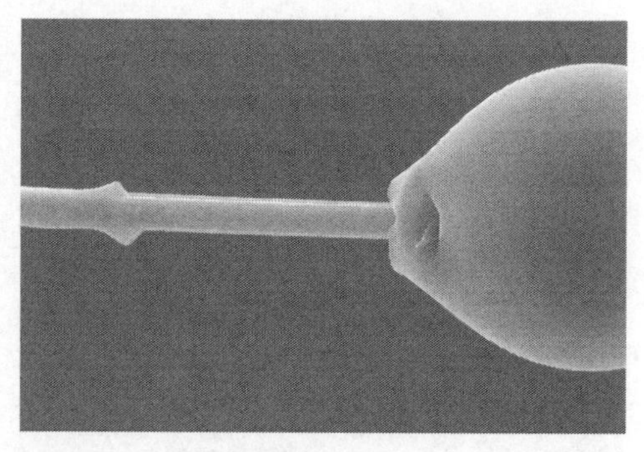

(l) I20S2K1T75（DB）

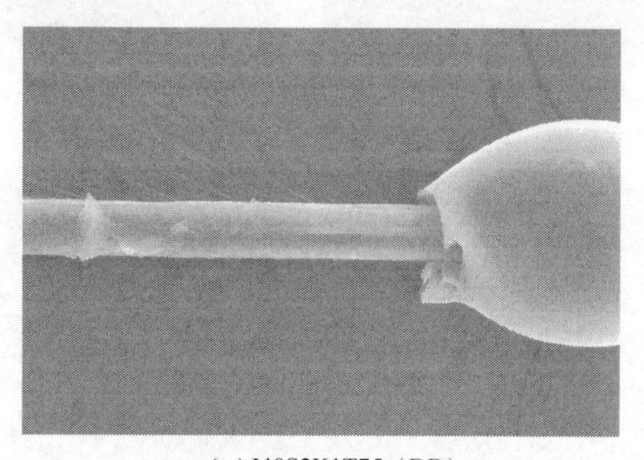

(m) I40S2K1T75（DB）

图 5-6　剪切失效模式

5.2.5　CFRP 回收碳纤维的 SEM 形貌

在第二阶段，添加 KOH 使环氧树脂的降解有效提升，回收碳纤维非常干净，所有环氧树脂均被完全除去（图 5-7）。不同 KOH 浓度的回收碳纤维在形貌方面有比较大的差异，当 KOH 浓度为 0.5 g/L 时，见图 5-7（a，b），碳纤维表面比较光滑平整，纵向沟槽结构不显现，碳纤维表面受到的氧化程度非常轻微，碳纤维本体并未损伤，所以碳纤维的拉伸强度对比未添加 KOH 的试件，仅有微弱下降。随着 KOH 浓度的增加，碳纤维受到氧化刻蚀、OH^-离子插层作用等程度加剧，碳纤维表面观察到纵向沟槽结构，见图 5-7（c～f）。I40 系列试件受到的损伤作用更严重，I40S2K1 和 I40S2K1.5 碳纤维表面可以看到裂纹的存在，因此对这两个试件进行更高倍数扫描。从图 5-7（g）观察到明显的纵向沟槽结构，小部分碳纤维表皮被刻蚀掉，截面变小；图 5-7（h）中碳纤维表面已经被氧化作用所磨平，并形成了凹坑和裂纹缺陷；当进行拉伸强度测试时，小截面和凹坑裂纹处形成应力集中，造成断裂破坏。因此，被严重氧化刻蚀的 I40S2K1 和 I40S2K1.5 拉伸强度大幅度下降，仅达到碳纤维原丝强度的 59.81%和 58.93%。

在第三阶段，反应温度上升到 40℃时，尽管碳纤维表面可以看到极少量微小的环氧树脂颗粒，但碳纤维整体仍很干净，没有诸如裂纹或凹坑之类的物理缺陷。当温度继续上升至 60℃和 75℃时，碳纤维表面上完全观察不到环氧树脂，而且没有可见的物理缺陷。在此阶段，回收时间缩短为室温下的 1/2，碳纤维暴露于电解质的时间更短，意味着电化学氧化蚀刻、OH^-离子插层作用和碱腐蚀等对回收碳纤维的破坏更小，回收碳纤维保持了更加完整的结构，因此回收碳纤维拉伸强度更高。

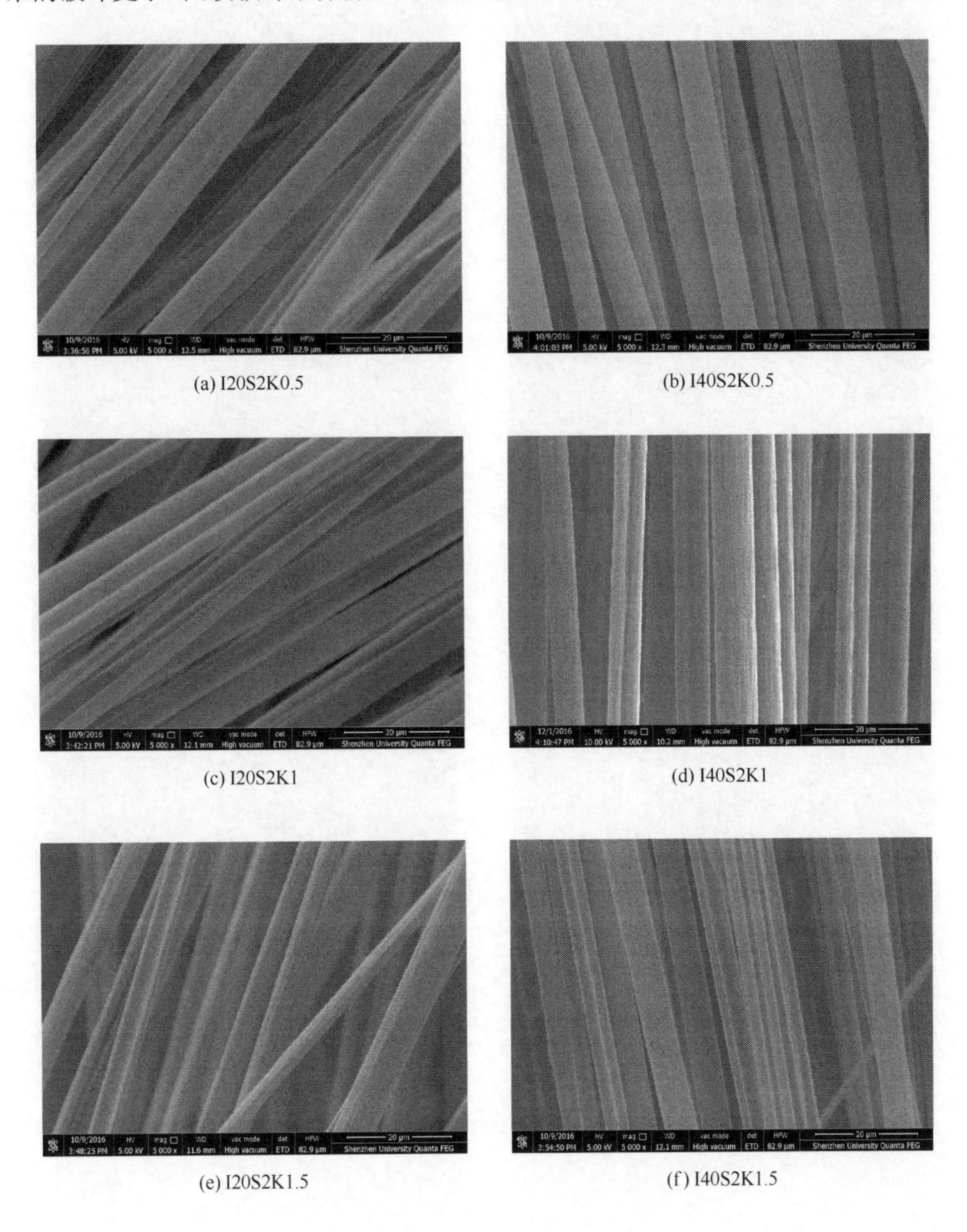

(a) I20S2K0.5　　(b) I40S2K0.5

(c) I20S2K1　　(d) I40S2K1

(e) I20S2K1.5　　(f) I40S2K1.5

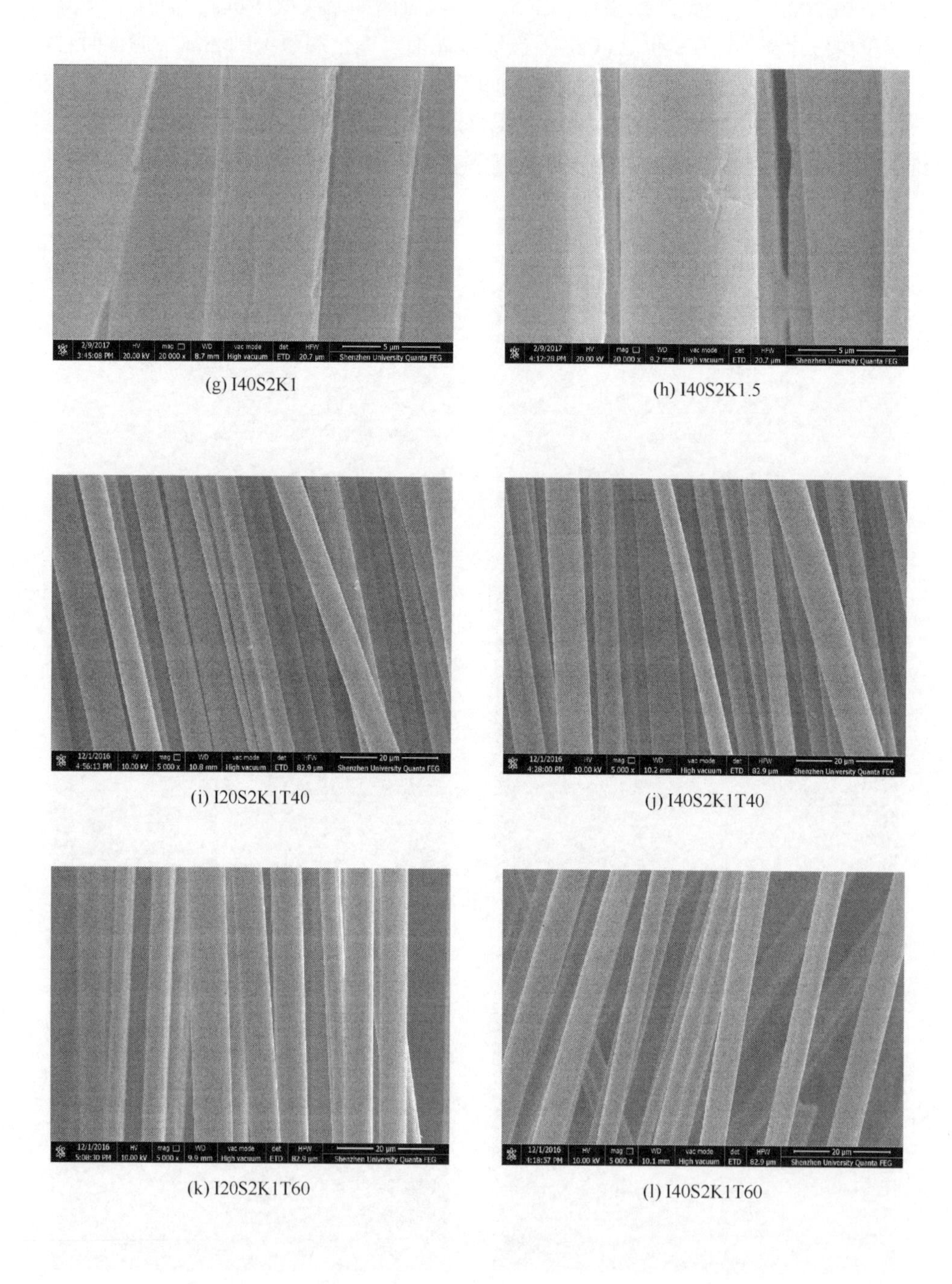

(g) I40S2K1

(h) I40S2K1.5

(i) I20S2K1T40

(j) I40S2K1T40

(k) I20S2K1T60

(l) I40S2K1T60

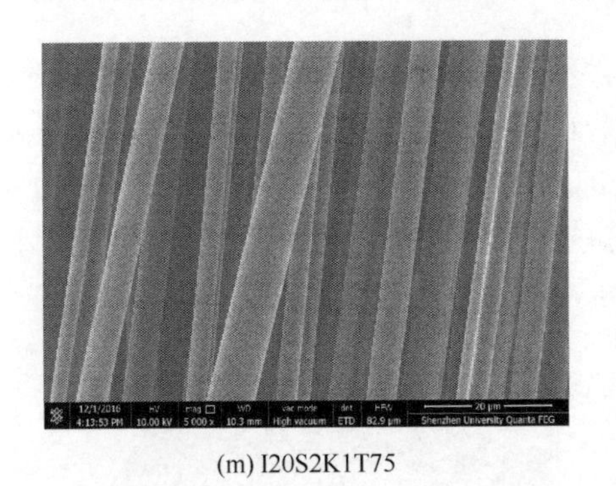

(m) I20S2K1T75

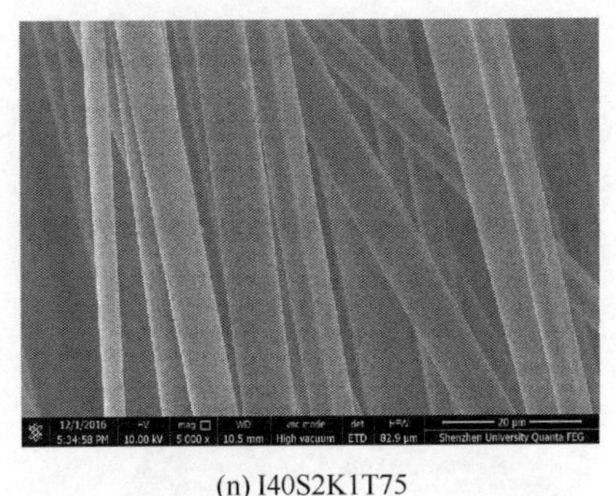

(n) I40S2K1T75

图 5-7　回收碳纤维 SEM 图

5.2.6　CFRP 回收碳纤维的 AFM 形貌与粗糙度

回收碳纤维的表面形貌和粗糙度是影响碳纤维和环氧树脂黏结性能的重要因素，通过原子力显微镜（AFM）分析了回收碳纤维的表面结构，并计算其表面粗糙度值 Ra。

从图 5-8 可以观察到，碳纤维原丝表面光滑平整，为规整的纵向沟槽结构，沟槽的宽度较大，尺寸约为 0.3 μm，粗糙度为 201 nm。当 KOH 浓度为 0.5 g/L 时［图 5-8（c，d）］；电化学氧化刻蚀程度较低，碳纤维仍然保持着明显的纵向沟槽结构，并且沟槽宽度加大；离子同时发生轻微的 OH^- 离子插层反应，造成了碳纤维表面有少量的表皮膨胀凸起；因此计算得到的粗糙度比 vCF 有轻微下降，Ra 为 195 nm，造成碳纤维的界面剪切强度有微弱下降。当 KOH 浓度增加到 1 g/L 时，纵向沟槽结构宽度变小，粗糙度提高，Ra 为 219 nm，这些小宽度沟槽不但加大了碳纤维与树脂的机械咬合作用，而且大幅增大了比表面积，改善碳纤维与环氧树脂的浸润性能，因此 I20S2K1 的界面剪切强度达到 37.43 MPa，为 vCF 的 120.74%。随着 KOH 浓度继续增加到 1.5 g/L 时，电解液中的 OH^- 浓度加大，碳纤维遭受的氧化作用和 OH^- 离子插层作用程度增强，表皮膨胀凸起加剧，碳纤维表面纵向沟槽变小、变浅，凸起结构增多，Ra 为 213 nm，这些凸起结构的尺寸大约在几十纳米到几百纳米范围内，增强了碳纤维与环氧树脂界面间的比表面积和机械咬合作用，因而碳纤维的界面剪切强度达到碳纤维原丝的 106.65%。I40 系列回收碳纤维形貌与 I20 对应试件类似，但相比之下沟槽结构深度较浅，凸起结构稍少，所以 Ra 低于 I20 系列对应试件，碳纤维界面剪切强度较低；原因可能是较大电流作用下（40 mA），电流的尖端效应[38]更加明显，使得碳纤维沟槽结构中凸起部分的电流密度大于凹槽结构部分，造成凸起部分的电化学氧化程度过高而使其被磨平，导致碳纤维表面整体纵向沟槽和凸起结构更为浅平。

在第三阶段，由于回收时间缩短，碳纤维表面形貌发育不完全，沟槽和凸起结构均不明显，随着温度逐渐升高，回收碳纤维表面形貌不断改善，凸起结构变得多而细，粗糙度增大（190～211 nm），因此剪切强度亦随之不断增强（79.39%～115.45%）；表明温度升高能够提升碳纤维表面刻蚀和 OH^-离子插层作用，微小凸起结构发育充分，改善界面黏结性能，提高碳纤维的界面剪切强度。

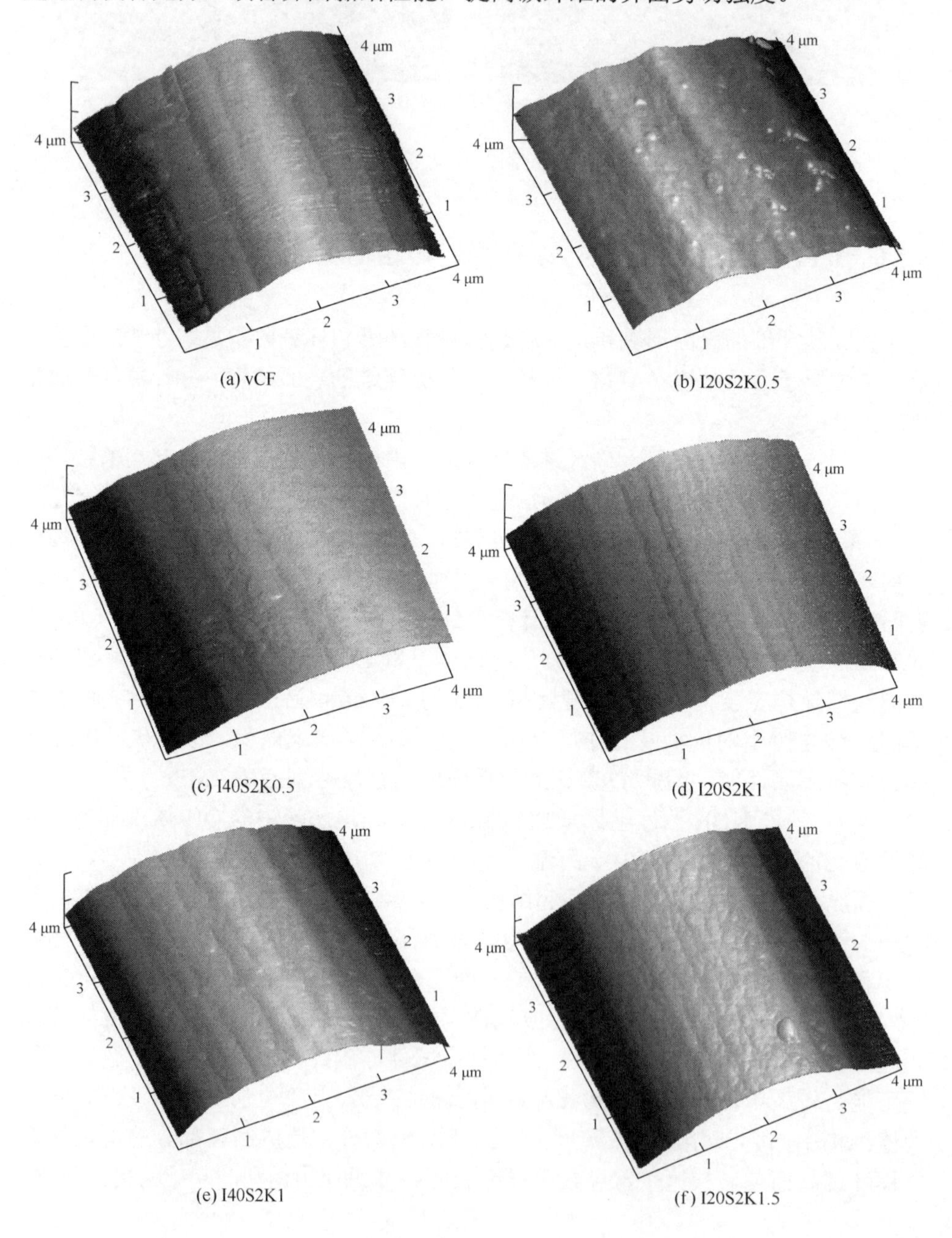

(a) vCF　(b) I20S2K0.5

(c) I40S2K0.5　(d) I20S2K1

(e) I40S2K1　(f) I20S2K1.5

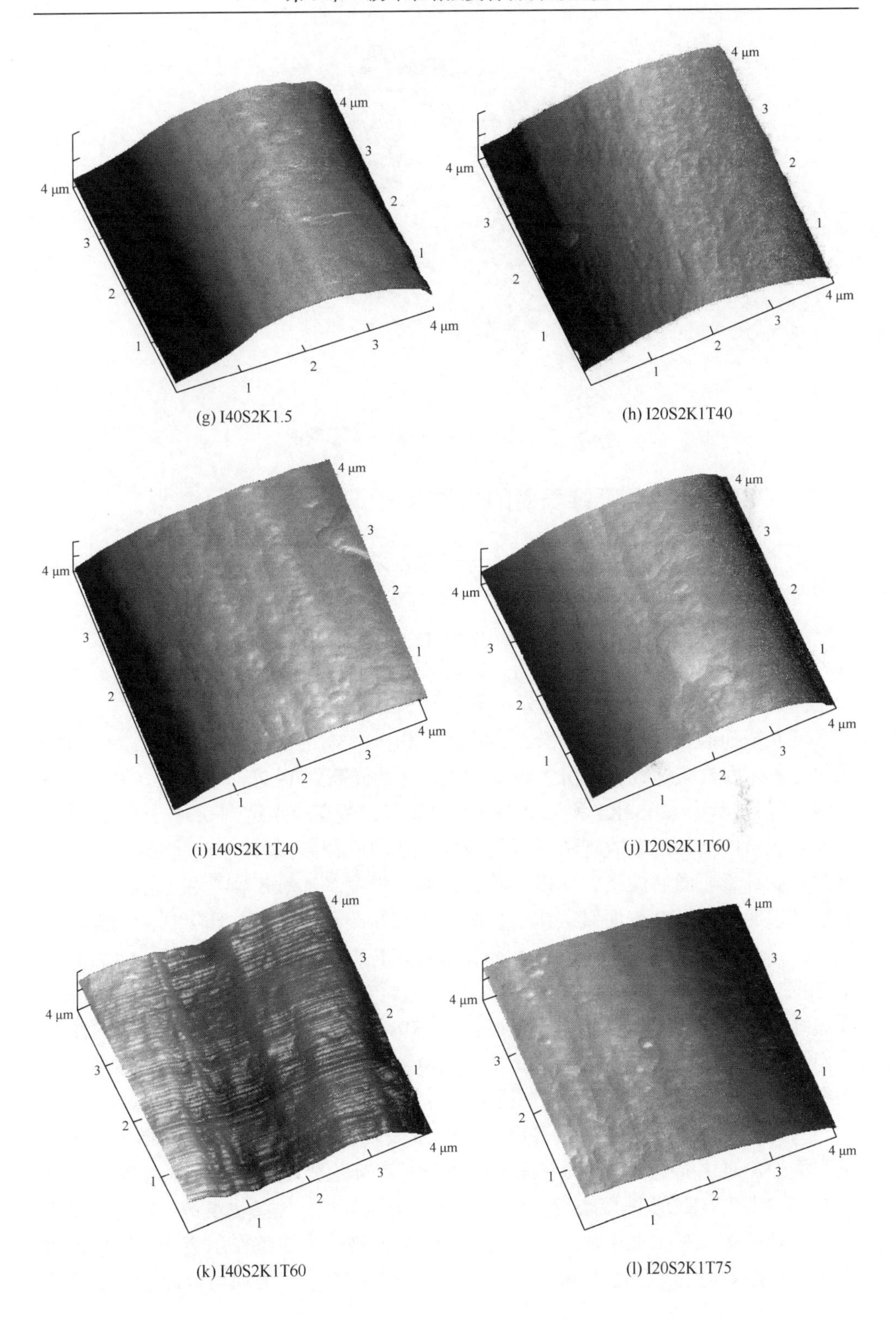

(g) I40S2K1.5　　(h) I20S2K1T40

(i) I40S2K1T40　　(j) I20S2K1T60

(k) I40S2K1T60　　(l) I20S2K1T75

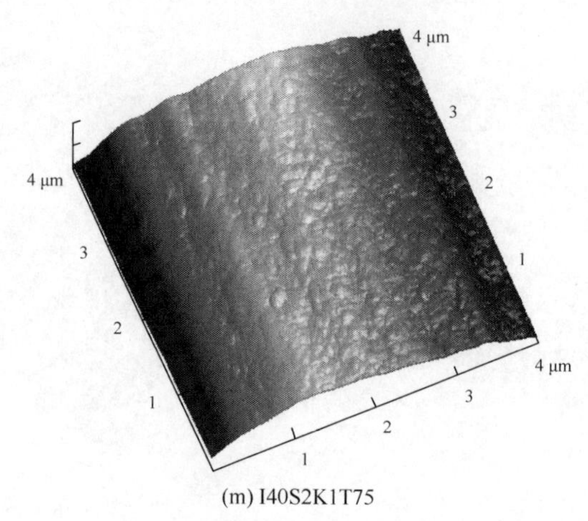

(m) I40S2K1T75

图 5-8 回收碳纤维 AFM 三维形貌图

5.2.7 CFRP 回收碳纤维表面的化学组分

为了获取回收碳纤维表面化学组分信息，采用 X 射线光电子能谱（XPS）研究碳纤维表面的元素和官能团，对 vCF 和回收碳纤维进行全光谱［图 5-9（a、c、e 和 g)］和 C 1 s 光谱［图 5-9（b、d、f 和 h)］扫描。获取 5 个峰信息：2 个主峰 C（284.6 eV）和 O（532.0 eV），3 个次峰 Si（99.5 eV），Cl（199.8 eV）和 N（399.5 eV）。光谱图和元素含量分别示于图 5-9 和表 5-3。

vCF 表面碳含量和氧含量分别为 75.2%和 18.3%，氧碳比为 0.2434。在 EHD 回收过程，回收碳纤维表面引入较多的氧，含量提高到 19.7%～23.3%，氧碳比得到很大提升，其中 I20S2K1 和 I20S2K1.5 的氧碳比最高分别达到 0.3187 和 0.3192。表面氧含量的增加能够改善碳纤维的表面活性，加强与环氧树脂的化学键合能力。因此，碳纤维表面活性增大能提高其界面剪切强度[39]；Yue 等[40]和 Severini 等[41]的研究表明，碳纤维表面氧碳比的提高可以明显改善碳纤维与环氧树脂的黏结性能。因此可以解释，回收碳纤维氧碳比大于 vCF 时，IFSS 几乎都高于 vCF，其中 I20S2K1 的氧碳比高达 0.3187，因此 IFSS 最高（120.74%）。值得注意的是，在回收碳纤维中，I20S2K0.5 的氮含量最高，为 3.1%，然后依次是 I40S2K1 和 I20S2K1，分别为 2.9%和 2.3%，I20S3K1.5 氮含量为 0.8%，I20S2K1 和 I20S2K1.5 的氮含量为零，对应试件的拉伸强度，可以推测氮含量越高的试件其拉伸强度越低。

对比 I20S2K0.5、I20S2K1 和 I20S2K1.5 发现，随着 KOH 浓度的增大，碳纤维表面的氧碳比随之增大，而氯元素的含量呈下降趋势，氮元素含量则从 3.1%降至 0，表明增大 KOH 浓度会增大碳纤维表面的氧含量，提高化学键合能力，改善界面剪切性能。对比 I20 和 I40 系列数据可以发现，大电流作用会造成较低的氧碳比，表面更高的氯含量和氮含量，不利于改善碳纤维界面剪切性能，并且会降低拉伸强度。在第三阶段，由于回收时间短，回收碳纤维引入的氧含量相比在室温下低，氧碳比为 0.2890～0.2961，与之对应剪切强度提升幅度较低。

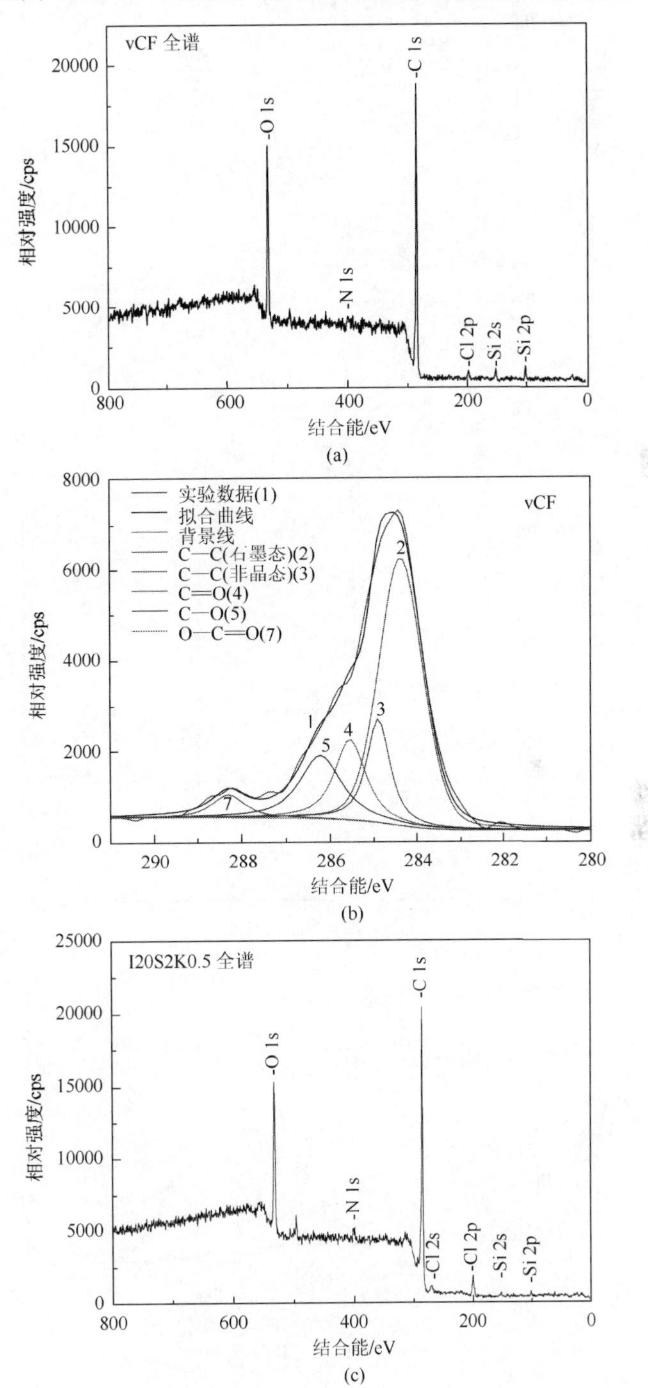

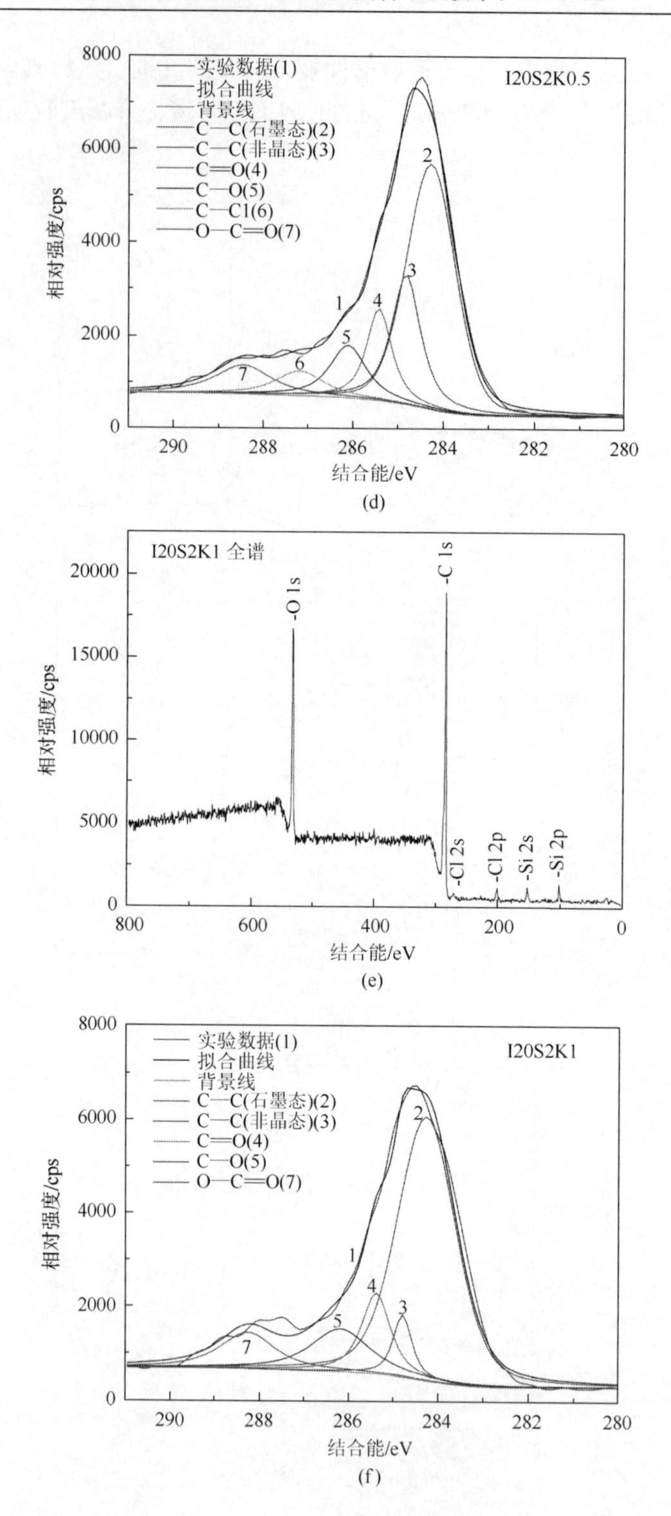

实验数据(1)
拟合曲线
背景线
C—C(石墨态)(2)
C—C(非晶态)(3)
C═O(4)
C—O(5)
C—Cl(6)
O—C═O(7)
I20S2K0.5
相对强度/cps
结合能/eV
I20S2K1 全谱
O 1s
C 1s
Cl 2s
Cl 2p
Si 2s
Si 2p
I20S2K1

(d)

(e)

(f)

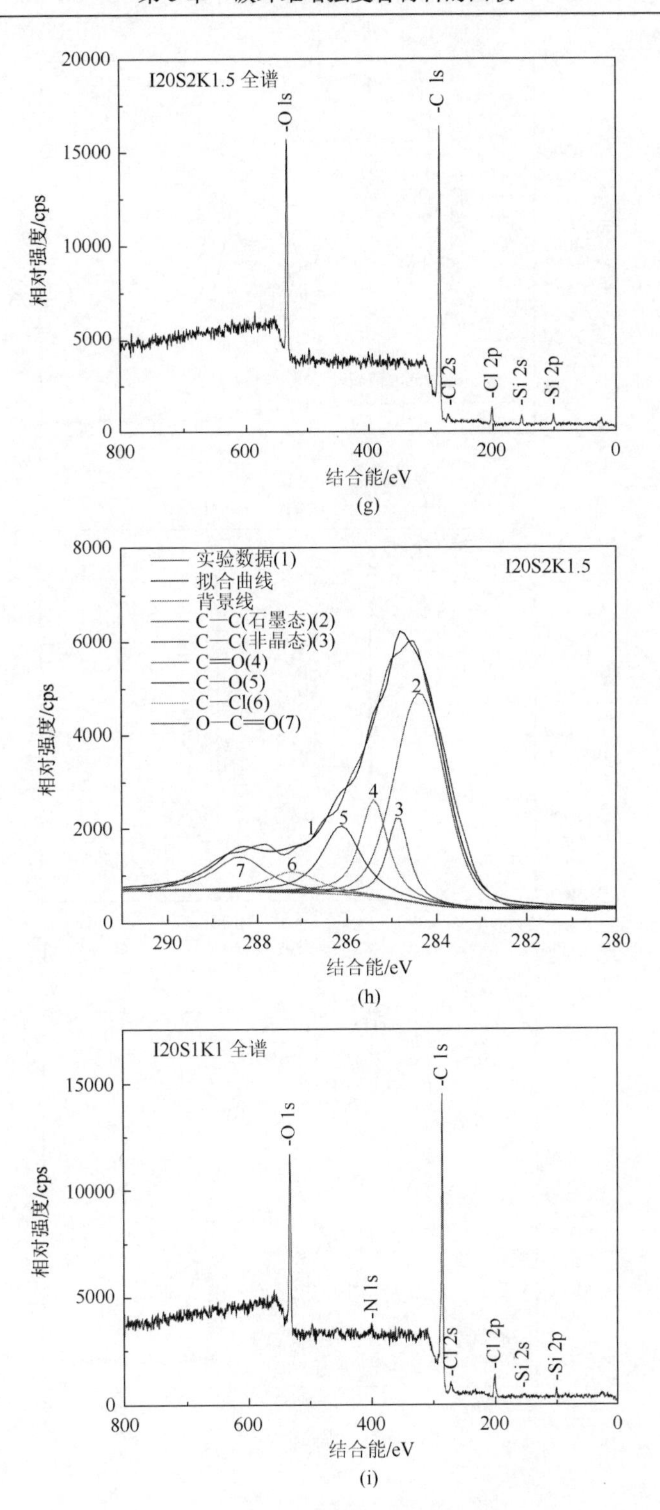
I20S2K1.5 全谱
-O 1s
-C 1s
-Cl 2s
-Cl 2p
-Si 2s
-Si 2p
相对强度/cps
结合能/eV
实验数据(1)
拟合曲线
背景线
C—C(石墨态)(2)
C—C(非晶态)(3)
C═O(4)
C—O(5)
C—Cl(6)
O—C═O(7)
I20S2K1.5
I20S1K1 全谱
-N 1s
(g)

(h)

(i)

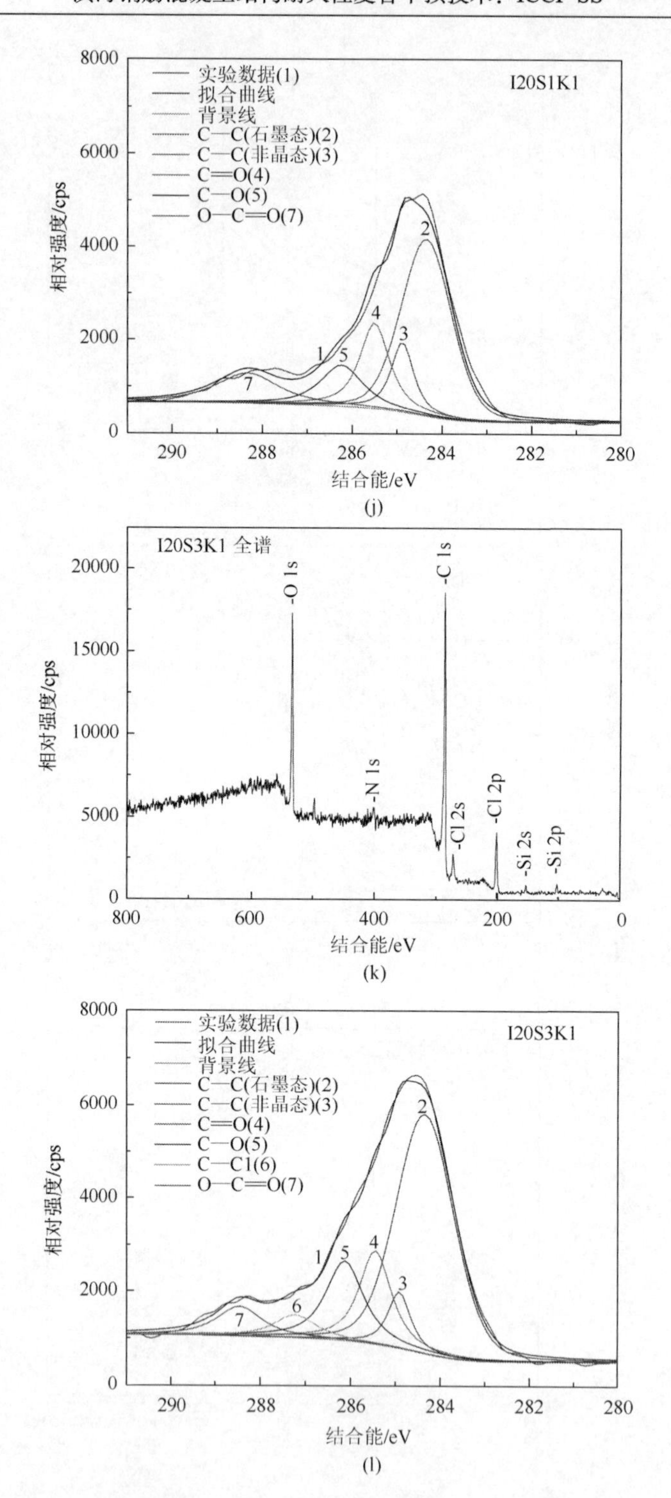
实验数据(1)
拟合曲线
背景线
C—C(石墨态)(2)
C—C(非晶态)(3)
C═O(4)
C—O(5)
O—C═O(7)
I20S1K1
相对强度/cps
结合能/eV
(j)
I20S3K1 全谱
O 1s
C 1s
N 1s
Cl 2s
Cl 2p
Si 2s
Si 2p
相对强度/cps
结合能/eV
(k)
实验数据(1)
拟合曲线
背景线
C—C(石墨态)(2)
C—C(非晶态)(3)
C═O(4)
C—O(5)
C—C1(6)
O—C═O(7)
I20S3K1
相对强度/cps
结合能/eV
(l)

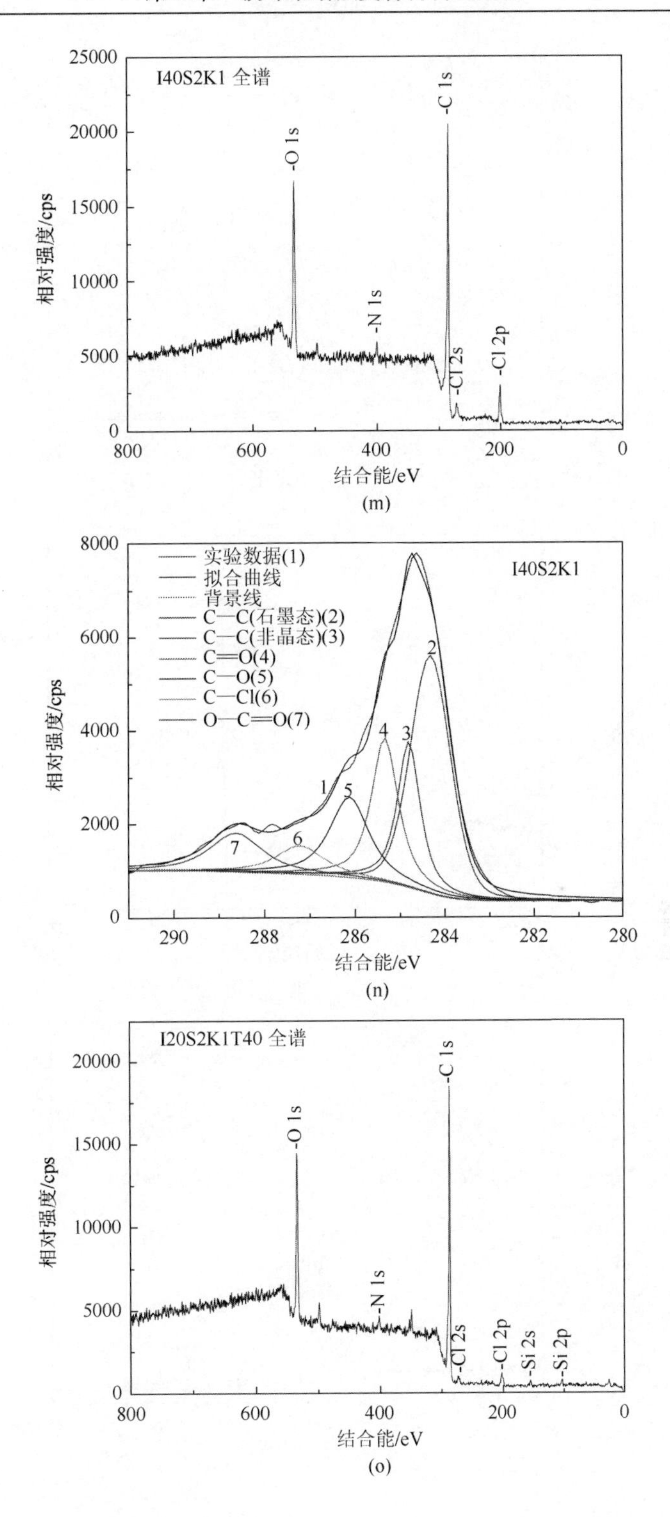
I40S2K1 全谱
相对强度/cps
结合能/eV
O 1s
C 1s
N 1s
Cl 2s
Cl 2p
(m)
实验数据(1)
拟合曲线
背景线
C—C(石墨态)(2)
C—C(非晶态)(3)
C═O(4)
C—O(5)
C—Cl(6)
O—C═O(7)
I40S2K1
(n)
I20S2K1T40 全谱
Si 2s
Si 2p
(o)

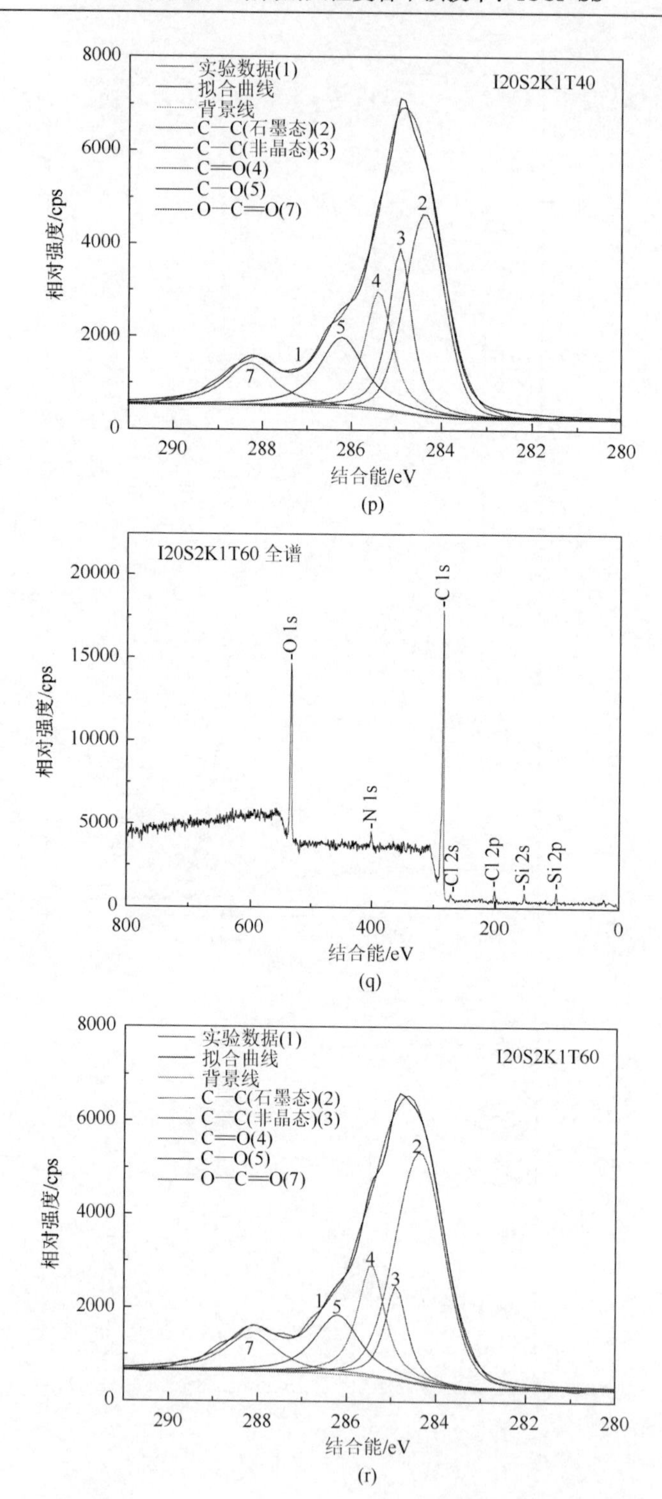
实验数据(1)
拟合曲线
背景线
C—C(石墨态)(2)
C—C(非晶态)(3)
C═O(4)
C—O(5)
O—C═O(7)
I20S2K1T40
相对强度/cps
结合能/eV
I20S2K1T60 全谱
O 1s
N 1s
C 1s
Cl 2s
Cl 2p
Si 2s
Si 2p
I20S2K1T60

(p)

(q)

(r)

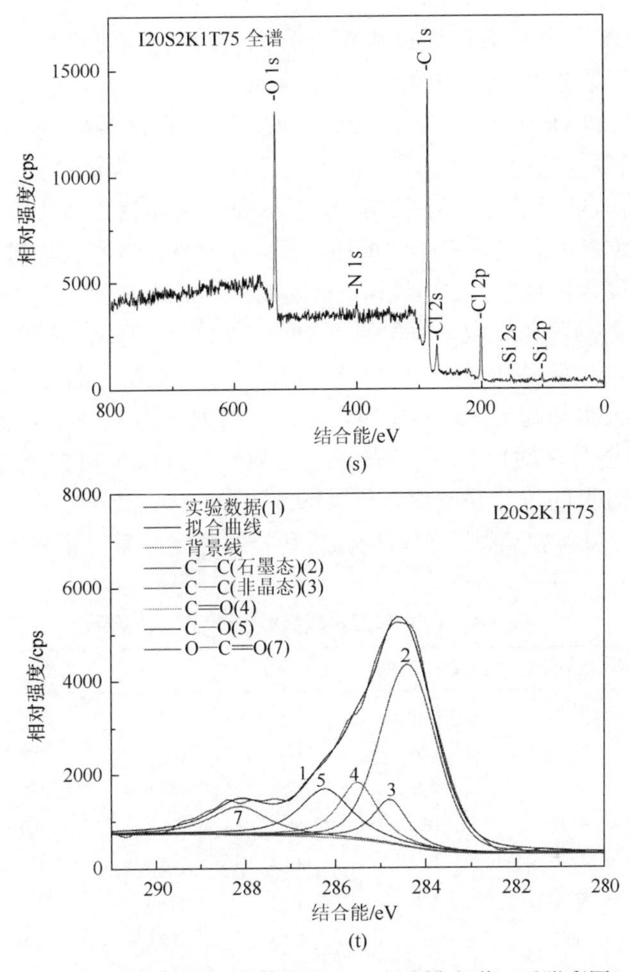

图 5-9　回收碳纤维扫描全谱及 C 1s 高分辨窄谱（后附彩图）

表 5-3　回收碳纤维表面元素含量　　（单位：%）

试件	C	O	Cl	N	Si	O/C
vCF	75.2	18.3	0.9	3.1	2.5	0.2434
I20S2K0.5	74.2	19.7	2.2	3.1	0.8	0.2655
I20S2K1	73.1	23.3	1.3	0.0	1.3	0.3187
I20S2K1.5	73.0	23.3	1.5	0.0	2.2	0.3192
I20S1K1	74.8	20.8	1.9	2.3	0.2	0.2781
I20S3K1	72.7	20.4	4.3	0.8	1.8	0.2806
I40S2K1	72.6	20.8	3.7	2.9	0.0	0.2865
I20K1S2T40	74.3	22.0	1.6	0.9	1.2	0.2961
I20K1S2T60	74.4	21.5	1.1	0.6	2.4	0.2890
I20K1S2T75	72.8	21.1	3.7	0.9	1.5	0.2898

C 1s 高分辨率窄光谱可通过峰拟合分为 6 个化学键区域：石墨态 C—C（284.4 eV），非晶态 C—C（284.8 eV），C═O（285.5 eV），C—O（286.2 eV），C—Cl（287.2）和 O—C═O（288.5 eV），见图 5-9 和表 5-4。碳纤维在生产过程被高温惰化处理后，表面含氧官能团较少（石墨态和非晶态 C—C 键的总含量为 69.3%，而各种碳氧键的含量为 30.7%），活性低，表面相对惰性和疏水。在 EHD 回收后，碳纤维表面的碳氧官能团增加，提高亲水性，改善化学键合能力[42, 43]，并增加其浸渍聚合物基体（如环氧树脂）的能力[44]。此外，强亲水基团 O—C═O 的含量得到大幅提升（从 4%提高到 8.4%～13.4%），可增加碳纤维与环氧树脂之间的反应，产生强共价键，改善界面黏结[42, 45]。在第三阶段，虽然反应时间缩短，但是强亲水基团 O—C═O 的含量继续增大，为 10.7%～12%。此外回收碳纤维 C—Cl 键含量均为 0，基本上不受氯腐蚀，I40S2K1T75 具有极高的 IFSS（115.45%）和最大的拉伸强度保留值（89.83%）。表明提升温度可以改善碳纤维化学键合能力，减少氯腐蚀，在剪切强度和拉伸强度方面均能够体现。

表 5-4　vCF 和回收碳纤维表面官能团含量　（单位：%）

试件	C—C（石墨态）	C—C（非晶态）	C═O	C—O	C—Cl	O—C═O
vCF	54.9	14.4	14.6	15.5	0.0	4.0
I20S2 K0.5	48.4	19.3	12.0	10.1	6.3	8.4
I20S2 K1	64.8	5.9	12.0	12.9	0.0	10.1
I20S2 K1.5	47.6	10.3	15.1	15.4	6.0	10.3
I20S1 K1	49.7	11.1	18.2	12.5	0.0	13.4
I20S3 K1	56.2	6.6	15.4	15.3	1.9	9.7
I40S2 K1	36.9	16.4	19.0	15.6	6.8	10.1
I20S2 K1T40	35.6	20.9	18.0	18.1	0.0	12.0
I20S2 K1T60	49.7	11.8	17.2	15.0	0.0	11.1
I20S2 K1T75	52.8	10.1	14.6	16.7	0.0	10.7

5.2.8　CFRP 回收机理的讨论

在第一阶段试验中，电流大小和 NaCl 浓度对环氧树脂的降解起主导作用。采用较大电流密度时（如 I78.1、I104.2 和 I156.3 系列试件），CFRP 阳极以析氧反应为主［反应式（5-1)］。阳极反应生成的氧气，导致 CFRP 中的碳纤维发生较为严重的氧化碳化，而不能促进 CFRP 中的环氧树脂降解。因此反应体系电阻增大，电压升高，同时 CFRP 除脂率极低，不能回收到碳纤维。随着反应电流密度逐步减小（I62.5、I40 和 I20 系列试件），阳极反应从析氧［反应式（5-1)］向析氯反应［反应式（5-2）］转移，电解生成的氧气减少，氯气增多，CFRP 中的碳纤维受到的氧化劣化程度减弱；同时氯气与水反应生成 HClO［反应式（5-3）］，HClO 在溶液中电离成 ClO^-和 H^+［反应式（5-4）］，强氧化性的 ClO^-和 HClO 攻击环氧树脂中的 C—N 键并导致其断裂[46, 47]，使大分子聚合链降解成小分子化合物，因此回收得到较高质量的碳纤维；析氧反应和析氯反应的此消彼长加快了环氧树脂降解，减少了碳纤维氧化劣化，所以回收碳纤维的除脂率和拉伸强度都随着电流变小呈现明显的梯度上升趋势，I62.5S2、I40S2 和 I20S2 的除脂率分别为 68.5%、93.7%和 95.8%（vs vCF），拉伸强度分别为 55.2%、79.57%和 81.19%（vs vCF）。进一步增大电解液中 NaCl 的浓度使反应式（5-2）和（5-3）进一步向右侧推进，阳极反应产生的 HClO 含量持续增大，对环氧树脂的降解起到更加明显的促进作用，同时析氧反应进一步减弱，可以回收得到更高质量的碳纤维。当 NaCl 浓度从 0.5%增大到 1%、2%和 3%时，I20S0.5、I20S1、I20S2 和 I20S3 的除脂率分别达到 68.3%、89.6%、95.8%和 90.4%（vs vCF）；拉伸强度分别达到 56.76%、74.81%、81.19%和 75.16%（vs vCF）。第一阶段研究结果表明，综合考虑回收碳纤维除脂率和拉伸强度，I20S2 和 I40S2 是回收 CFRP 的较优方案。

基于第一阶段研究成果，在第二阶段试验中添加 KOH 作为促进剂，造成反应式（5-3）中生成的 H^+被 OH^-迅速消耗掉，反应式加速推向右侧方向。因此生成大量的 HClO，导致环氧树脂的降解效率急剧提升，使在此阶段回收得到的碳纤维除脂率跃升到 99.5%～100%。添加 KOH 改变了回收碳纤维微观形貌和力学性能。通过 SEM 可以看到，回收碳纤维受到 KOH 的腐蚀和氧化刻蚀作用，导致拉伸强度从 73.63%～81.19%下降到 57.32%～73.82%（vs vCF）。其中程度较严重的 I40S2K1 和 I40S2K1.5 试件表面可观察到凹坑和裂纹，拉伸强度只达到 vCF 的 59.81%和 58.93%。同时，添加 KOH 显著提高了回收碳纤维的界面剪切性能。通过 AFM 可观察到回收碳纤维表面沟槽结构加深，同时出现较多凸起结构，表面粗糙度增大，有利于回收碳纤维与树脂的界面齿合作用。I20S2K1 粗糙度达到 219 nm（vCF 为 201 nm），剪切强度提高到 120.74%（vs vCF）。此外，XPS 结果表明回收碳纤维在 EHD 回收过程中不仅提高了表面氧碳含量比值，而且在表面引入了亲水性官能团 O—C═O，提高了回收碳纤维的化学黏结能力。综合考虑除脂率、回收碳纤维拉伸强度和剪切强度，此阶段最优试件为 I20S2K1。

基于第二阶段研究成果，第三阶段研究重点考察反应温度对 EHD 回收方法的影响。提高反应温度至 40℃及以上时，反应式（5-2）和（5-3）左侧的反应物分子获得更多能量，在室温时部分低能量的 Cl^-、Cl_2 转变成活化因子，提升了反应式（5-2）中 Cl_2 的生成效率、反应式（5-3）中 Cl_2 与 H_2O 反应效率，减少了 Cl_2 的逃逸；并且，反应式（5-2）生成大量的 Cl_2 又进一步推进反应式（5-3）的进行，使得在短时间内生成大量 HClO 降解环氧树脂。当所有回收碳纤维的除脂率达到

99.4%（vs vCF）及以上时，回收时间仅为室温条件下的1/2，除脂效率提高了一倍。由于回收时间缩短，碳纤维在回收过程受到的劣化大大减少；SEM观察到，回收碳纤维表面几乎没有凹坑和裂纹等缺陷，拉伸强度从 59.81%～71.32%（vs vCF）提高到79.85%～89.83%（vs vCF）。此外，AFM结果显示，相比第二阶段，回收碳纤维表面沟槽结构变浅，粗糙度减小，剪切强度稍微下降，但最优条件的I40S2K1T75试件的粗糙度仍高达211 nm，剪切强度达到115.45%（vs vCF），并且拉伸强度达到89.83%（vs vCF），远优于第二阶段的最优试件I20S2K1（拉伸强度71.32%，剪切强度120.74%）。

$$4OH^- \longrightarrow O_2 + 2H_2O + 4e^- \tag{5-1}$$

$$2Cl^- \longrightarrow Cl_2 + 2e^- \tag{5-2}$$

$$Cl_2 + H_2O \longrightarrow HClO + H^+ + Cl^- \tag{5-3}$$

$$HClO \longrightarrow ClO^- + H^+ \tag{5-4}$$

基于试验研究及上述分析，在采用EHD方法对CFRP进行回收过程中，通过精准控制电流大小（I20，I40）和NaCl浓度（S2）能够使CFRP阳极定向发生析氯反应，电解生成氯气，再与水反应产生HClO断开C—N键，使环氧树脂降解回收到碳纤维，并避免析氧反应导致的碳纤维劣化；同时，添加适量浓度的KOH（K1）增加HClO和ClO^-生成量，不但加快环氧树脂的降解速率，而且一方面最大限度减少 KOH 腐蚀造成的回收碳纤维拉伸强度损失，另一方面增强电化学刻蚀程度以改善剪切性能，优化表面微观结构，增大粗糙度，引入 O—C═O 亲水官能团，提高回收碳纤维界面剪切强度；此外，提升反应温度至40℃及以上，反应效率得到大幅度提高，单位时间内HClO和ClO^-生成量大幅增加，环氧树脂降解速率迅速提升，回收时间缩短为室温条件的1/2，碳纤维在回收过程受到的劣化大为减弱，既提高了回收碳纤维的拉伸强度，又维持了远高于vCF的剪切强度；综合考虑环氧树脂降解速率、回收碳纤维性能（力学、表面形貌和化学组成）等因素，I40S2K1T75为EHD回收CFRP的最优条件。

5.3　碳纤维增强水泥基复合材料（C-FRCM）的回收

5.3.1　实验方案

如图5-10所示，C-FRCM复合试件的尺寸为30 mm×265 mm×5 mm，其中水泥基层的厚度约为5 mm。C-FRCM复合材料试件的制造按照行业标准的要求进行，具体成分见表5-5。EHD回收过程中考虑的变量包括电流密度、电解质中的NaCl浓度、HNO_3浓度和反应温度，同时基于从回收CFRP中得到的实验数据与总结，设计了两个系列的实验，见表5-6。

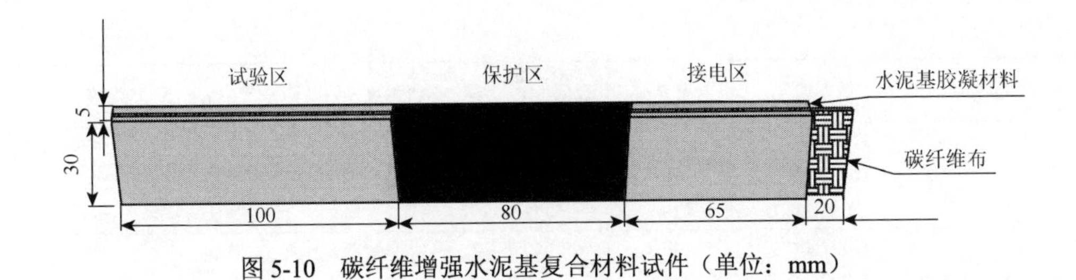

图 5-10　碳纤维增强水泥基复合材料试件（单位：mm）

表 5-5　水泥基胶凝材料的具体组成

水泥/g	硅粉/g	高分子聚合物/g	碳纤维短丝/g	去泡剂/g	减水剂/g	水/g
90	10	20	9	0.48	0.3	45

在第一个系列实验中，2 个电流密度（3.33 A/m^2 和 6.67 A/m^2）、2 个 NaCl 浓度（2%和 3%）和 4 个（HNO_3）浓度（0 g/L、1 g/L、3 g/L 和 5 g/L）被考虑，总共包括 16 个反应条件。在第二阶段试验中，在第一系列基础上选择两种性能最佳的反应条件，同时考虑反应温度的影响。共 6 个反应条件。

第一阶段回收实验在室温下持续 8 d，而第二阶段回收实验在升温下持续 4 d。反应结束后，得到干净的回收碳纤维（图 5-11）。

表 5-6　C-FRCM 回收实验试件分组及参数[36]

系列	实验组	试件编号	电流 *I*/mA	电流密度 *i*/(mA/m^2)	NaCl 浓度 *S*/%	KOH 浓度/(g/L)	温度/℃
1	I0	I0S2H1	—	—	2	1	25
		I0S2H3	—	—	2	3	25
		I0S2H5	—	—	2	5	25
	I20	I20S2H0	20	333.3	2	0	25
		I20S2H1	20	333.3	2	1	25
		I20S2H3	20	333.3	2	3	25
		I20S2H5	20	333.3	2	5	25
		I20S3H0	20	333.3	3	0	25
		I20S3H1	20	333.3	3	1	25
		I20S3H3	20	333.3	3	3	25
		I20S3H5	20	333.3	3	5	25
	I40	I40S2H0	40	666.7	2	0	25
		I40S2H1	40	666.7	2	1	25
		I40S2H3	40	666.7	2	3	25
		I40S2H5	40	666.7	2	5	25
		I40S3H0	40	666.7	3	0	25
		I40S3H1	40	666.7	3	1	25
		I40S3H3	40	666.7	3	3	25
		I40S3H5	40	666.7	3	5	25

续表

系列	实验组	试件编号	电流 I/mA	电流密度 i/(mA/m^2)	NaCl 浓度 S/%	KOH 浓度/(g/L)	温度/℃
2	I20	I20S2H3T40	20	333.3	2	3	40
		I20S2H3T60	20	333.3	2	3	60
		I20S2H3T75	20	333.3	2	3	75
	I40	I40S2H3T40	40	666.7	2	3	40
		I40S2H3T60	40	666.7	2	3	60
		I40S2H3T75	40	666.7	2	3	75

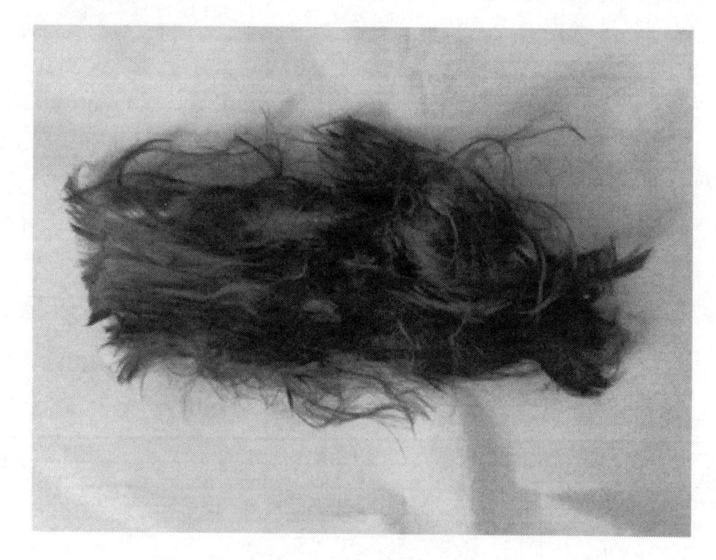

图 5-11　回收碳纤维

5.3.2　回收过程 C-FRCM 试件的电压

在 EHD 回收过程，在不同的反应条件下试件的电压均很稳定，波动范围为 0.1～0.5 V，如图 5-12（a）所示。基本上，采用 40 mA 电流试件的电压大于应用 20 mA 电流试件，因为更高电流造成的碳纤维碳化更严重，导致试件电阻增大，电压更高。NaCl 浓度为 3%时，试件的电压大于 2%NaCl 浓度试件的电压。未应用 HNO_3 反应条件试件的电压均高于采用 HNO_3 反应条件的试件。在没有 HNO_3 的情况下水泥基基体缓慢降解，回收过程中复合材料的电阻较高，因此电压很高。然而，在高浓度（5%）HNO_3 反应条件下，电压也相对较高，原因是在此环境中，碳纤维腐蚀劣化严重，碳氧化物增多，试件电阻增大。在已研究的条件中，HNO_3 浓度为 1%或 3%的反应条件下的电压最低。提升反应温度至 40℃及以上时，试件在回收过程中的电压更小，约为 1.6～2 V，并且更加稳定。如图 5-12（b）所示，在不同的反应条件下，试件之间的电压差异非常小。I20 系列试件的电压波动小于 0.15 V，I40 系列试件的电压波动小于 0.10 V，表明高温下更大的电流对水泥基胶凝材料的降解更快。在 60℃下测得的试件电压最低，约为 1.6 V，表明试件导电性良好，水泥基胶凝材料降解程度高，回收碳纤维的碳化劣化非常低。相应地，回收系统消耗的电能非常少，极大地降低了回收成本，有利于该回收技术的应用。

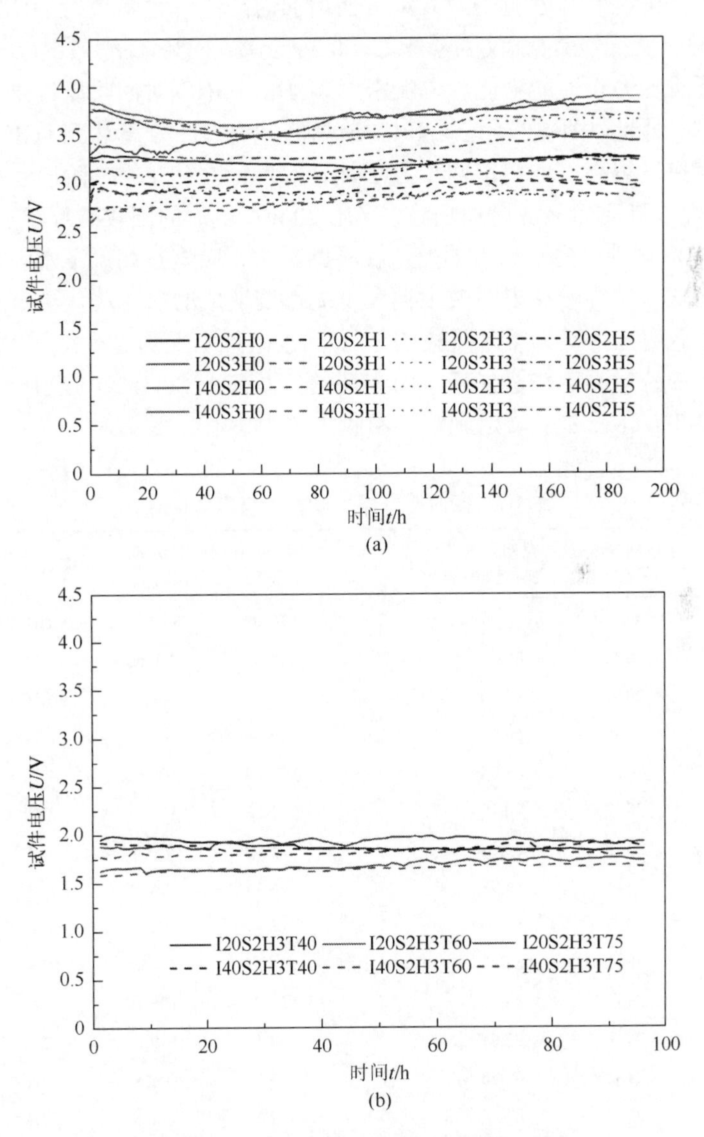

图 5-12　回收过程试件电压（后附彩图）

5.3.3 C-FRCM 回收碳纤维的拉伸强度

试验测得 vCF 和回收碳纤维单丝的直径均为 7 μm，表明水泥基胶凝材料除去非常干净，同时表皮没有剥落现象，在回收过程中受到的劣化极小。回收碳纤维的拉伸强度见表 5-7（另请参见图 5-13）。vCF 的拉伸强度为 3588 MPa。在第一阶段，回收碳纤维拉伸强度随 HNO_3 浓度的增加而降低，尤其是当 HNO_3 浓度达到 5 g/L 时，回收碳纤维 IFSS 仅为 vCF 的 60.26%～66.64%，表明 HNO_3 的存在会导致回收碳纤维的力学性能劣化。电流密度和 NaCl 浓度对回收碳纤维的拉伸强度影响有限。第一阶段中回收碳纤维 IFSS 最高的 I20S2H1 强度达到 vCF 的 85.62%，力学性能保持度很高，证明该回收方法是有效可行的。在第二阶段，回收碳纤维的 IFSS 随温度升高而呈现增加趋势。采用 20 mA 电流的回收碳纤维 IFSS 高于采用 40 mA 电流试件，而且二者的差值在不断扩大，应该是高温下水泥基的电化学降解很快完成，碳纤维在电解液中被大电流作用造成的氧化劣化更严重。因为第三阶段的回收时间缩短为第二阶段的 1/2，回收碳纤维受到的氧化程度更低，所以回收碳纤维的拉伸强度普遍极高，为 vCF 的 80.3%～89.58%，其中 I20S2H3T75 高达 3214 MPa（89.58%），达到溶剂回收法的中位值。

表 5-7　回收碳纤维力学性能与表观信息

试件	拉伸强度/MPa	拉伸强度保留值/%	直径/μm	剪切强度/MPa	剪切强度保留值/%	失效模式	平均粗糙度/nm
vCF	3588	—	7	27.09	100.00	DB	144
I20S2H1	3072	85.62	7	31.58	116.57	DB	180
I20S2H3	2974	82.89	7	29.37	108.42	CB	208
I20S2H5	2391	66.64	7	25.46	93.98	CB	104
I20S3H1	3001	83.64	7	28.44	104.98	DB	193
I20S3H3	2898	80.76	7	30.22	111.55	CB	196
I20S3H5	2301	64.13	7	25.90	95.61	CB	110
I40S2H1	3049	84.98	7	28.24	104.25	DB	178
I40S2H3	2953	82.30	7	26.12	96.42	CB	162
I40S2H5	2260	62.99	7	25.87	95.50	CB	121
I40S3H1	2987	83.25	7	28.93	106.79	DB	172
I40S3H3	2944	82.05	7	27.18	100.33	CB	159
I40S3H5	2162	60.26	7	25.79	95.20	CB	129
I20S2H3T40	2965	82.64	7	22.78	84.09	DB	134
I20S2H3T60	3118	86.90	7	28.45	105.02	DB	168

续表

试件	拉伸强度/MPa	拉伸强度保留值/%	直径/μm	剪切强度/MPa	剪切强度保留值/%	失效模式	平均粗糙度/nm
I20S2H3T75	3214	89.58	7	25.11	92.69	DB	184
I40S2H3T40	2881	80.30	7	23.51	86.78	DB	149
I40S2H3T60	2949	82.19	7	26.75	98.74	CB	169
I40S2H3T75	2960	82.50	7	24.29	89.66	DB	192

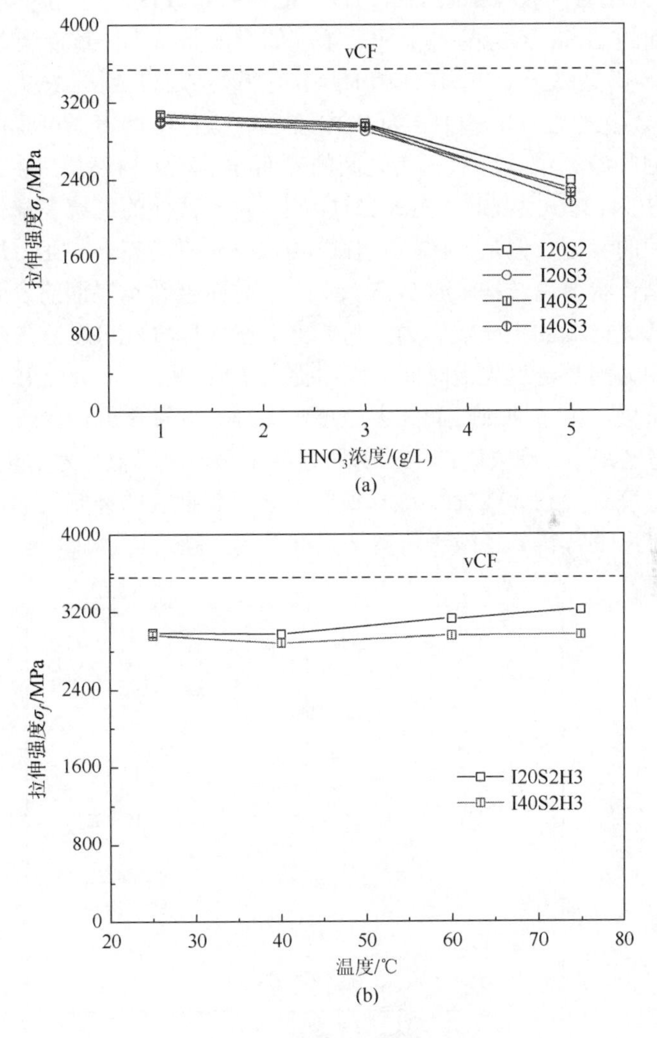

图 5-13　回收碳纤维拉伸强度

5.3.4　C-FRCM 回收碳纤维的界面剪切性能

表 5-7 和图 5-14 显示了回收碳纤维和环氧树脂之间的 IFSS，图 5-15 展示了通过 SEM 观察到的剪切失效模式。vCF 和环氧树脂之间的 IFSS 为 27.09 MPa，破坏模式为 DB［图 5.14（a）］。在第一阶段，回收碳纤维的剪切强度为 vCF 的 93.98%～116.57%，除了 H5 系列稍低于 vCF，其余系列 IFSS 都得到了提高，说明 EHD 回收方法对回收碳纤维的剪切性能能够起到改良作用。虽然回收碳纤维和环氧树脂之间的 IFSS 值会随着 HNO_3 浓度的增加而减小，然而当 HNO_3 浓度为 3 g/L 时，IFSS 仍然高于 vCF，在使用 HNO_3 时需要考虑合适的浓度。有意思的是，H1 系列的失效模式与 vCF 相似，为 DB，在回收碳纤维的表面可观察到环氧树脂薄层，表明回收碳纤维与环氧树脂之间的界面强于环氧树脂层间的界面。而 H3 和 H5 系列的破坏模式为 CB［图 5-15（d）］，说明试件的最薄弱部分是碳纤维和环氧树脂之间的界面。但是，H3 系列试样的 IFSS 值仍高于 vCF，这可能要归因于失效截面的针状树脂结构［图 5-15（e）］：一方面起到类似钢筋表面月牙肋的作用，提高与环氧树脂的机械咬合力；另一方面在破坏阶段可以有效阻止裂缝的发展，增大剪切力同时延迟失效时间，因而提高了剪切强度，因此 IFSS 大于 vCF。

在第二阶段，由于回收时间大大缩短，碳纤维被氧化刻蚀的表面精细结构程度较低，粗糙度减小，回收碳纤维的剪切强度比第一阶段低，为 vCF 的 84.09%～105.2%。当温度上升到 60℃后，破坏截面可观察到细长的针状树脂，表明碳纤维表面结构随温度上升得到了改善，剪切强度得到提高。

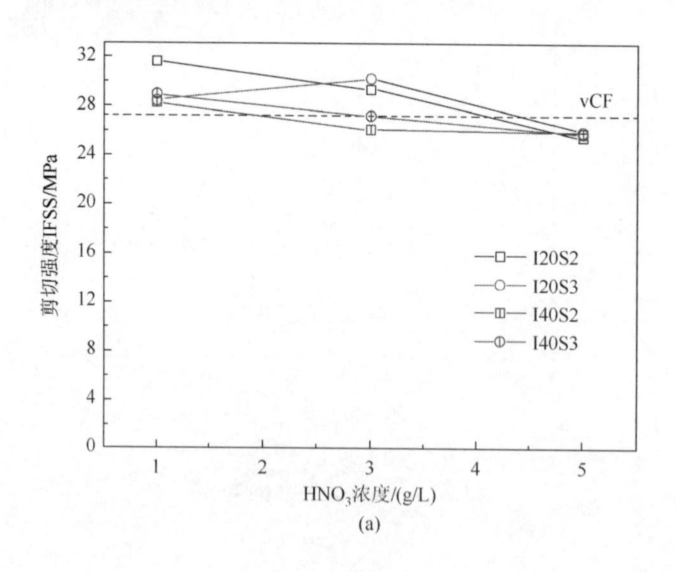

(a)

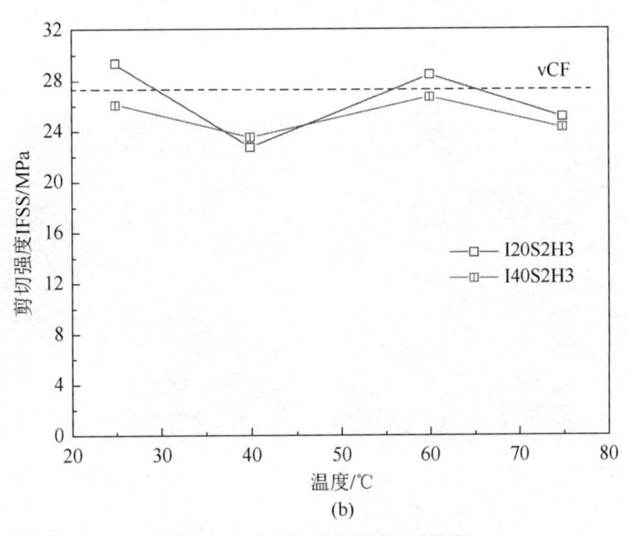

(b)

图 5-14　回收碳纤维剪切强度

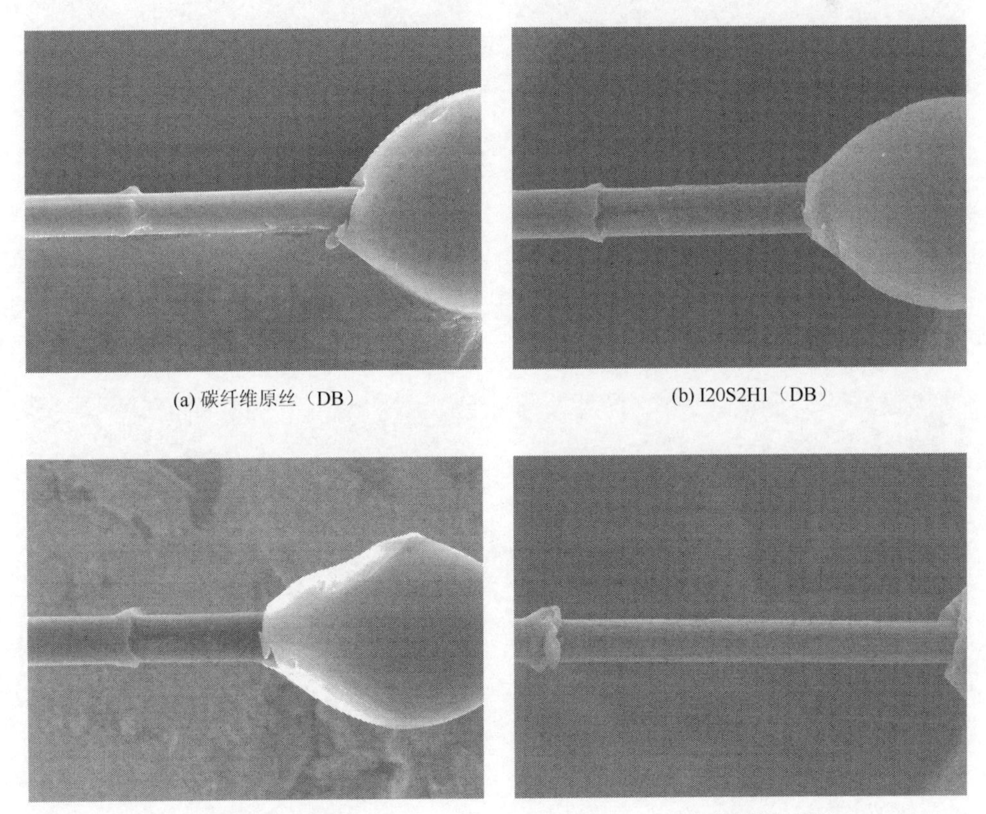

(a) 碳纤维原丝（DB）　(b) I20S2H1（DB）

(c) I40S2H1（DB）　(d) I20S2H3（CB）

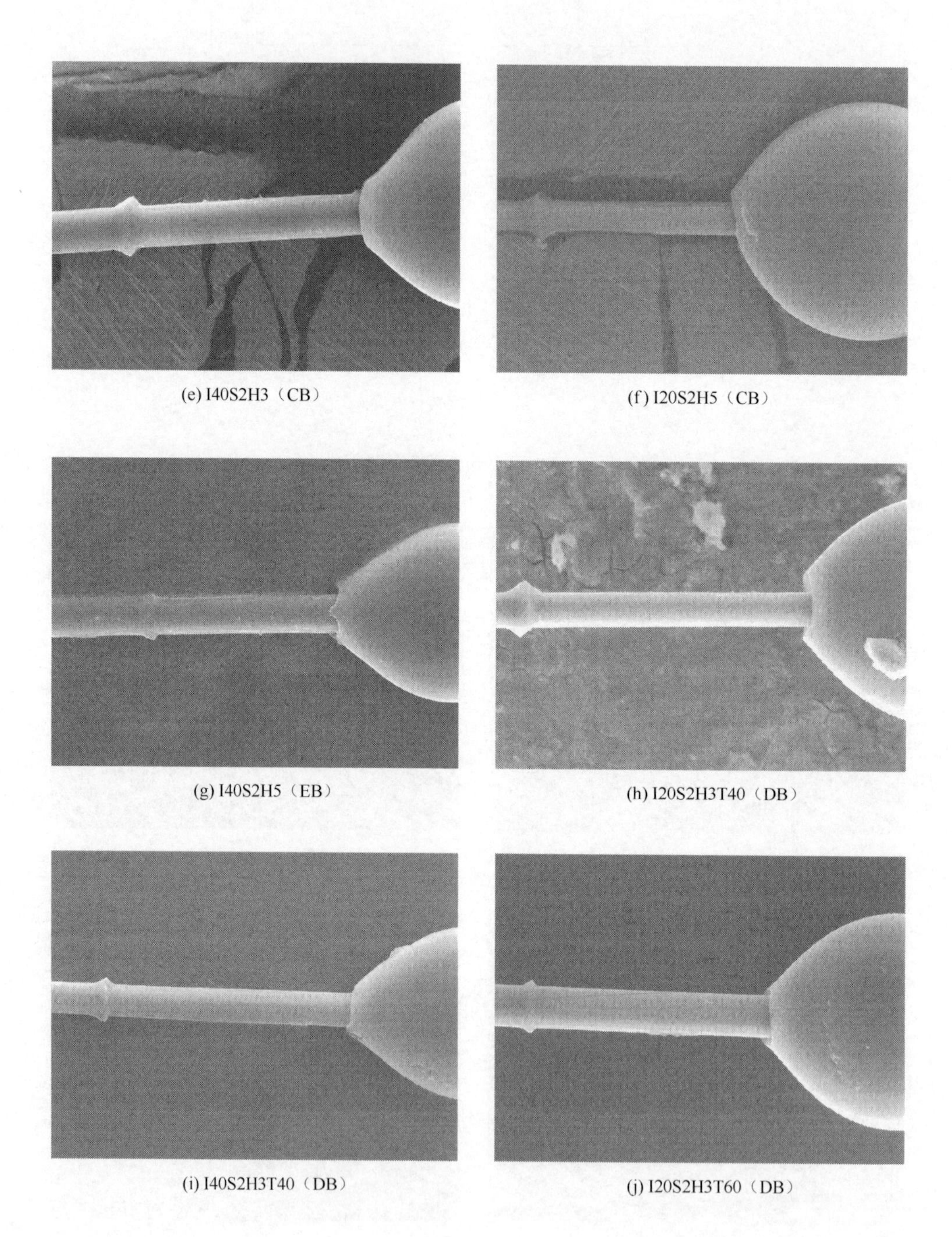

(e) I40S2H3（CB）

(f) I20S2H5（CB）

(g) I40S2H5（EB）

(h) I20S2H3T40（DB）

(i) I40S2H3T40（DB）

(j) I20S2H3T60（DB）

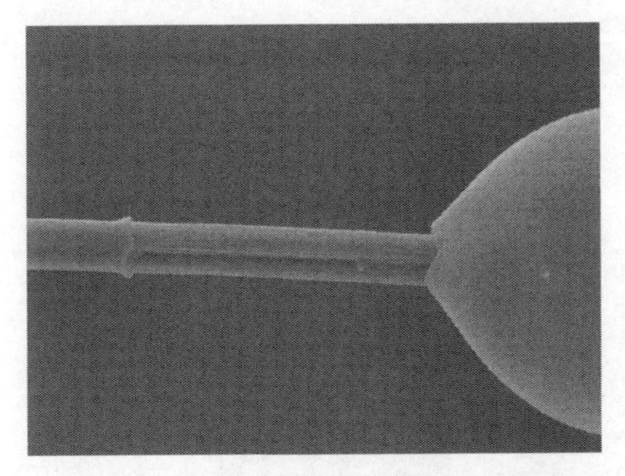

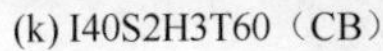

(k) I40S2H3T60（CB）

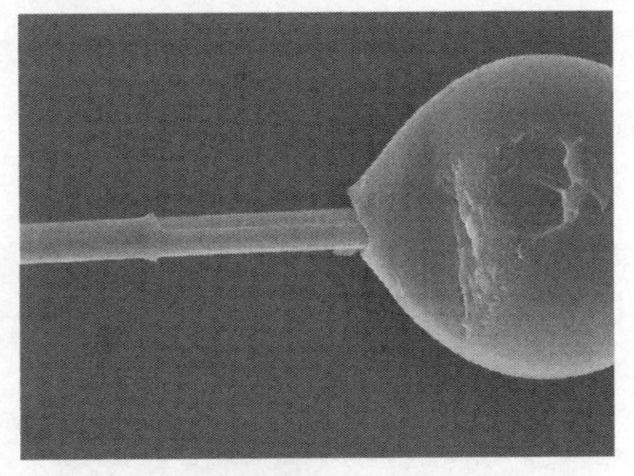

(l) I20S2H3T75（DB）

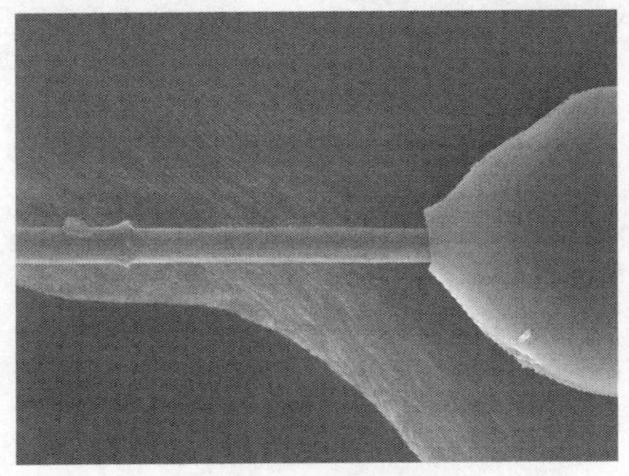

(m) I40S2H3T75（DB）

图 5-15　剪切失效模式

5.3.5　C-FRCM 回收碳纤维的 SEM 形貌

图 5-16 显示了 vCF 和回收碳纤维的典型形貌。vCF 的表面相当光滑，没有可见的缺陷［图 5-16（a)］。在第一阶段，回收碳纤维的表面则附有极少量水泥凝胶颗粒，H1 和 H3 系列碳纤维未观察到裂纹，而 H5 系列则有明显的纵向和横向裂纹［图 5-16（g)］。此外，与在 40 mA 电流条件下获得的回收碳纤维相比，在 20 mA 电流条件下获得的回收碳纤维的缺陷更少，表明小电流造成的碳纤维劣化程度更低。图 5-16（j）给出了在第二阶段的回收碳纤维的 SEM 图像。提升反应温度后获取的回收碳纤维表面相当干净，没有可见的水泥凝胶颗粒和缺陷，与第一阶段得到的回收碳纤维明显不同。原因是升高反应温度后，水泥基基体的降解效率大大提高，并且由于缩短了回收时间，有效地减少了回收碳纤维的劣化（氧化和酸化等)。

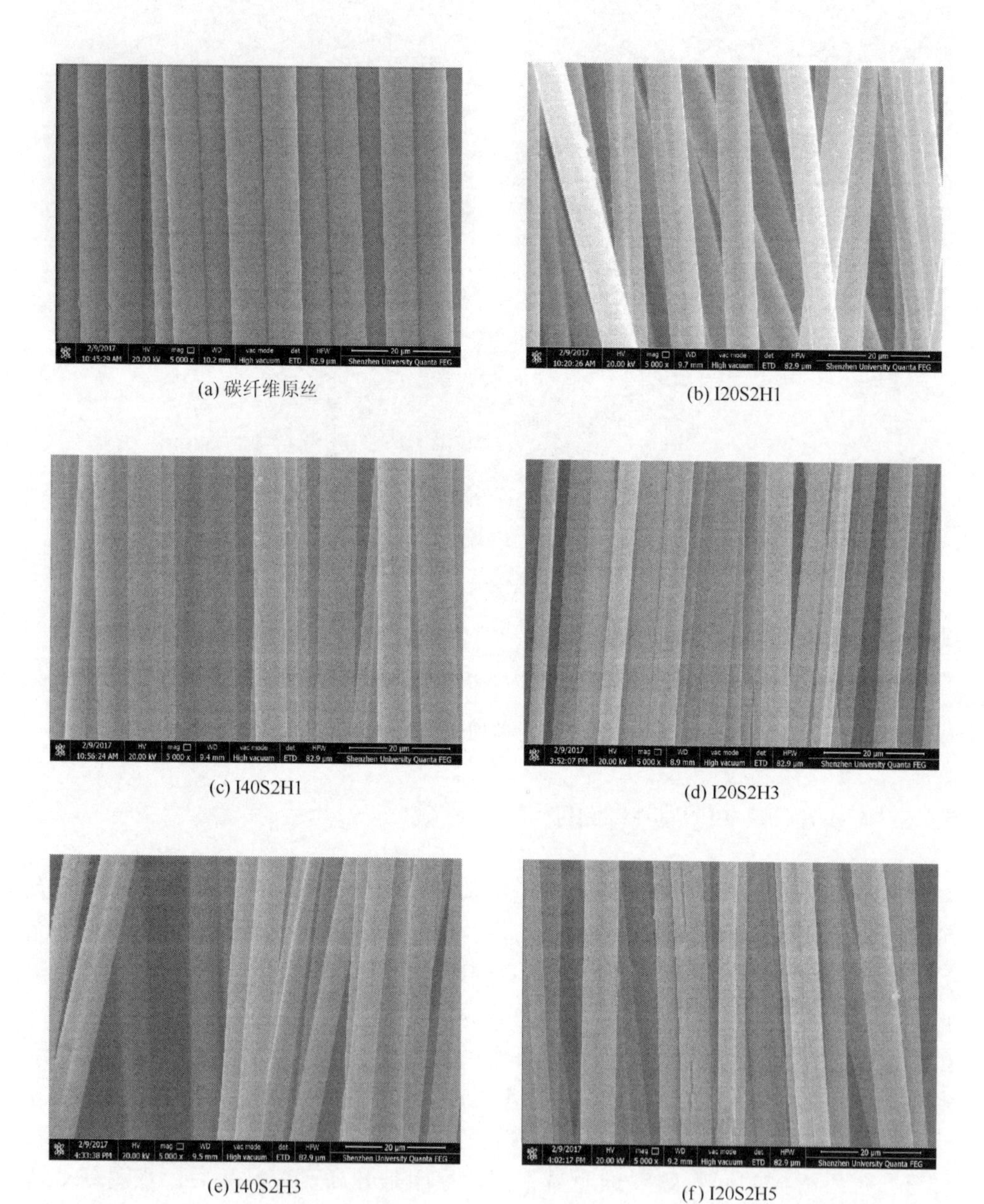

(a) 碳纤维原丝

(b) I20S2H1

(c) I40S2H1

(d) I20S2H3

(e) I40S2H3

(f) I20S2H5

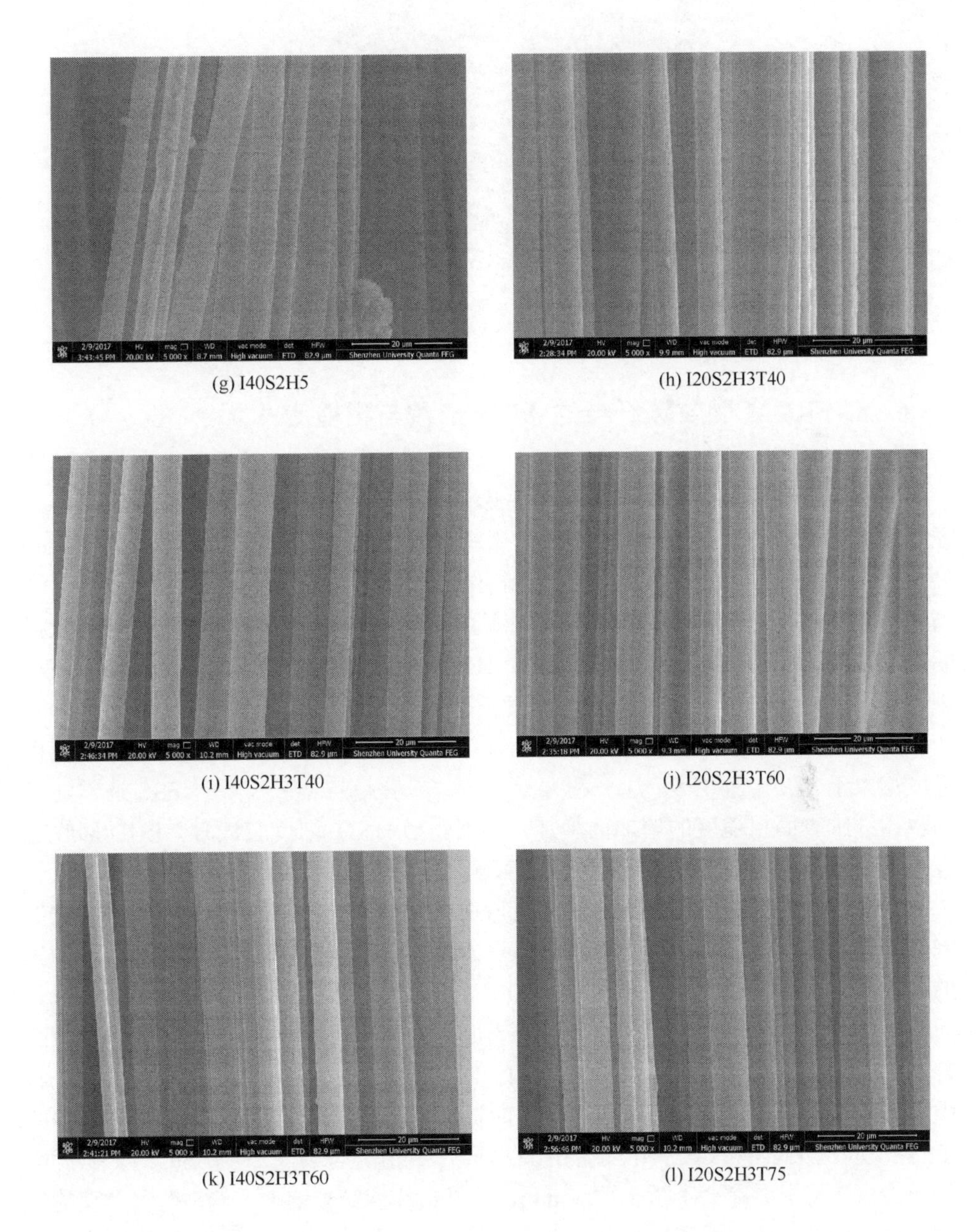

(g) I40S2H5

(h) I20S2H3T40

(i) I40S2H3T40

(j) I20S2H3T60

(k) I40S2H3T60

(l) I20S2H3T75

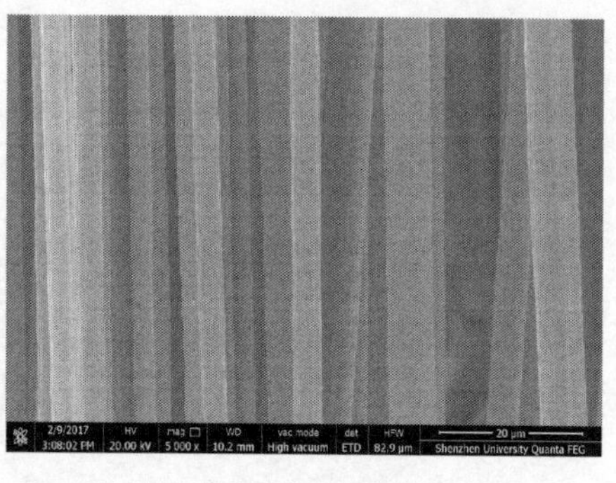

(m) I40S2H3T75

图 5-16　回收碳纤维 SEM 图

5.3.6　C-FRCM 回收碳纤维的 AFM 形貌与粗糙度

回收碳纤维的界面剪切性能与表面形貌有极大关系。如图 5-17 所示，碳纤维原丝表面很光滑，没有纵向沟槽结构，几乎没有表皮凸起结构，粗糙度为 144 nm（表 5-7）。EHD 回收可以对碳纤维起到氧化刻蚀作用，使碳纤维表面出现纵向沟槽和表皮凸起，这些精细结构能够增加碳纤维表面粗糙度，提高碳纤维与环氧树脂的机械咬合作用。在第一阶段，添加 HNO_3 使回收碳纤维表面发育起来完整、规则的纵向沟槽结构，随着 HNO_3 浓度不断增加，纵向沟槽向断续、扁平形态演变，凸起结构从精细走向宽大浅显，粗糙度随之呈现下降趋势；H1 和 H3 系列粗糙度均大于 vCF，其 IFSS 几乎都大于 vCF，二者趋势非常一致。IFSS 通常随着回收碳纤维表面粗糙度的增加而增加，因而，当 HNO_3 浓度较低时，EHD 回收过程中的轻度氧化会对 IFSS 产生积极的影响。

当反应温度提升到 40℃时，由于回收时间缩短为室温下的 1/2，回收碳纤维受到的氧化刻蚀程度变低［图 5-17（h）］，回收碳纤维的粗糙度下降为 134 nm，与 vCF 的粗糙度（144 nm）接近。因此，在 40℃下获得的回收碳纤维 IFSS 值相对较低。随着温度继续上升到 60℃，回收碳纤维表面上的凹槽变得更深，更突出。另外，凸起结构的数量和大小都增加［图 5-17（k）］，回收碳纤维的粗糙度达到 168 nm。此类型形貌增强了碳纤维和环氧树脂之间的机械咬合作用，I20S2H3T60 试件获得的 IFSS 值为 28.45 MPa（vCF IFSS 的 105.02%）。当温度继续上升到 75℃时，碳纤维表面沟槽变得宽大扁平［图 5-17（m）］，虽然粗糙度继续增大，但是此种类型的结构明显不利于与环氧树脂的咬合作用，并且由于强亲水基团 O—C═O 键减少而导致的与环氧树脂化学键合能力下降（后面介绍），最终导致剪切强度下降。

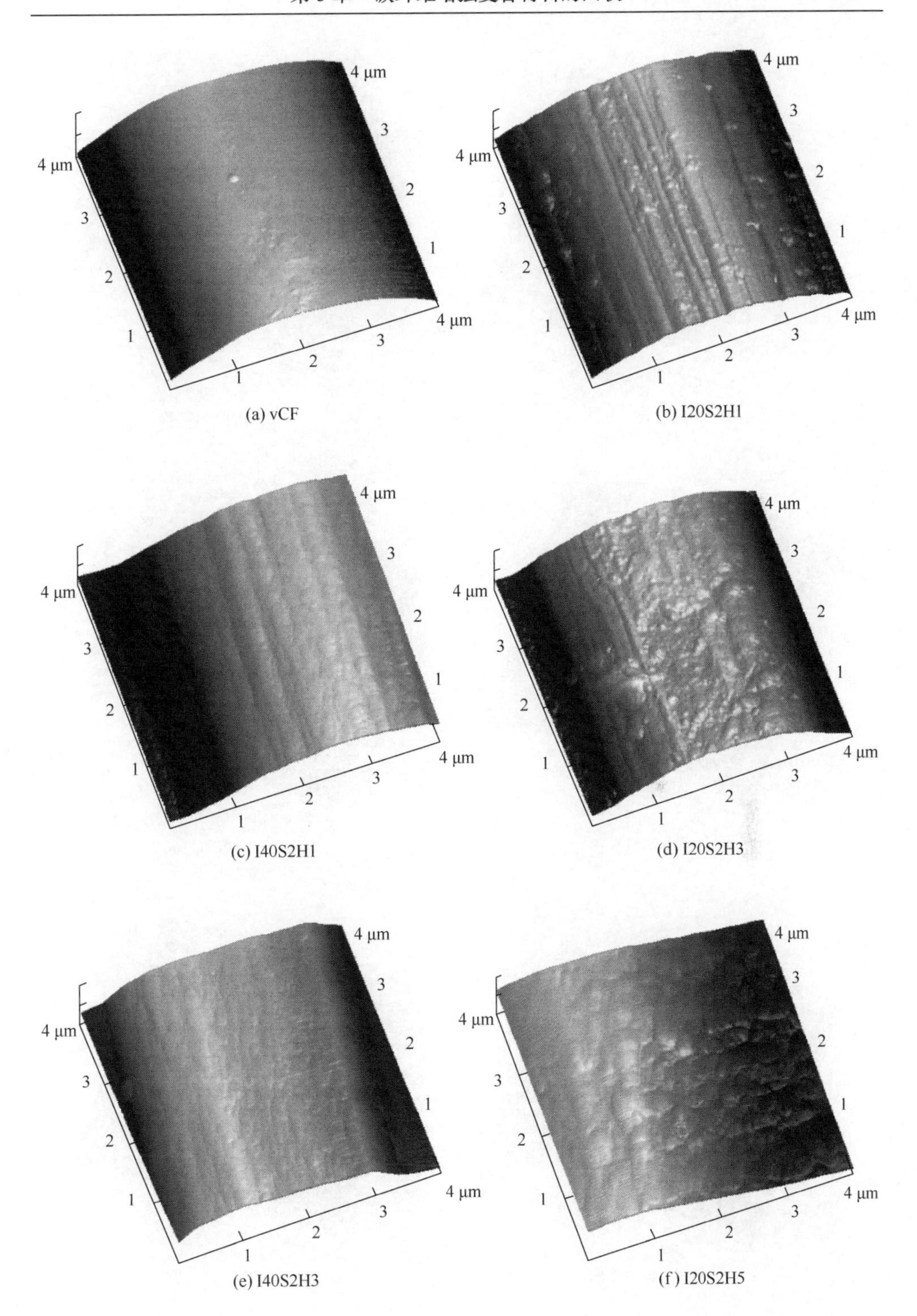

(a) vCF　(b) I20S2H1

(c) I40S2H1　(d) I20S2H3

(e) I40S2H3　(f) I20S2H5

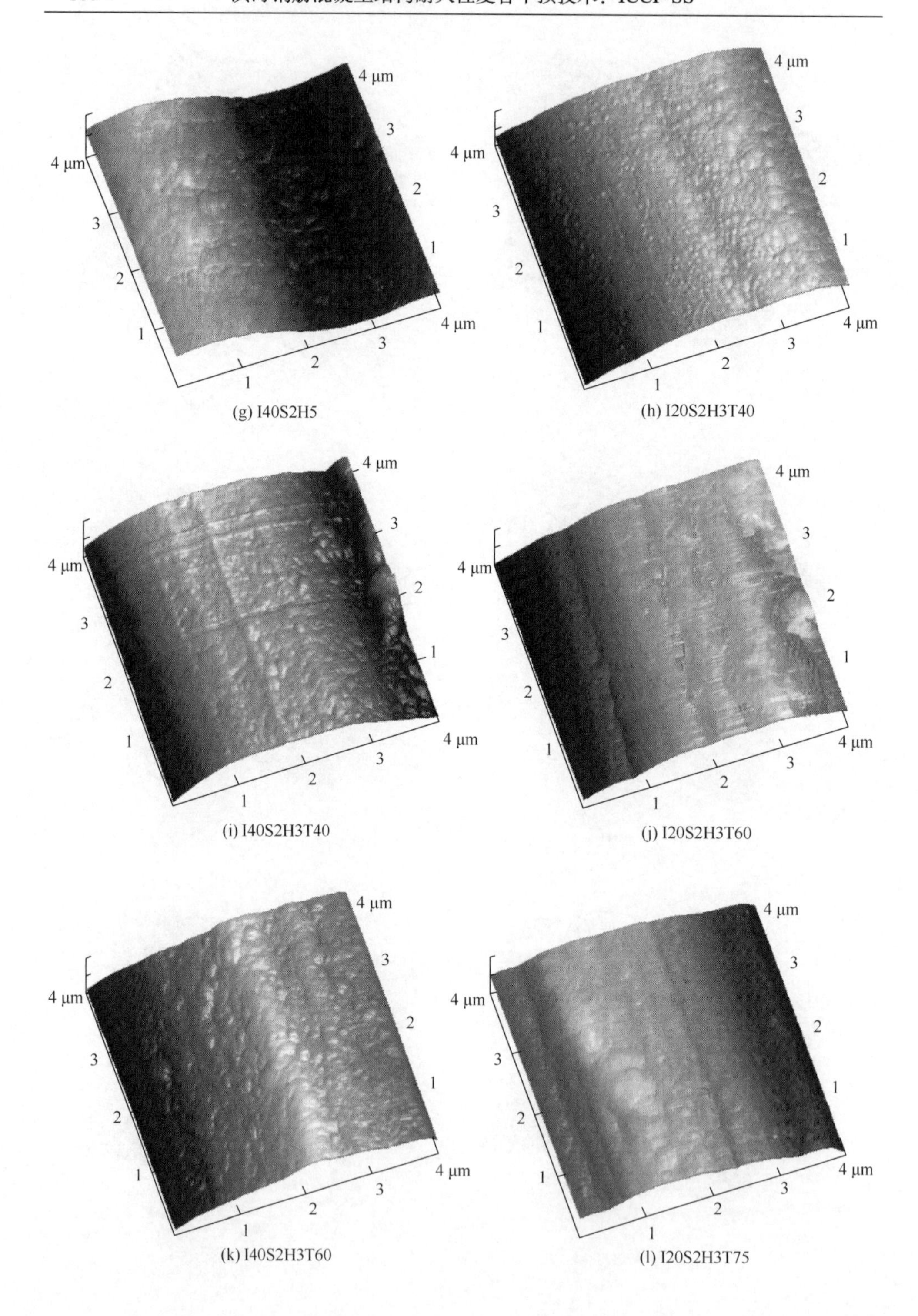

(g) I40S2H5

(h) I20S2H3T40

(i) I40S2H3T40

(j) I20S2H3T60

(k) I40S2H3T60

(l) I20S2H3T75

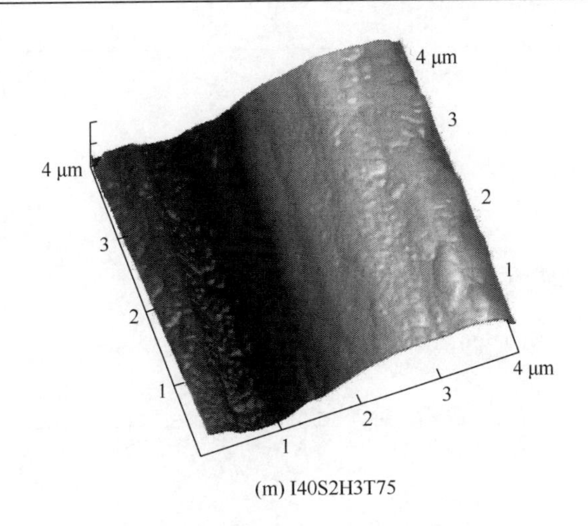

(m) I40S2H3T75

图 5-17　回收碳纤维 AFM 三维图

5.3.7　C-FRCM 回收碳纤维表面的化学组分

回收碳纤维的 XPS 全谱图和 C 1s 的高分辨率窄谱图如图 5-18 所示。在全扫描中观察到 5 个峰：2 个主峰，碳（C）（284.6 eV）和氧（O）（532.0 eV）；3 个次要峰，硅（Si）（99.5 eV），氯（Cl）（199.8 eV）和钙（Ca）（347 eV）。回收碳纤维表面的基本元素是 C 和 O，在回收过程中引入了少量的 Si、Cl 和 Ca。vCF 和回收碳纤维（I20S2 系列）表面的元素含量列于表 5-8。vCF 表面的碳和氧含量分别为 79.3%和 20.7%。回收过程，引入了更多的氧，回收碳纤维表面的氧含量比回收前提高了 21.7～37.2%。H3 系列的氧碳比（O/C）最高。氧的增加，通常会提高碳纤维表面的化学活泼性，能够增强与环氧树脂之间的化学键合作用。vCF 的氧碳比为 0.21，而在第二阶段，回收碳纤维的达到 0.407～0.429。大量的活性氧被引入到回收碳纤维的表面，导致回收碳纤维氧化程度加深，含氧官能团增多。

将 C 1s 高分辨率窄光谱使用 XPS Peak 4.1 软件根据结合能进行高斯-洛伦兹拟合，得到以下 6 个键峰：石墨态 C—C（284.4 eV），非晶态 C—C（284.8 eV），C═O（285.5 eV），C—O（286.2 eV），C—Cl（287.2 eV）和 O—C═O（288.4 eV）。C 1s 分峰拟合结果见于图 5-18，回收碳纤维表面的官能团的具体含量示于表 5-9。结果表明，EHD 回收使碳纤维表面的碳和氧官能团形态发生了很大改变。回收碳纤维的非晶态和石墨态 C—C 键出现了此消彼长现象，石墨态 C—C 键均比原丝高，造成碳纤维剪切性能的改变，其在回收碳纤维中含量趋势变化和剪切强度吻合度很高，表明石墨态 C—C 键含量越高，剪切强度越高。强亲水基团 O—C═O 在 EHD 回收过程被引入到碳纤维表面，是由碳纤维表面的碳氧官能团逐步氧化而

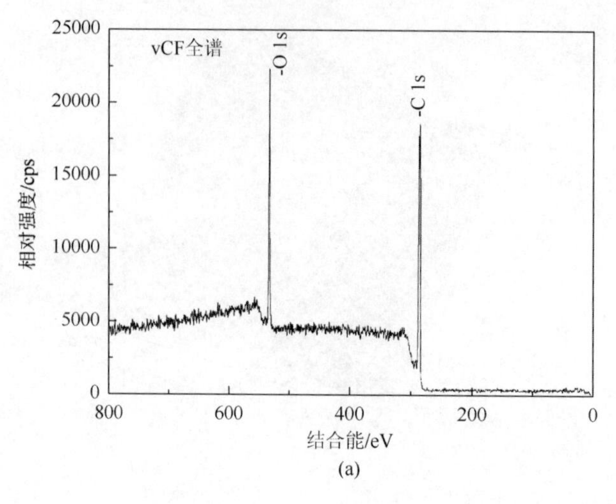
vCF全谱
-O 1s
-C 1s
相对强度/cps
结合能/eV
25000
20000
15000
10000
5000
0
800
600
400
200
0

(a)

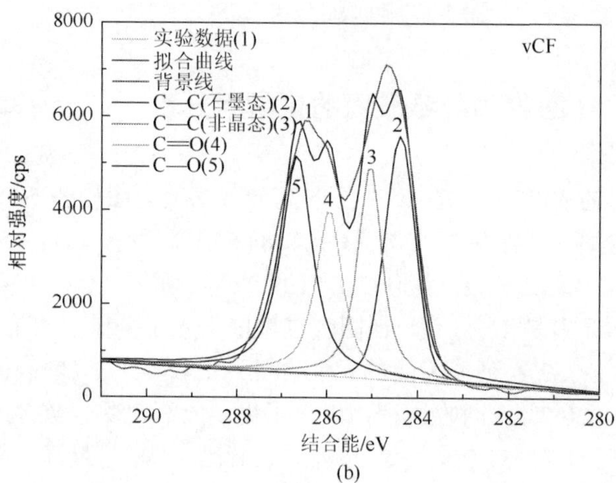
实验数据(1)
拟合曲线
背景线
C—C(石墨态)(2)
C—C(非晶态)(3)
C═O(4)
C—O(5)
vCF
1
2
3
4
5
相对强度/cps
结合能/eV
8000
6000
4000
2000
0
290
288
286
284
282
280

(b)

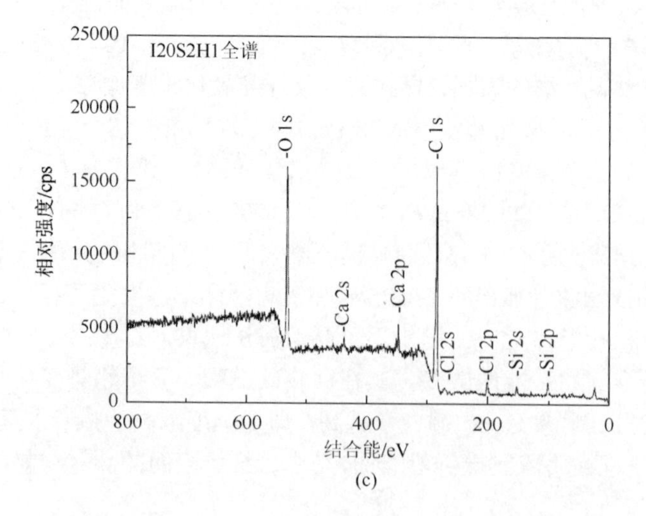
I20S2H1全谱
-O 1s
-C 1s
-Ca 2s
-Ca 2p
-Cl 2s
-Cl 2p
-Si 2s
-Si 2p
相对强度/cps
结合能/eV
25000
20000
15000
10000
5000
0
800
600
400
200
0

(c)

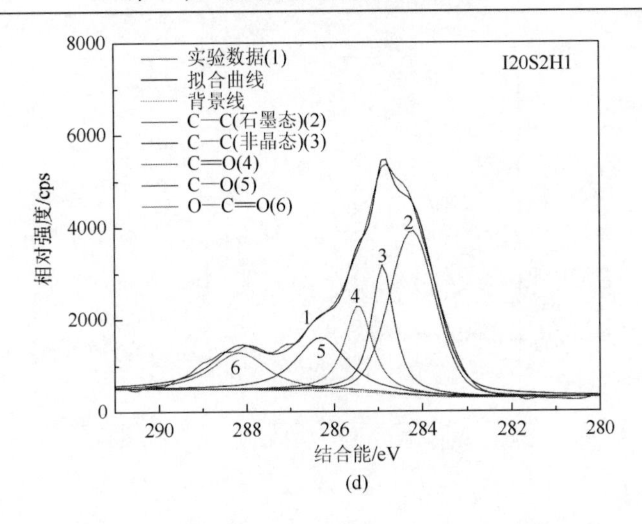

实验数据(1)
拟合曲线
背景线
C—C(石墨态)(2)
C—C(非晶态)(3)
C═O(4)
C—O(5)
O—C═O(6)
I20S2H1
相对强度/cps
结合能/eV

(d)

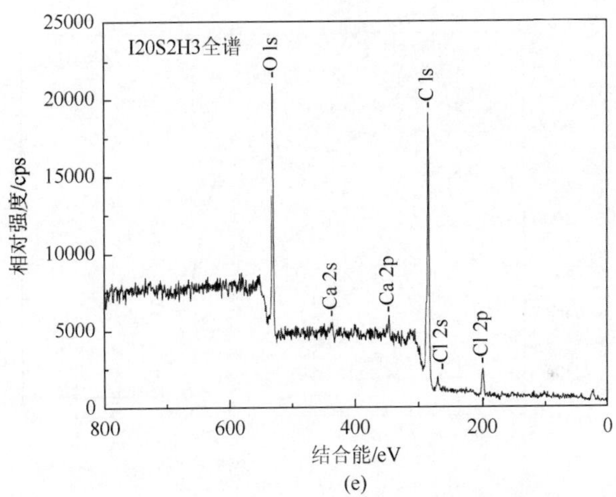

I20S2H3全谱
-O 1s
-C 1s
-Ca 2s
-Ca 2p
-Cl 2s
-Cl 2p
相对强度/cps
结合能/eV

(e)

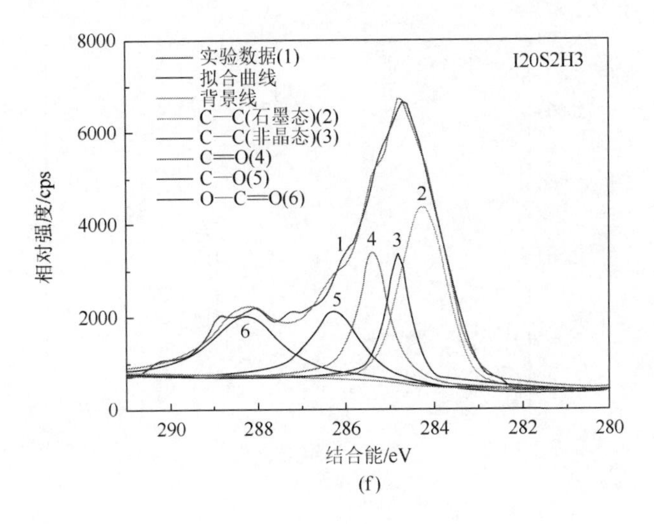

实验数据(1)
拟合曲线
背景线
C—C(石墨态)(2)
C—C(非晶态)(3)
C═O(4)
C—O(5)
O—C═O(6)
I20S2H3
相对强度/cps
结合能/eV

(f)

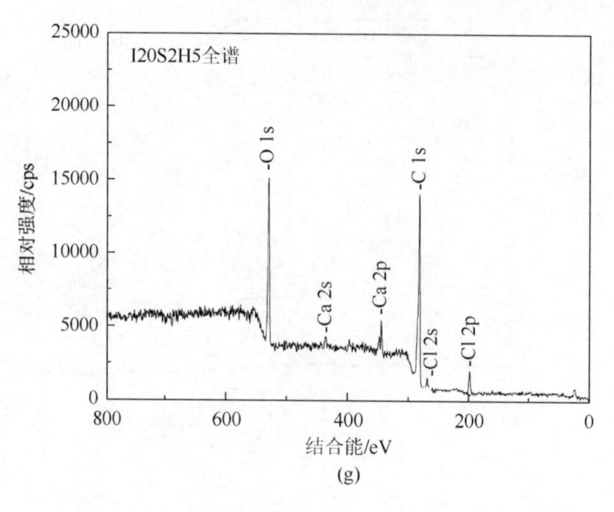
I20S2H5全谱
相对强度/cps
结合能/eV
-O 1s
-Ca 2s
-Ca 2p
-C 1s
-Cl 2s
-Cl 2p
(g)

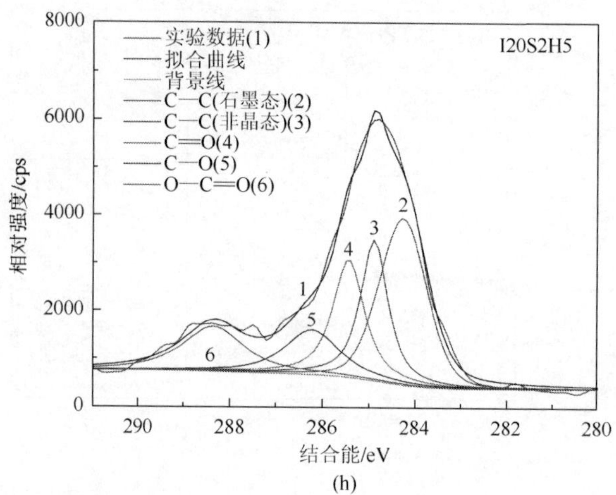
实验数据(1)
拟合曲线
背景线
C—C(石墨态)(2)
C—C(非晶态)(3)
C═O(4)
C—O(5)
O—C═O(6)
I20S2H5
相对强度/cps
结合能/eV
(h)

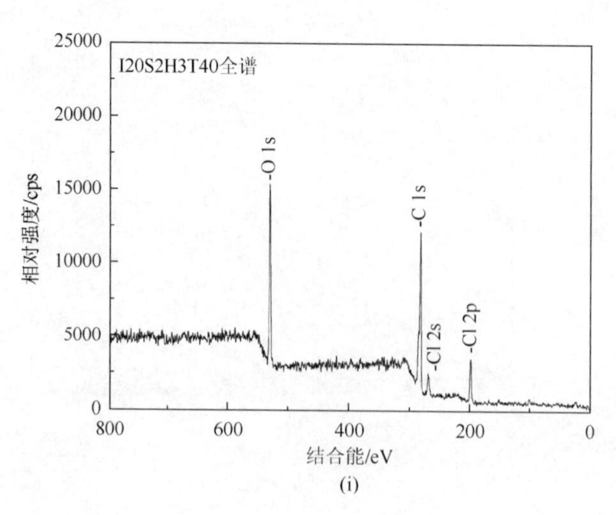
I20S2H3T40全谱
相对强度/cps
结合能/eV
-O 1s
-C 1s
-Cl 2s
-Cl 2p
(i)

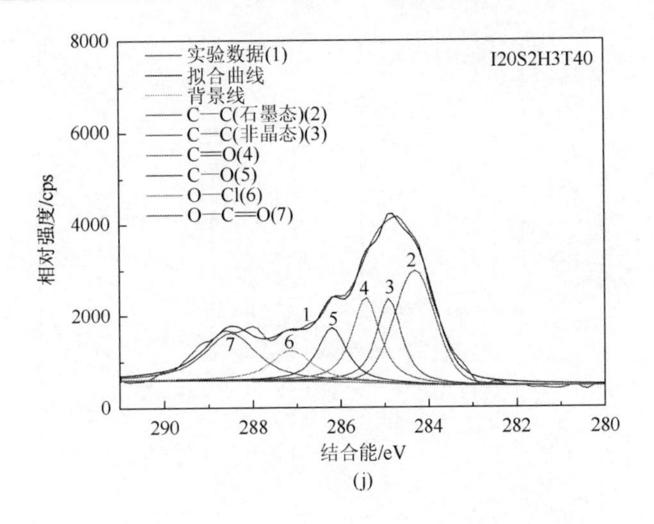
实验数据(1)
拟合曲线
背景线
C—C(石墨态)(2)
C—C(非晶态)(3)
C═O(4)
C—O(5)
O—Cl(6)
O—C═O(7)
I20S2H3T40
相对强度/cps
结合能/eV
(j)

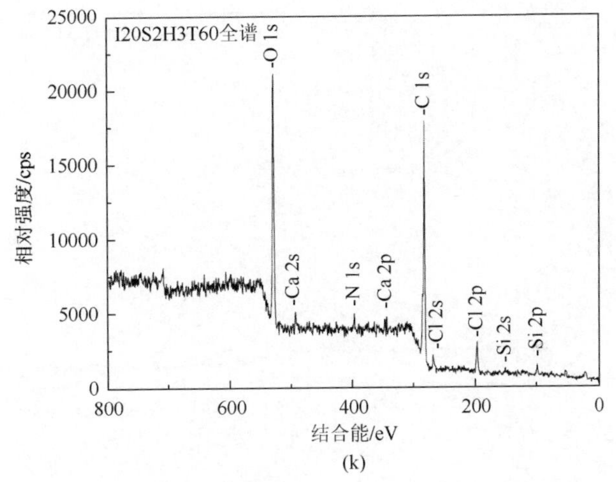
I20S2H3T60全谱
O 1s
C 1s
Ca 2s
N 1s
Ca 2p
Cl 2s
Cl 2p
Si 2s
Si 2p
相对强度/cps
结合能/eV
(k)

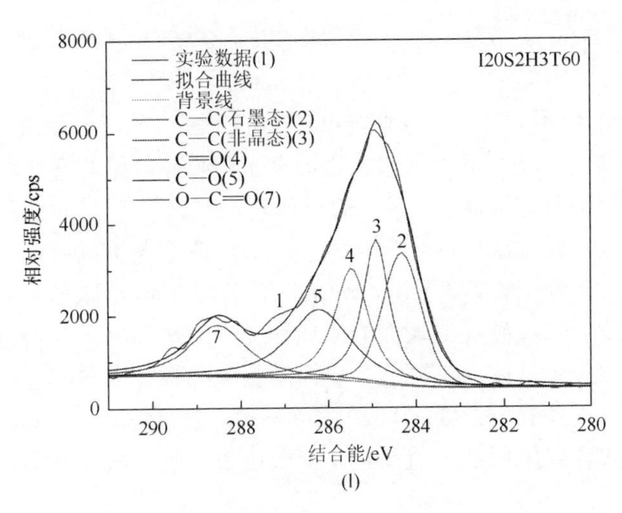
实验数据(1)
拟合曲线
背景线
C—C(石墨态)(2)
C—C(非晶态)(3)
C═O(4)
C—O(5)
O—C═O(7)
I20S2H3T60
相对强度/cps
结合能/eV
(l)

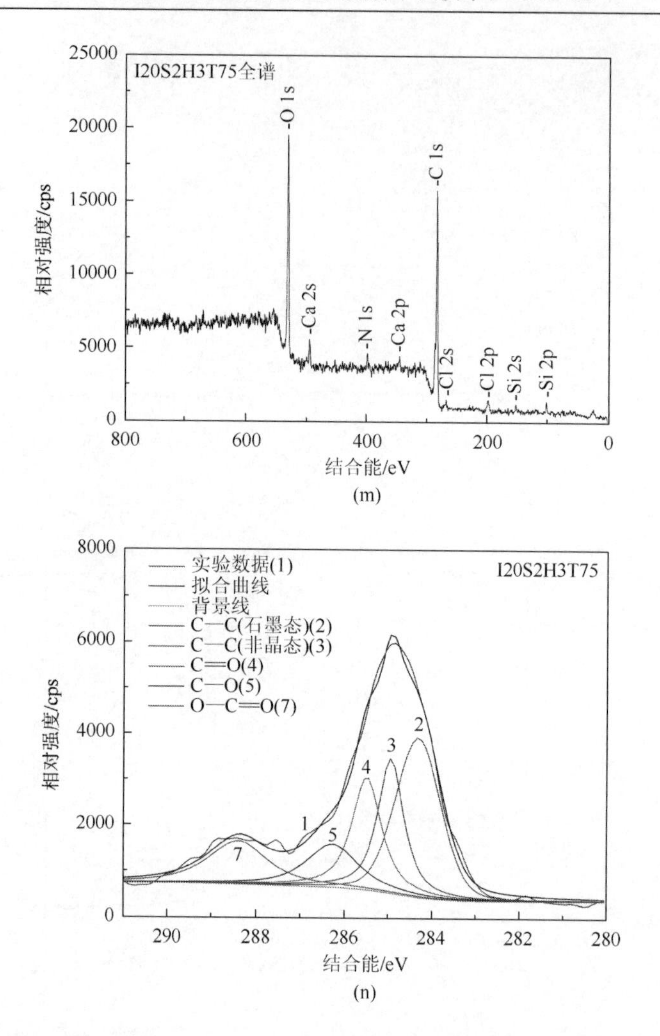

图 5-18　回收碳纤维扫描全谱及 C 1s 高分辨窄谱（后附彩图）

成的，其生成路径为：从 C—O 到 C═O 再到 O—C═O。石墨态 C—C 键的增多和亲水性 O—C═O 基团的引入极大地改善了回收碳纤维与环氧树脂之间的化学键合作用，改善了剪切性能。

在第三阶段，随着温度的不断提升，O—C═O 基团更倾向进一步氧化生成二氧化碳和水，造成其含量持续下降，导致了在 75°C 时回收碳纤维较低的 IFSS 值。提高温度可以增强回收碳纤维表面的氧化程度，但是如果温度超过某个阈值，则过度氧化会导致亲水基团含量降低，反而削弱碳纤维和水泥基基体之间的化学键合能力。此外，试件 I20S2H3T40 表面的 C—Cl 键含量高达 8.2%，表明从该反应条件获得的回收碳纤维已被严重氯化，造成该条件下回收碳纤维拉伸强度和剪切强度的大幅下降。而试件 I20S2H3T60 和 I20S2H3T75 的回收碳纤维表面的氯并非化学键合，仅以吸附状态存在。

表 5-8　回收碳纤维表面元素含量

试件	C	O	Cl	N	Si	Ca	O/C
vCF	79.3%	20.7%	0.0%	0.0%	0.0%	0.0%	0.2610
I20S2H1	68.2%	25.2%	1.4%	0.0%	3.4%	1.8%	0.3695
I20S2H3	69.7%	26.9%	2.5%	0.0%	0.0%	0.9%	0.3859
I20S2H5	69.1%	25.9%	2.4%	0.0%	0.0%	2.6%	0.3748
I20S2H3T40	66.8%	28.4%	4.8%	0.0%	0.0%	0.0%	0.4252
I20S2H3T60	64.6%	27.7%	2.4%	2.8%	1.8%	0.6%	0.4281
I20S2H3T75	63.7%	25.9%	1.9%	5.2%	2.6%	0.7%	0.4066

表 5-9　回收碳纤维表面官能团含量　（单位：%）

试件	C—C（石墨）	C—C（非晶）	C═O	C—O	C—Cl	O—C═O
vCF	27.3	23.8	19.9	29.0	0.0	0.0
I20S2H1	34.4	18.4	15.8	18.8	0.0	12.6
I20S2H3	32.7	16.7	17.5	16.5	0.0	16.6
I20S2H5	32.3	16.1	18.8	17.2	0.0	15.6
I20S2H3T40	28.3	16.6	16.8	12.5	8.2	17.7
I20S2H3T60	22.9	22.0	20.6	18.3	0.0	16.2
I20S2H3T75	29.9	21.5	19.7	13.6	0.0	15.3

5.3.8　C-FRCM 回收机理的讨论

针对 C-FRCM 试件中水泥基胶凝材料的降解效果，引入硬度指标进行评估量化，采用涂层铅笔硬度测试方法，依据文献[48]进行测试；EHD 回收后，试件的降解效果见表 5-10。

在第一阶段试验中，电流与 HNO_3 对水泥基胶凝材料协同作用进行降解。无电流工作条件下（I0 系列试件），水泥基胶凝材料仅遭受 HNO_3 的腐蚀作用，试件硬度轻微下降，效果最好的 S2H5 硬度从回收前的≫9H 降到 2B；无 HNO_3 作用时（H0 系列），硬度略微下降，I40S2H0 和 I40S2H0 的硬度分别为 HB 和 2B；因此，在单独的电流或者 HNO_3 应用条件下，水泥基胶凝材料的降解程度都非常低，无法回收得到碳纤维。当电流和 HNO_3 协同工作时，水泥基胶凝材料的降解效果出现明显提升，I20S2H1 硬度下降到 5B，I40S2H1 硬度达到 9B，回收得到碳纤维。图 5-19（a）展示了回收前试件与 I20S2H3 试件中水泥基胶凝材料与碳纤维之间的界面。可以观察到回收前试件水泥基胶凝材料规整的肋状沟槽结构，以及整个结构中由水泥浆体和聚合物形成的交联嵌入网状结构，这与其他文献中水泥基的结构相似[49, 50]，这些结构与碳纤维形成了牢固的交联黏结作用。在电流与 HNO_3 的协同作用下，水泥基基体中的 Ca^{2+}等阳离子被电驱动迁移到电解液中，往阴极迁移；同时 HNO_3 溶解水泥基基体中的聚合物，增大试件孔隙率，电解液得以渗透深入到基体内部，进一步电驱动 Ca^{2+}等阳离子往电解液中迁移，导致水泥基胶凝材料中的 $Ca(OH)_2$ 和亚硫酸铝钙加速溶解，并且水泥浆中的 C—S—H 在脱钙后形成多孔疏松的 SiO_2 凝胶，降低复合材料的硬度。SEM 结果［图 5-19（b）］显示，水泥基基体与碳纤维界面的棱状沟槽结构被纵横向的大裂缝切割成破碎的小单元，同时含有比较多的裂纹和孔洞，材料的孔隙率急剧增加；此外，C—S—H 凝胶降解后在界面处形成白色的 SiO_2 凝胶[51, 52]。最终，水泥基基体与碳纤维之间的界面交联黏结作用大大减弱，二者得以分离，回收到碳纤维。进一步增大电解液中 HNO_3 浓度，使水泥基基体中的聚合物溶解速度加快，电解液渗透更彻底，电驱动迁移 Ca^{2+}等阳离子效果更加明显，水泥基基体降解程度非常高，H3 和 H5 系列试件的硬度都＜9B。然而较高浓度的 HNO_3 加剧了回收碳纤维受到腐蚀的程度，降低了回收碳纤维的力学性能。SEM 结果显示 H5 系列回收碳纤维表面有明显的纵向和横向裂纹，导致回收碳纤维的拉伸强度从 H3 系列的 80.76%～82.89%（vs vCF）降到 H5 系列的 66.64%～60.26%（vs vCF）。与此同时，AFM 结果表明，H5 系列回收碳纤维由于受到过度的劣化，表面沟槽结构变浅，粗糙度（vCF 为 144 nm）从 H3 系列的 159～208 nm 降低到 104～129 nm，界面剪切强度从 H3 系列的 96.42%～111.55%（vs vCF）降到 H5 系列的 93.98%～95.61%（vs vCF）。综合考虑水泥基基体的降解程度和回收碳纤维的力学性能，HNO_3 的最优浓度为 3 g/L。

在第一阶段研究基础上，第二阶段着重研究温度对 EHD 回收 C-FRCM 的影响。将反应温度提升至 40℃及以上时，根据布朗运动定律，温度越高，HNO_3 分子运动越快，因此对聚合物的溶解速度加快，水泥基胶凝材料中的孔隙连通性得以在短时间内形成；电解液在水泥基胶凝材料中的渗透速度亦加快，加速了 Ca^{2+} 等阳离子电驱动迁移效应，$Ca(OH)_2$ 和亚硫酸铝钙快速溶解，当 C-FRCM 硬度 ≪ 9B 时，回收时间仅为室温条件下的 1/2，降解效率提高了一倍。同时回收碳纤维受到的劣化大幅度下降，因此维持了优异的性能。SEM 在回收碳纤维表面没有观测到凹坑、裂纹等缺陷，拉伸强度得到很大程度的提高，I20S2H3 拉伸强度从常温时的 82.89%（vs vCF）提升到 75℃时的 89.58%（vs vCF）。回收碳纤维表面的氧化程度减轻，AFM 显示回收碳纤维形貌变得平顺，仅凸起结构的数量增加，结果最佳的 I20S2H3T60 粗糙度达到 168 nm，剪切强度为 105.02%（vs vCF），剪切性能比 vCF 有一定程度提升。

基于试验研究及上述分析，采用 EHD 回收方法对 C-FRCM 进行回收。利用电

流和 HNO_3 的协同效应，电驱动水泥基胶凝材料中的 Ca^{2+} 等阳离子迁移到电解液中，降解 $Ca(OH)_2$ 和亚硫酸铝钙，使水泥浆中的 C—S—H 脱钙后形成多孔疏松的 SiO_2 凝胶；同时 HNO_3 溶解水泥基基体中的聚合物，电解液完全渗透到基体内部，进一步增强电驱动阳离子效应，促进水泥基基体的降解，因此可以轻易分离水泥基基体和碳纤维。此外，通过精准控制反应参数，采用适宜浓度的 HNO_3（H3）和反应温度（T60），可以大幅度提升水泥基基体的降解效率，减少回收碳纤维在回收过程受到的劣化，不仅使回收的碳纤维保持较高的拉伸强度，并且改良表面微观结构，引入 O—C═O 亲水官能团，提高剪切性能。在同时兼顾回收效率、回收碳纤维性能和能源消耗等因素的情况下，I20S2H3T60 为 EHD 回收 C-FRCM 的最优条件。

表 5-10　水泥基胶凝材料硬度

试件	硬度	试件	硬度
回收前试件	≫9H	S2H1	4H
S2H3	4H	S2H5	2B
I20S2H0	HB	I40S2H0	2B
I20S2H1	5B	I40S2H1	9B
I20S2H3	9B	I40S2H3	9B
I20S2H5	≪9B	I40S2H5	≪9B
I20S3H0	2B	I40S3H0	5B
I20S3H1	7B	I40S3H1	9B
I20S3H3	9B	I40S3H3	9B
I20S3H5	≪9B	I40S3H5	≪9B
I20S2H3T40	≪9B	I40S2H3T40	≪9B
I20S2H3T60	≪9B	I40S2H3T60	≪9B
I20S2H3T75	≪9B	I40S2H3T75	≪9B

注：硬度等级（从低到高）：9B-8B-7B-6B-5B-4B-3B-2B-1B-HB-F-H-2H-3H-4H-5H-6H-7H-8H-9H。

(a) 回收前试件的碳纤维-水泥基体界面

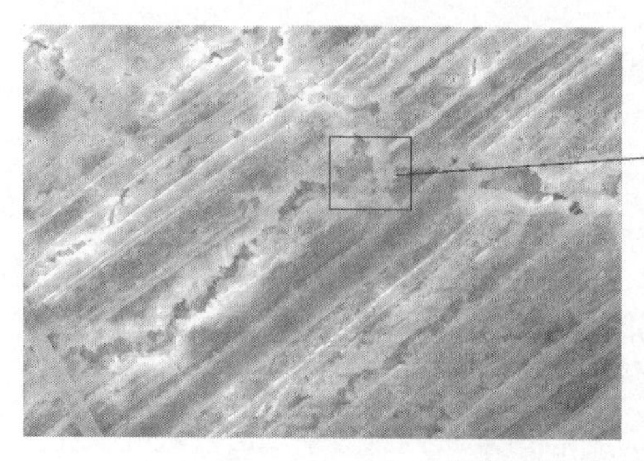

(b) 回收后试件的碳纤维-水泥基体界面

图 5-19　碳纤维与水泥基胶凝材料界面

5.4　电驱动异相催化降解法的优势及应用前景

表 5-11 汇总了当前碳纤维复合材料的主流回收方法。机械回收法条件简单，操作容易，但是碳纤维和环氧树脂分离程度低，回收碳纤维力学性能低、长度短，此外产生大量环氧树脂粉尘等污染，设备折旧率高。热解法可大规模回收碳纤维，除脂率较高、回收碳纤维尺寸得到保证，然而回收碳纤维力学性能下降严重，并且同批次回收碳纤维力学性能离散性大，需要高温（一般为 400～700℃）环境，对设备要求较高，能耗大；在大规模应用时，碳纤维飞絮物充斥工作场所及周围，污染环境且危害人体健康。溶剂降解回收法得到回收碳纤维的力学性能高，除脂率高，缺点是回收条件苛刻，需要设计特定的溶剂，高温高压环境（超/亚临界），有毒或强腐蚀溶剂，对设备操作人员的要求很高，在规模上难以放大。

目前对 EHD 回收方法的基础性研究中，在常压低温条件的水相环境下，应用低密度电流分别对碳纤维增强树脂基复合材料和碳纤维增强水泥基复合材料进行回收。针对碳纤维增强树脂基复合材料，通过断开环氧树脂中的 C—N 键或 C—O 键，使三维交联网状结构断裂成小分子的聚合物，实现环氧树脂降解和碳纤维分离。环氧树脂去除率大于 99%，拉伸强度保留值和 IFSS 分别达到 vCF 的 90%和 120%。回收碳纤维增强水泥基复合材料时，EHD 反应使水泥基基体中的 Ca^{2+}迁移，导致 $Ca(OH)_2$ 和亚硫酸铝钙的溶解，水泥浆中 C—S—H 脱钙后形成多孔疏松的 SiO_2 凝胶，实现水泥基胶凝材料和碳纤维分离，回收到高质量的碳纤维。回收碳纤维的拉伸强度保留值接近 vCF 的 90%，界面剪切强度约为 vCF 的 117%，回收碳纤维的回收率高达 92%。

对比其他回收方法，参见表 5-11，电驱动异相催化降解法拥有明显的优势：回收条件要求低，可以在常压低温下进行，使用的溶液无毒安全；能够回收到高质量的碳纤维，碳纤维拉伸强度接近 90%；表面化学组分引入含氧亲水官能团

O═C—O，剪切强度得到大幅度提升，可高达 120%；完全除去环氧树脂，回收尺寸可以根据需要进行调整，有利于碳纤维再利用；对环境的影响非常小，回收过程既没有产生环氧树脂粉尘、纤维飞絮物，也不会排放 CO_2 和高热量影响气候温度，只有微量的氢气逃逸到空气中，此外没有醇类、高浓度酸碱等溶剂污染环境，是高效、绿色环保的回收方法。

此外，通过对 EHD 回收方法的优化设计，发现通过调控关键控制参数，可以定向改变碳纤维表面含氧官能团种类，引入有利于界面黏结性能的官能团，增强回收碳纤维与水泥基基体之间的结合能力，从而优化回收碳纤维与基体材料的界面黏结性能，提高回收碳纤维再利用价值。同时，采用 EHD 回收方法回收碳纤维增强复合材料废弃物，可以获取到大量质优价廉的碳纤维，应用到碳纤维增强混凝土材料制造，大大降低了土木高性能材料成本，突破了回收碳纤维在土木工程领域的应用与循环再利用瓶颈，对于发展我国高科技、绿色低碳的土木建筑行业具有重大的意义。

表 5-11　不同回收方法的比较

回收方法		机械回收	热分解回收		溶剂降解回收		EHD 回收
		粉碎	流化床	热解	超/亚临界	常压溶剂	
回收条件	温度/℃	室温	450～500	400～700	250～450	90～350	25～75
	压力/MPa	常压	0.10～0.25	常压	5.00～35.00	常压	常压
	毒性	无	无	无	有	有	无
回收效果	拉伸强度/MPa	50～65	50～75	50～85	85～98	85～98	～90
	剪切强度/MPa	—	～80.0	—	88.6～99.0	—	～120.0
	除脂率/%	—	—	～92.4	79.3～98.6	90.0～99.0	99.0～99.9
	回收尺寸/mm	<10	10～50	～500	10～50	10～50	～200
环境影响		树脂粉尘	CO_2 树脂粉尘 高热量	CO_2 飘絮物高热量	醇类及酸碱等溶剂高热量	醇类及酸碱等溶剂	微量氢气

参 考 文 献

[1] The European Parliament and The Council of The European Union. Directive 2000/53/EC of the European Parliament and of the council of 18 september 2000 on end-of life vehicles[J]. Official Journal of the European Union，L Series，2000，21：34-42.

[2] Bos G. EU waste legislation and the composites industry[C]//Seminar on recycling of composite materials，IFP SICOMP，Molndal，Sweden. 2002，14-15.

[3] 中华人民共和国工业和信息化部. 加快推进碳纤维行业发展行动计划[DB/OL].（2013-10-22）[2020-05-25]. http://www.gov.cn/gzdt/2013-11/07/content_2523519.htm.

[4] 中华人民共和国工业和信息化部. 产业关键共性技术发展指南(2015 年)[DB/OL].(2015-11-12)[2020-05-25]. http://www.gov.cn/xinwen/2015-11/18/content_2967577.htm.

[5] 中华人民共和国工业和信息化部. 产业关键共性技术发展指南(2017 年)[DB/OL].(2017-10-18)[2020-05-25]. http://www.gov.cn/xinwen/2017-10/30/content_5235348.htm.

[6] 中华人民共和国国务院. “十三五”国家战略性新兴产业发展规划[DB/OL].（2016-12-19）[2020-05-25]. http://www.gov.cn/zhengce/content/2016-12/19/content_5150090.htm.

[7] 中华人民共和国国务院. “十三五”节能减排综合工作方案[DB/OL].（2017-01-05）[2020-05-25]. http://www.gov.cn/zhengce/content/2017-01/05/content_5156789.htm.

[8] 中华人民共和国国家发展和改革委员会，科技部，工业和信息化部，等. 循环发展引领行动[DB/OL].（2017-04-21）[2020-05-25]. http://www.gov.cn/xinwen/2017-05/04/content_5190902.htm.

[9] Pickering S J. Recycling technologies for thermoset composite materials—current status[J]. Composites Part A：Applied Science and Manufacturing，2006，37（8）：1206-1215.

[10] Pimenta S，Pinho S T. Recycling carbon fibre reinforced polymers for structural applications：Technology review and market outlook[J]. Waste Management，2011，31（2）：378-392.

[11] Feraboli P，Kawakami H，Wade B，et al. Recyclability and reutilization of carbon fiber fabric/epoxy composites[J]. Journal of Composite Materials，2012，46（12）：1459-1473.

[12] Zhu J H，Chen P Y，Su M N，et al. Recycling of carbon fibre reinforced plastics by electrically driven heterogeneous catalytic degradation of epoxy resin[J]. Green Chemistry，2019，21（7）：1635-1647.

[13] Chen P Y，Pei C，Zhu J H，et al. Sustainable recycling of intact carbon fibres from end-of-service-life composites[J]. Green Chemistry，2019，21（17）：4757-4768.

[14] Hartt G N，Carey D P. Economics of recycling thermosets[C]//SAE 1992 Transactions：Journal of Matcrials and Manufacturing-V101-5. [s.l.]：SAE International，1992：920802.

[15] Scheirs J. Polymer Recycling：Science，Technology And Applications[M]. New York：Wiley，1998.

[16] Palmer J，Ghita O R，Savage L，et al. Successful closed-loop recycling of thermoset composites[J]. Composites Part A：Applied Science and Manufacturing，2009，40（4）：490-498.

[17] Howarth J，Mareddy S S R，Mativenga P T. Energy intensity and environmental analysis of mechanical recycling of carbon fibre composite[J]. Journal of Cleaner Production，2014，81：46-50.

[18] Yip H L H，Pickering S J，Rudd C D. Characterisation of carbon fibres recycled from scrap composites using fluidised bed process[J]. Plastics，Rubber and Composites，2002，31（6）：278-282.

[19] Jiang G，Pickering S J，Walker G S，et al. Surface characterisation of carbon fibre recycled using fluidised bed[J]. Applied Surface Science，2008，254（9）：2588-2593.

[20] Ushikoshi K，Komatsu N，Sugino M. Recycling of CFRP by pyrolysis method[J]. Journal of the Society of Materials Science，Japan，1995，44（499）：428-431.

[21] Blazsó M. 5-Pyrolysis for recycling waste composites[C]//Management，Recycling and Reuse of Waste Composites. Cambridge：Woodhead Publishing Limited，2010：102-121.

[22] Heil J P. Study and analysis of carbon fiber recycling[D]. Raleigh：North Carolina State University，2011.

[23] Pimenta S，Pinho S T. The effect of recycling on the mechanical response of carbon fibres and their composites[J]. Composite Structures，2012，94（12）：3669-3684.

[24] Lester E，Kingman S，Wong K H，et al. Microwave heating as a means for carbon fibre recovery from polymer composites：A technical feasibility study[J]. Materials Research Bulletin，2004，39（10）：1549-1556.

[25] Eckert C A，Knutson B L，Debenedetti P G. Supercritical fluids as solvents for chemical and materials

processing[J]. Nature，1996，383（6598）：313-318.

[26] Piñero-Hernanz R，Dodds C，Hyde J，et al. Chemical recycling of carbon fibre reinforced composites in nearcritical and supercritical water[J]. Composites Part A：Applied Science and Manufacturing，2008，39（3）：454-461.

[27] Li Y Y，Shan G H，Meng L H. Recycling of carbon fibre reinforced composites using water in subcritical conditions[J]. Materials Science and Engineering：A，2009，520（1-2）：179-183.

[28] 孟令辉，黄玉东，吴国华. 超临界水对碳纤维/酚醛复合材料的分解[J]. 复合材料学报，2002，19（3）：37-41.

[29] Fromonteil C，Bardelle P，Cansell F. Hydrolysis and oxidation of an epoxy resin in sub-and supercritical water[J]. Industrial & Engineering Chemistry Research，2000，39（4）：922-925.

[30] Bai Y P，Wang Z，Feng L Q. Chemical recycling of carbon fibers reinforced epoxy resin composites in oxygen in supercritical water[J]. Materials & Design，2010，31（2）：999-1002.

[31] Piñero-Hernanz R，García-Serna J，Dodds C，et al. Chemical recycling of carbon fibre composites using alcohols under subcritical and supercritical conditions[J]. The Journal of Supercritical Fluids，2008，46（1）：83-92.

[32] Jiang G，Pickering S J，Lester E H，et al. Characterisation of carbon fibres recycled from carbon fibre/epoxy resin composites using supercritical n-propanol[J]. Composites Science and Technology，2009，69（2）：192-198.

[33] Jiang G，Pickering S J，Lester E H，et al. Decomposition of epoxy resin in supercritical isopropanol[J]. Industrial & Engineering Chemistry Research，2010，49（10）：4535-4541.

[34] Lee S H，Choi H O，Kim J S，et al. Circulating flow reactor for recycling of carbon fiber from carbon fiber reinforced epoxy composite[J]. Korean Journal of Chemical Engineering，2011，28（2）：449-454.

[35] Nie W D，Liu J，Liu W B，et al. Decomposition of waste carbon fiber reinforced epoxy resin composites in molten potassium hydroxide[J]. Polymer Degradation and Stability，2015，111：247-256.

[36] 陈丕钰. 碳纤维增强复合材料的电化学回收方法研究[D]. 深圳：深圳大学，2017.

[37] Li J，Xu P L，Zhu Y K，et al. A promising strategy for chemical recycling of carbon fiber/thermoset composites：self-accelerating decomposition in a mild oxidative system[J]. Green Chemistry，2012，14（12）：3260-3263.

[38] Qian X，Zhi J，Chen L，et al. Effect of low current density electrochemical oxidation on the properties of carbon fiber-reinforced epoxy resin composites[J]. Surface and Interface Analysis，2013，45（5）：937-942.

[39] King T R，Adams D F，Buttry D A. Anodic oxidation of pitch-precursor carbon fibres in ammonium sulphate solutions：the effect of fibre surface treatment on composite mechanical properties[J]. Composites，1991，22（5）：380-387.

[40] Yue Z R，Jiang W，Wang L，et al. Surface characterization of electrochemically oxidized carbon fibers[J]. Carbon，1999，37（11）：1785-1796.

[41] Severini F，Formaro L，Pegoraro M，et al. Chemical modification of carbon fiber surfaces[J]. Carbon，2002，40（5）：735-741.

[42] Zhang S，Li X，Chen J P. An XPS study for mechanisms of arsenate adsorption onto a magnetite-doped activated carbon fiber[J]. Journal of Colloid and Interface Science，2010，343（1）：232-238.

[43] Giannadakis K，Szpieg M，Varna J. Mechanical performance of a recycled carbon fibre/PP composite[J]. Experimental Mechanics，2011，51（5）：767-777.

[44] Takahagi T，Ishitani A. XPS studies by use of the digital difference spectrum technique of functional groups on the surface of carbon fiber[J]. Carbon，1984，22（1）：43-46.

[45] Ryu S K，Park B J，Park S J. XPS analysis of carbon fiber surfaces—anodized and interfacial effects in fiber-epoxy composites[J]. Journal of Colloid and Interface Science，1999，215（1）：167-169.

[46] Zebger I，Elorza A L，Salado J，et al. Degradation of poly（1，4-phenylene sulfide）on exposure to chlorinated

water[J]. Polymer Degradation and Stability，2005，90（1）：67-77.

[47] Zebger I, Goikoetxea A B, Jensen S, et al. Degradation of vinyl polymer films upon exposure to chlorinated water: The pronounced effect of a sample's thermal history[J]. Polymer Degradation and Stability, 2003, 80(2): 293-304.

[48] International Organization for Standardization. Paints and varnishes：Determination of film hardness by pencil test：ISO 15184[S]. Geneva：International Organization for Standardization，2012.

[49] Ohama Y. Principle of latex modification and some typical properties of latex-modified mortars and concretes adhesion; binders(materials); bond(paste to aggregate); carbonation; chlorides; curing; diffusion[J]. ACI Materials Journal，1987，84（6）：511-518.

[50] Isenburg J E，Vanderhoff J W. Hypothesis for reinforcement of portland cement by polymer latexes[J]. Journal of the American Ceramic Society，1974，57（6）：242-245.

[51] Shi C J，Stegemann J A. Acid corrosion resistance of different cementing materials[J]. Cement and Concrete Research，2000，30（5）：803-808.

[52] Pavlík V. Corrosion of hardened cement paste by acetic and nitric acids part Ⅱ：Formation and chemical composition of the corrosion products layer[J]. Cement and Concrete Research，1994，24（8）：1495-1508.

附录一　ICCP-SS 技术研究生学位论文

[1] Zhu M C. Bond behavior and degradation mechanisms of multi-functional fabric reinforced cementitious matrix（MFRCM）composites used for ICCP-SS[D]. Sapporo：Hokkaido University；Shenzhen: Shenzhen University，2020.

[2] Wei L L. Characterizations of RC beams intervened by ICCP-SS system with externally bonded carbon-FRCM composites[D]. Sapporo：Hokkaido University；Shenzhen：Shenzhen University，2020.

[3] 王智. ICCP 极化下 C-FRCM 加固混凝土短柱轴压性能研究[D]. 深圳：深圳大学，2020.

[4] 冯缘. ICCP-SS 体系对于钢筋混凝土空心柱的保护效果研究[D]. 深圳：深圳大学，2020.

[5] 李海炫. C-FRCM 复合材料拉拔和拉伸力学性能关键影响参数及锚固机理研究[D]. 深圳：深圳大学，2020.

[6] 赖拥斌. 纤维弯折和 U 型箍锚固 C-FRCM 加固钢筋混凝土梁界面剪切与抗弯性能研究[D]. 深圳：深圳大学，2020.

[7] 李婉倩. 碳纤维网格增强水泥基复合材料多功能免拆模板的性能研究[D]. 深圳：深圳大学，2019.

[8] 梁翰石. ICCP-SS 系统复合加固简支梁的疲劳性能研究[D]. 深圳：深圳大学，2019.

[9] 朱耀腾. 外加电流阴极保护导致的 CFRCM-混凝土界面性能劣化研究[D]. 深圳：深圳大学，2018.

[10] 曾志文. 基于 ICCP-SS 双重修复技术的钢筋混凝土简支梁性能与设计方法研究[D]. 深圳：深圳大学，2018.

[11] 黄加义. 基于ICCP-SS双重修复方法的钢筋混凝土短柱性能与设计方法研究[D]. 深圳：深圳大学，2018.

[12] 林伟浩. 基于 ICCP-SS 双重修复技术的钢筋混凝土连续梁的力学性能研究[D]. 深圳：深圳大学，2018.

[13] 刘健. 新型 AAM/CFRP 复合辅助阳极的设计及其在 ICCP-SS 系统中的应用[D]. 深圳：深圳大学，2017.

[14] 陈丕钰. 碳纤维增强复合材料的电化学回收方法研究[D]. 深圳：深圳大学，2017.

[15] 郭冠平. 采用水泥基胶凝材料的 ICCP-SS 系统运行性能及 CFRP 回收方法研究[D]. 深圳：深圳大学，2016.
[16] 彭王威. CFRP/碱激发胶凝复合材料作为 ICCP-SS 系统辅助阳极的性能研究[D]. 深圳：深圳大学，2016.
[17] 梁成柯. 采用 CFRP 作为钢筋混凝土结构电化学除氯阳极材料的研究与应用[D]. 深圳：深圳大学，2015.
[18] 魏亮亮. 基于 ICCP-SS 体系的钢筋混凝土耐久性保障策略基础研究[D]. 深圳：深圳大学，2015.
[19] 朱淼长. 采用 CFRP 为辅助阳极的钢筋混凝土外加电流阴极保护方法研究[D]. 深圳：深圳大学，2014.

附录二 ICCP-SS技术主要学术论文

[1] Zeng C Q，Mohamed I M A，Yu H T，et al. Enhancement of the corrosion inhibition of carbon fibre via the effect of the chloride ions on its anodic corrosion[J]. Construction and Building Materials，2020，264：120682.

[2] Feng R，Zhang J Z，Zhu J H，et al. Experimental study on the behavior of carbon-fabric reinforced cementitious matrix composites in impressed current cathodic protection[J]. Construction and Building Materials，2020，264：120655.

[3] Zhu M C，Ueda T，Zhu J H. Generalized evaluation of bond behavior of the externally bonded FRP reinforcement to concrete[J]. Journal of Composites for Construction，2020，246：4020066.

[4] Feng R，Zhang J Z，Zhu J H，et al. Experimental study on interface bonding fatigue behavior of C-FRCM composites in ICCP[J]. Construction and Building Materials，2020，259：119660.

[5] Zeng C Q，Zhu J H，Xiong C，et al. Analytical model for the prediction of the tensile behaviour of corroded steel bars[J]. Construction and Building Materials，2020，258：120290.

[6] Pei C，Zhou X Y，Zhu J H，et al. Synergistic effects of a novel method of preparing graphene/polyvinyl alcohol to modify cementitious material[J]. Construction and Building Materials，2020，258：119647.

[7] Zhu M C，Zhu J H，Ueda T，et al. A method for evaluating the bond behavior and anchorage length of embedded carbon yarn in the cementitious matrix[J]. Construction and Building Materials，2020，255：119067.

[8] Pei C，Guo P H，Zhu J H. Orthogonal experimental analysis and nechanism study on electrochemical catalytic treatment of carbon fiber-reinforced plastics assisted by phosphotungstic acid[J]. Polymers，2020，12（9）：1866.

[9] Abd El-Lateef H M，Mohamed I M，Zhu J H，et al. An efficient synthesis of electrospun TiO_2-nanofibers/Schiff base phenylalanine composite and its inhibition behavior for C-steel corrosion in acidic chloride environments[J]. Journal of the Taiwan Institute of Chemical Engineers，2020，112：306-321.

[10] Pei C，Ueda T，Zhu J H. Investigation of the effectiveness of graphene/ polyvinyl

alcohol on the mechanical and electrical properties of cement composites[J]. Materials and Structures，2020，53（3）：43845.

[11] Zhu J H，Wang Z，Su M N，et al. C-FRCM Jacket Confinement for RC Columns under Impressed Current Cathodic Protection[J]. Journal of Composites for Construction，2020，24（2）：4020001.

[12] Feng R，Liu Y X，Zhu J H，et al. Flexural behaviour of C-FRCM strengthened corroded RC continuous beams[J]. Composite Structures，2020，245：112200.

[13] Wei L L，Zhu J H，Ueda T，et al. Tensile behaviour of carbon fabric reinforced cementitious matrix composites as both strengthening and anode materials[J]. Composite Structures，2020，234：111675.

[14] Su M N，Zeng C Q，Li W Q，et al. Flexural performance of corroded continuous RC beams rehabilitated by ICCP-SS[J]. Composite Structures，2020，232：111556.

[15] Wei L L，Zhu J H，Dong Z J，et al. Anodic and Mechanical Behavior of Carbon Fiber Reinforced Polymer as a Dual-Functional Material in Chloride-Contaminated Concrete[J]. Materials，2020，13（1）：222.

[16] Zhu J H，Zeng C Q，Su M N，et al. Effectiveness of a dual-functional intervention method on the durability of reinforced concrete beams in marine environment[J]. Construction and Building Materials，2019，222：633-642.

[17] Su M N，Wei L L，Zhu J H，et al. Combined impressed current cathodic protection and FRCM strengthening for corrosion-prone concrete structures[J]. Journal of Composites for Construction，2019，234：4019021.

[18] Su M N，Wei L L，Zeng Z W，et al. A solution for sea-sand reinforced concrete beams[J]. Construction and Building Materials，2019，204：586-596.

[19] Li W Q，Zhu J H，Chen P Y，et al. Evaluation of carbon fiber reinforced cementitious matrix as a recyclable strengthening material[J]. Journal of Cleaner Production，2019，217：234-243.

[20] Su M N，Liang H S，Wei L L，et al. Experimental investigation on the ICCP-SS technique for sea-sand RC beams[C]//Proceedings of the Sixth International Conference on Durability of Concrete Structures，Leeds，United Kingdom，2019.

[21] Chen P Y，Pei C，Zhu J H，et al. Sustainable recycling of intact carbon fibres from end-of-service-life composites[J]. Green Chemistry，2019，21（17）：4757-4768.

[22] Zhu J H，Chen P Y，Su M N，et al. Recycling of carbon fibre reinforced plastics by electrically driven heterogeneous catalytic degradation of epoxy resin[J]. Green Chemistry，2019，21（7）：1635-1647.

[23] Pei C，Zhou X Y，Zhu J H. Insight into polyvinyl alcohol stabilized graphene

dispersion based on molecular dynamics and its modification effect on cement-based materials[C]//The 9th Asia-Pacific Young Researchers and Graduates Symposium，Shanghai，China，2019，244-247.

[24] Zeng C Q，Zhu J H. Numerical investigation on the tensile behavior of carbon fabric reinforced cementitious mortar using discrete element method[C]//The 9th Asia-Pacific Young Researchers and Graduates Symposium，Shanghai，China，2019.

[25] Pei C，Zhu J H，Ueda T. Research on sensing property of graphene/PVA composite modified cement-based material[C]//Proceedings of the 3rd ACF Symposium on Assessment and Intervention of Existing Structures，Sapporo，Japan，2019，27-34.

[26] Zeng C Q，Zhu J H，Ueda T. Corrosion resistance of carbon fiber anode in simulated pore solution[C]//Proceedings of the 3rd ACF Symposium on Assessment and Intervention of Existing Structures，Sapporo，Japan，2019，41-47.

[27] Zhu M C，Ueda T，Zhu J H，et al. An innovative multifunctional fabric reinforced cementitious matrix composite（MFRCM）for ICCP-SS of concrete structures[C]// Proceedings of the 3rd ACF Symposium on Assessment and Intervention of Existing Structures，Sapporo，Japan，2019，308-315.

[28] Wei L L，Zhu J H，Ueda T，et al. Assessment of tensile behavior and durability of carbon-FRCM as a dual-functional composite material[C]//Proceedings of the 3rd ACF Symposium on Assessment and Intervention of Existing Structures，Sapporo，Japan，2019，65-72.

[29] Wang Z，Zhu J H，Su M N，et al. Modification of strength model of C-FRCM confined concrete column under impressed current cathodic protection[C]//Proceedings of the 3rd ACF Symposium on Assessment and Intervention of Existing Structures，Japan，2019，137-143.

[30] Lai Y B，Zhang D W，Zhu J H，et al. Effect of FRCM u-shape anchorage on the FRCM strengthened RC beams[C]//Proceedings of the 3rd ACF Symposium on Assessment and Intervention of Existing Structures，Sapporo，Japan，2019，144-150.

[31] Li H X，Zhang D W，Zhu J H，et al. Pull-out behavior of carbon-fiber bundles with fiber end bending anchorage[C]//Proceedings of the 3rd ACF Symposium on Assessment and Intervention of Existing Structures，Sapporo，Japan，2019，101-108.

[32] Zhu J H，Wang Z，Li W Q，et al. A dual-functional intervention method for sea-sand concrete structure[J]. ACI Materials，Special Publication，2018，330:

219-226.

[33] Zhu J H，Su M N，Huang J Y，et al. The ICCP-SS technique for retrofitting reinforced concrete compressive members subjected to corrosion[J]. Construction and Building Materials，2018，167：669-679.

[34] Zhu M C，Li W Q，Zhu J H，et al. Bond behavior of a multifilament carbon yarn embedded in cementitious matrix[C]//Proceeding of the 8th International Conference of Asian Concrete Federation，China，2018，283-290.

[35] Wei L L，Li W Q，Chen P Y，et al. Investigation on the long-term performance of impressed current cathodic protection using CFRP anode[C]//Proceeding of the 8th International Conference of Asian Concrete Federation，China，2018，715-723.

[36] Liang H S，Zhu J H，Xing F，et al. Experimental Investigation on the ICCP-SS Technique for Sea-sand RC Beams[C]//Proceedings of the Sixth International Conference on Durability of Concrete Structures，Leeds，United Kingdom，2018.

[37] Wei L L，Su M N，Ueda T，et al. A study on performance in flexure of RC beams strengthened with precast carbon-FRCM plate composites[C]//Proceedings of the Japan Concrete Institute，Japan，2018.

[38] Zhu J H，Wei L L，Moahmoud H，et al. Investigation on CFRP as dual-functional material in chloride-contaminated solutions[J]. Construction and Building Materials，2017，151：127-137.

[39] Xing F，Li W Q，Su M N，et al. Investigation of a new retrofitting method for RC compressive members in corrosive environments[C]//Proceeding of the 15th East Asia-Pacific Conference on Structural Engineering and Construction Conference（EASEC-15），Xi'an，China，2017.

[40] Zhu J H，Lin W H，Chen P Y，et al. The bond behavior between C-FRCM composite and concrete under the impressed current cathodic protection[C]//Proceeding of 6th Asia-Pacific Conference on FRP in Structures，Singapore，2017.

[41] Zhu J H. A solution to sea sand sea water RC structures[C]//Concrete Research Committee Seminar，Association of Civil Engineering Technology of Hokkaido，Sapporo，Japan，2017.

[42] Sun H F，Memon S A，Gu Y，et al. Degradation of carbon fiber reinforced polymer from cathodic protection process on exposure to NaOH and simulated pore water solutions[J]. Materials and Structures，2016，49（12）：5273-5283.

[43] Zhu J H，Wei L L，Guo G P，et al. Mechanical and electrochemical performance of carbon fiber reinforced polymer in oxygen evolution environment[J]. Polymers，2016，8（11）：393.

[44] Zhu J H，Wei L L，Wang Z H，et al. Application of carbon-fiber-reinforced polymer anode in electrochemical chloride extraction of steel-reinforced concrete[J]. Construction and Building Materials，2016，120：275-283.

[45] Sun H F，Wei L L，Zhu M C，et al. Corrosion behavior of carbon fiber reinforced polymer anode in simulated impressed current cathodic protection system with 3% NaCl solution[J]. Construction and Building Materials，2016，112：538-546.

[46] Zhu J H，Guo G P，Wei L L，et al. Dual function behavior of carbon fiber-reinforced polymer in simulated pore solution[J]. Materials，2016，9（2）：103.

[47] Zhu J H. Development of combined ICCP-SS system for reinforced concrete structures in marine environments[C]//The 5th International Conference on Durability of Concrete Structures，Shenzhen，China，2016.

[48] Sun H F，Guo G P，Memon S A，et al. Recycling of carbon fibers from carbon fiber reinforced polymer using electrochemical method[J]. Composites Part A：Applied Science and Manufacturing，2015，78：10-17.

[49] Zhu J H，Wei L L，Zhu M C，et al. Polarization induced deterioration of reinforced concrete with CFRP anode[J]. Materials，2015，8（7）：4316-4331.

[50] Zhu J H，Xing F，Sun H F，et al. Behavior of carbon fiber reinforced polymer anode in simulated impressed current cathodic protection system of reinforced concrete structures[C]//The International Symposium on Symposium on Reliability of Engineering System（SRES2015），Hangzhou，China，2015.

[51] Zhu J H，Zhu M C，Han N X，et al. Behavior of CFRP plate in simulated ICCP system of concrete structures[C]//Proceedings of the 4th International Conference on the Durability of Concrete Structures，West Lafayette，USA，2014.

[52] Zhu J H，Zhu M C，Han N X，et al. Electrical and mechanical performance of carbon fiber-reinforced polymer used as the impressed current anode material[J]. Materials，2014，7（8）：5438-5453.

彩　　图

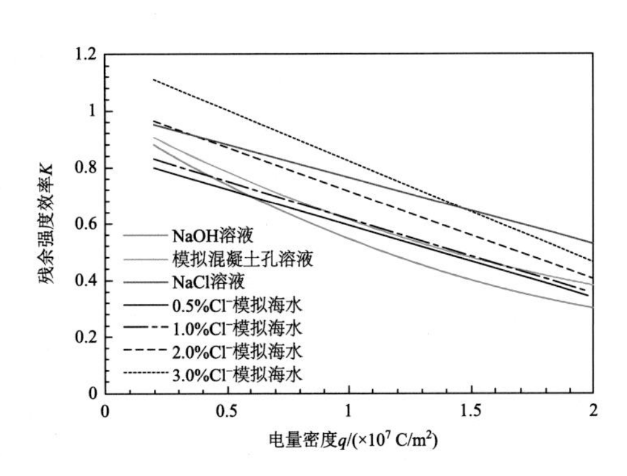

图 2-25　CFRP 在不同环境中阳极极化后残余强度效率模型的比较

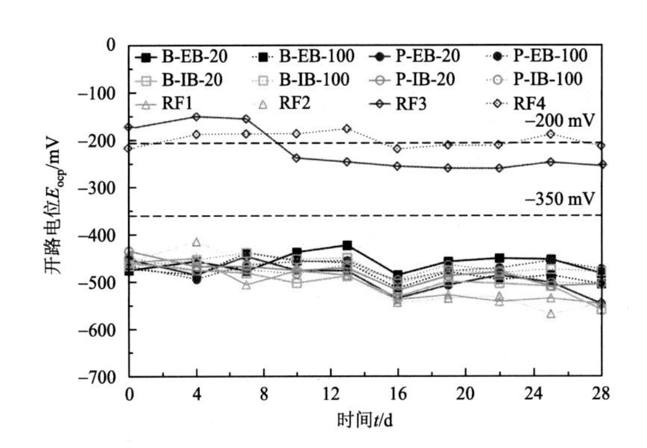

图 3-5　钢筋（板）在 ICCP 试验前的开路电位

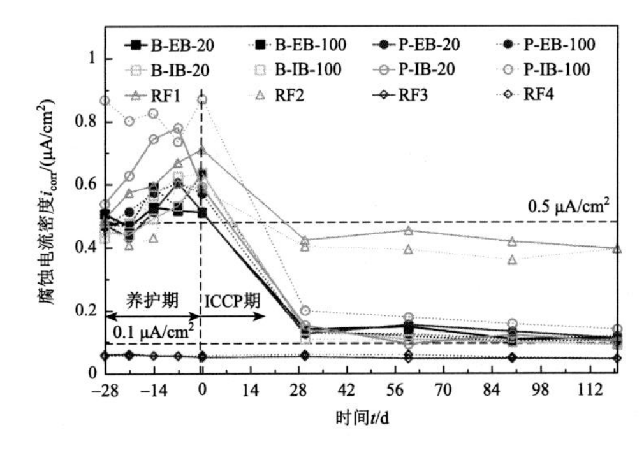

图 3-6　钢筋（板）腐蚀电流密度变化

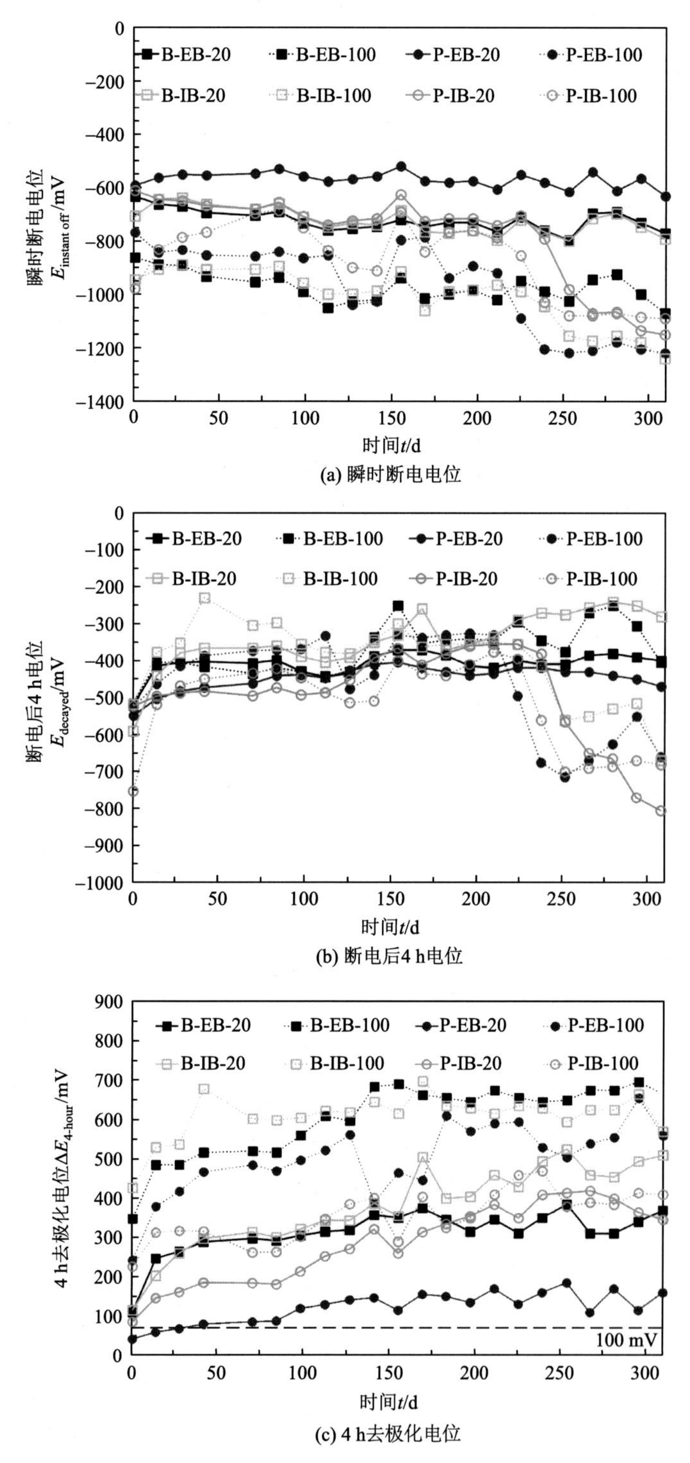

(a) 瞬时断电电位

(b) 断电后4 h电位

(c) 4 h去极化电位

图 3-7 ICCP 试验中钢筋（板）的电位变化

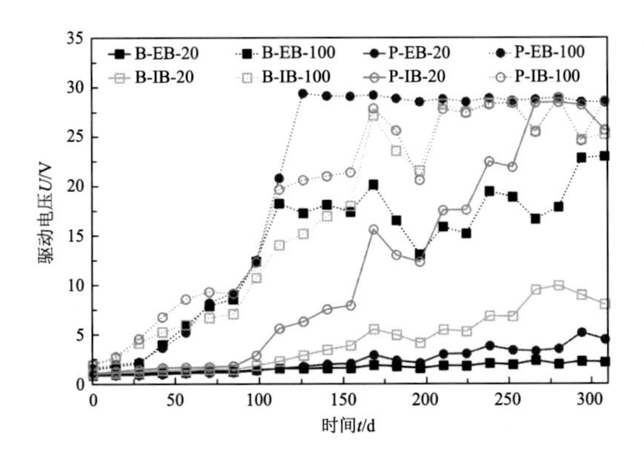

图 3-8　ICCP 试验中驱动电压的变化

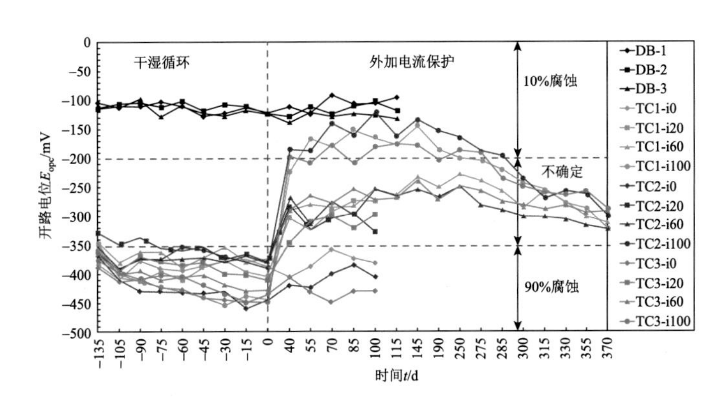

图 4-8　阴极保护前后钢筋开路电位的变化

时间负值表示未通电之前

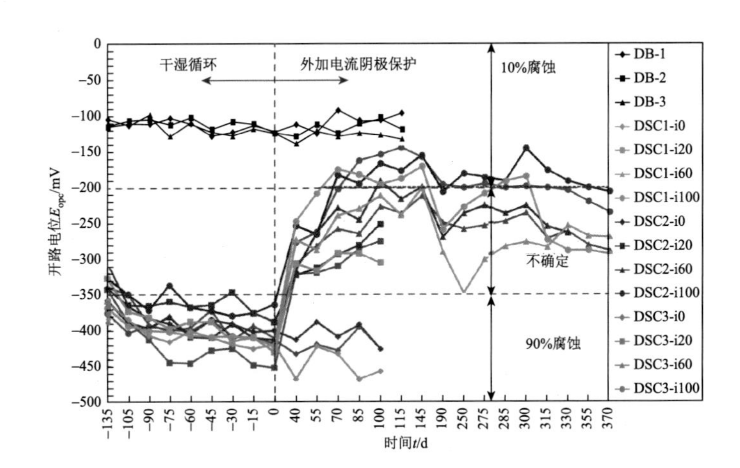

图 4-17　阴极保护前后钢筋开路电位的变化

时间负值表示未通电之前

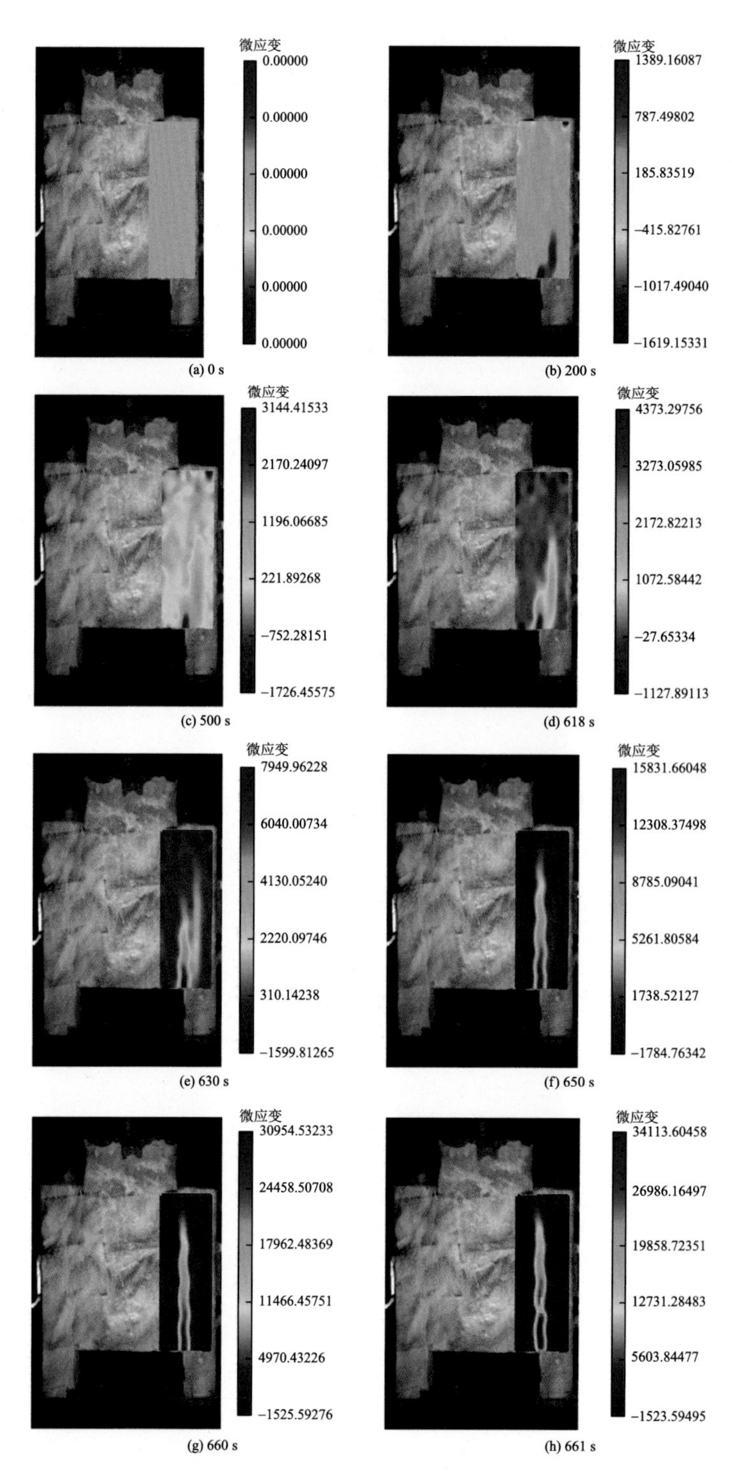

图 4-20　DSC1-i100-t4 试件的破坏过程

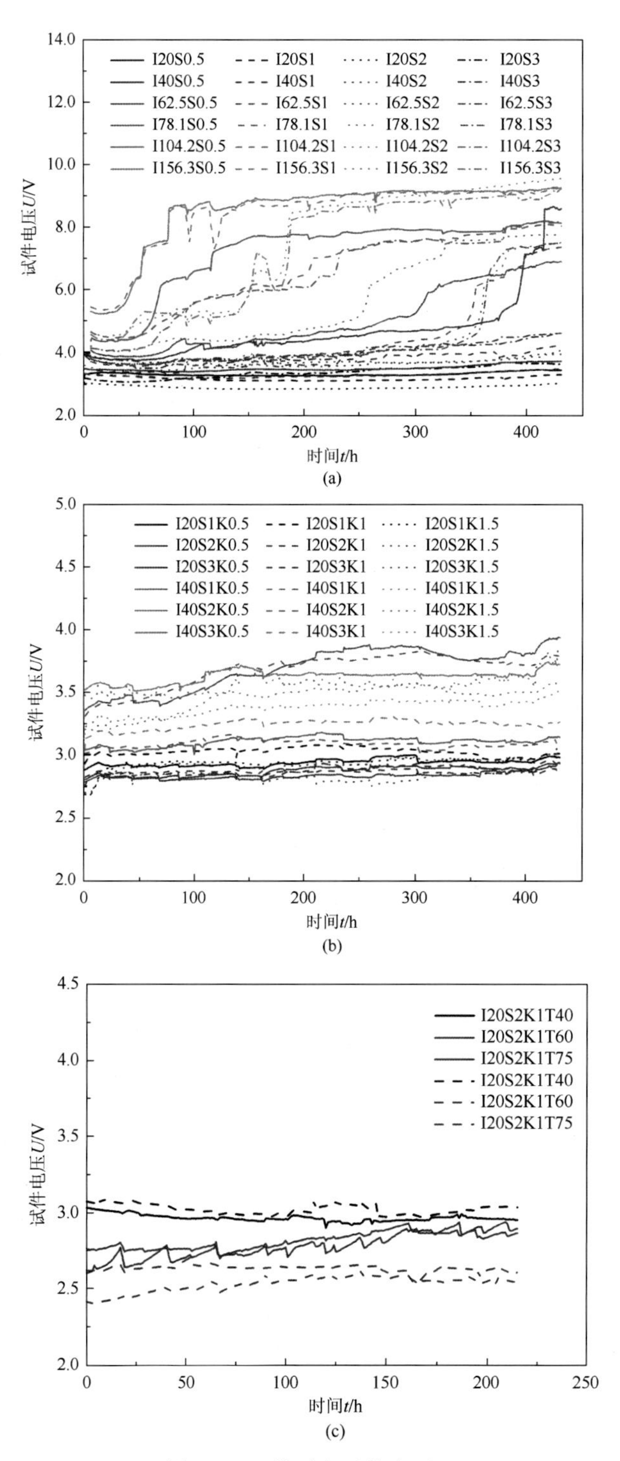

图 5-3　回收过程试件电压

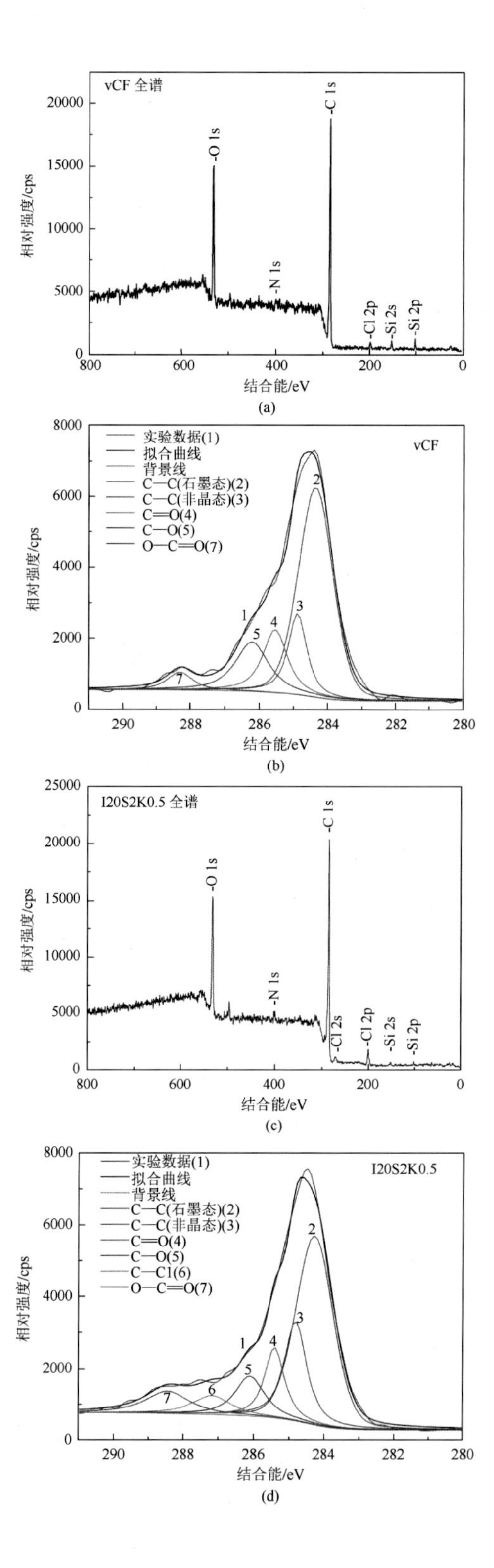

vCF 全谱
相对强度/cps
结合能/eV
-O 1s
-C 1s
-N 1s
-Cl 2p
-Si 2s
-Si 2p
(a)
实验数据(1)
拟合曲线
背景线
C—C(石墨态)(2)
C—C(非晶态)(3)
C═O(4)
C—O(5)
O—C═O(7)
vCF
(b)
I20S2K0.5 全谱
-Cl 2s
(c)
I20S2K0.5
C—Cl(6)
(d)

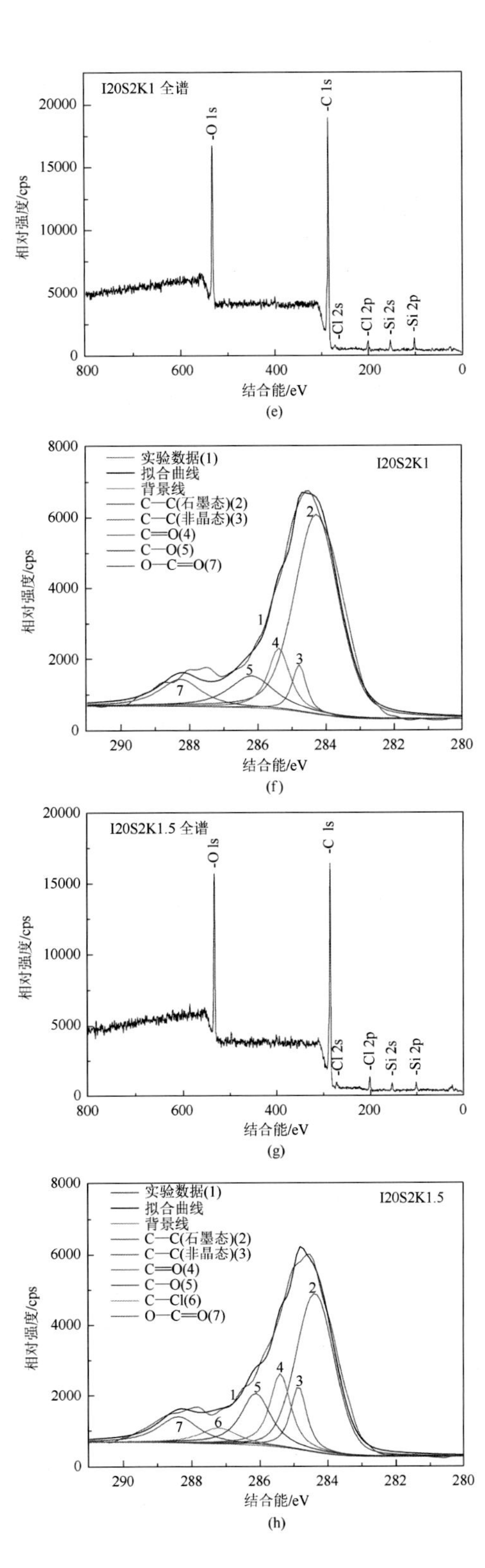
I20S2K1 全谱
相对强度/cps
结合能/eV
-O 1s
-C 1s
-Cl 2s
-Cl 2p
-Si 2s
-Si 2p
(e)
实验数据(1)
拟合曲线
背景线
C—C(石墨态)(2)
C—C(非晶态)(3)
C═O(4)
C—O(5)
O—C═O(7)
I20S2K1
(f)
I20S2K1.5 全谱
(g)
C—Cl(6)
I20S2K1.5
(h)

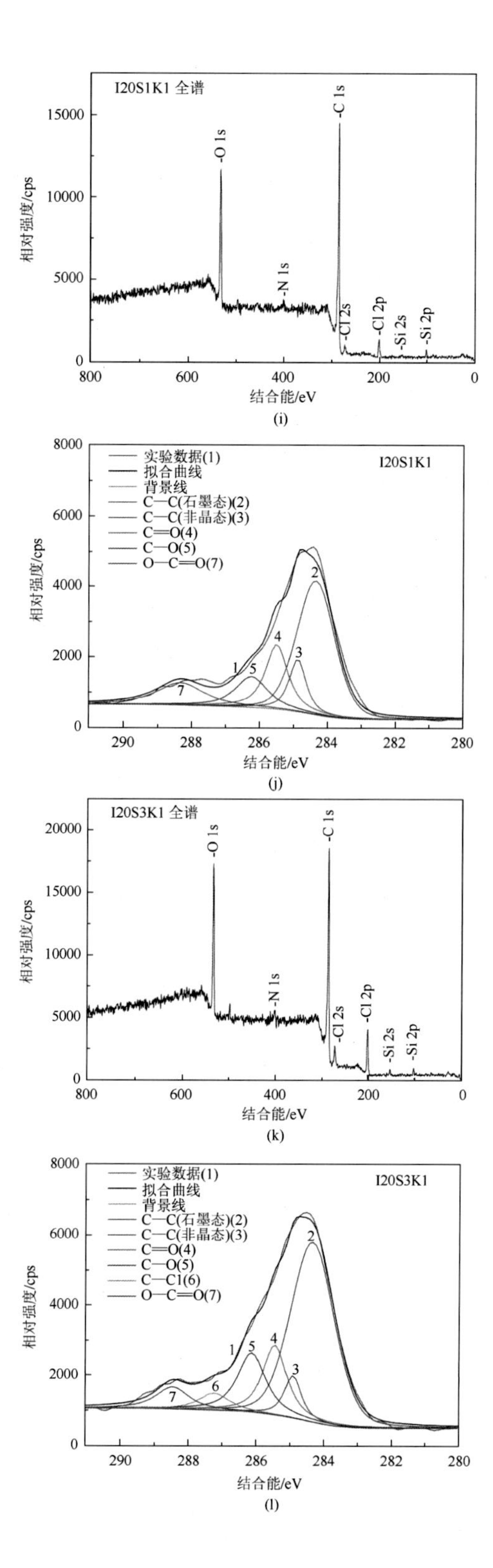

I20S1K1 全谱
相对强度/cps
结合能/eV
-O 1s
-N 1s
-C 1s
-Cl 2s
-Cl 2p
-Si 2s
-Si 2p
(i)
实验数据(1)
拟合曲线
背景线
C—C(石墨态)(2)
C—C(非晶态)(3)
C═O(4)
C—O(5)
O—C═O(7)
I20S1K1
(j)
I20S3K1 全谱
(k)
C—Cl(6)
I20S3K1
(l)

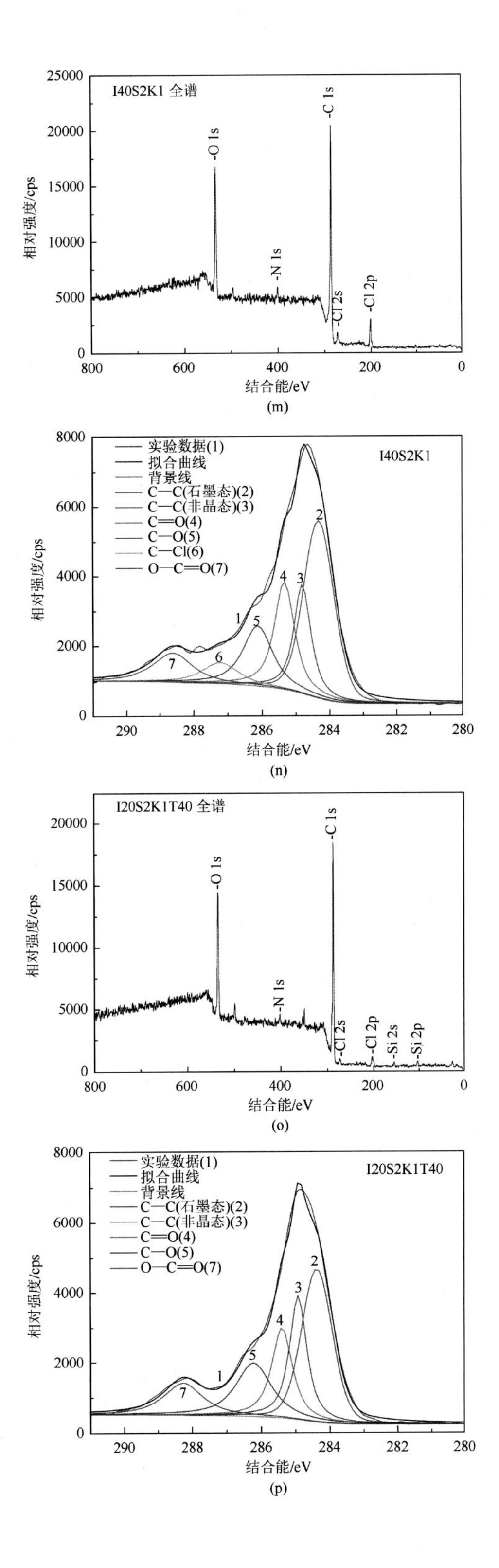

I40S2K1 全谱
相对强度/cps
结合能/eV
-O 1s
-C 1s
-N 1s
-Cl 2s
-Cl 2p

(m)

实验数据(1)
拟合曲线
背景线
C—C(石墨态)(2)
C—C(非晶态)(3)
C=O(4)
C—O(5)
C—Cl(6)
O—C=O(7)
I40S2K1
相对强度/cps
结合能/eV

(n)

I20S2K1T40 全谱
相对强度/cps
结合能/eV
-O 1s
-C 1s
-N 1s
-Cl 2s
-Cl 2p
-Si 2s
-Si 2p

(o)

实验数据(1)
拟合曲线
背景线
C—C(石墨态)(2)
C—C(非晶态)(3)
C=O(4)
C—O(5)
O—C=O(7)
I20S2K1T40
相对强度/cps
结合能/eV

(p)

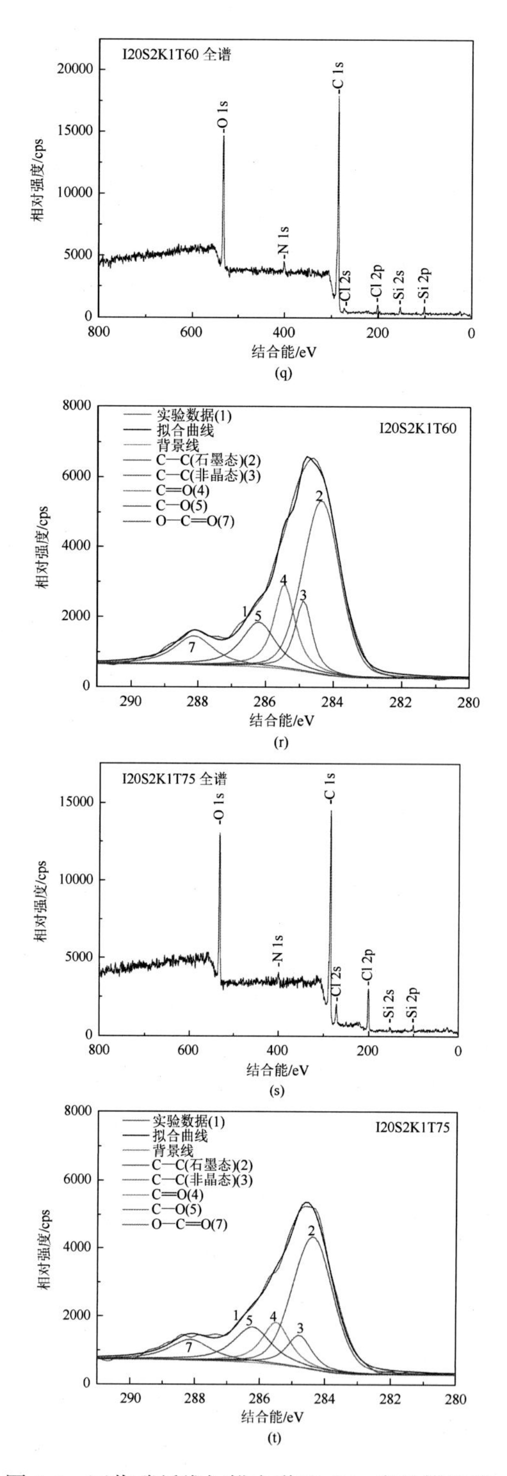

图 5-9 回收碳纤维扫描全谱及 C 1s 高分辨窄谱

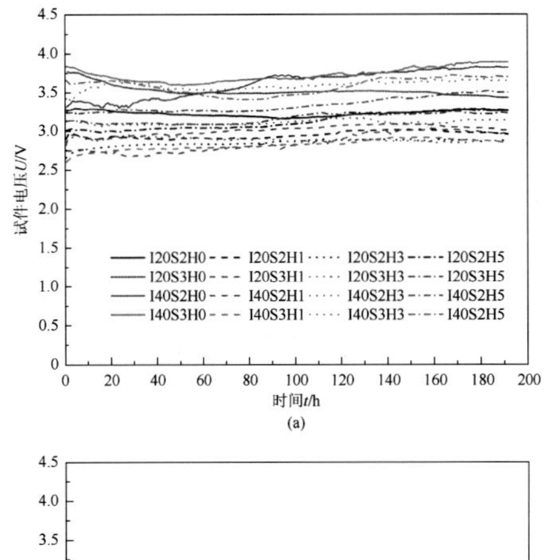

(a)

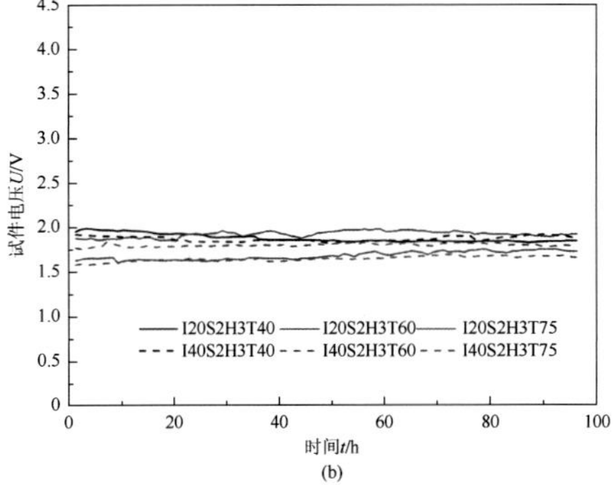

(b)

图 5-12 回收过程试件电压

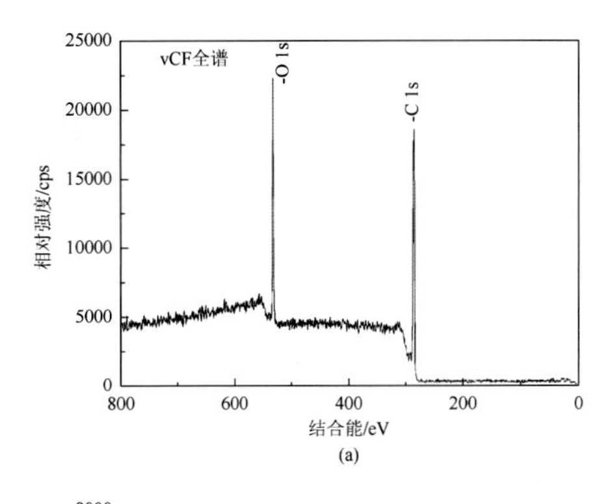

(a)

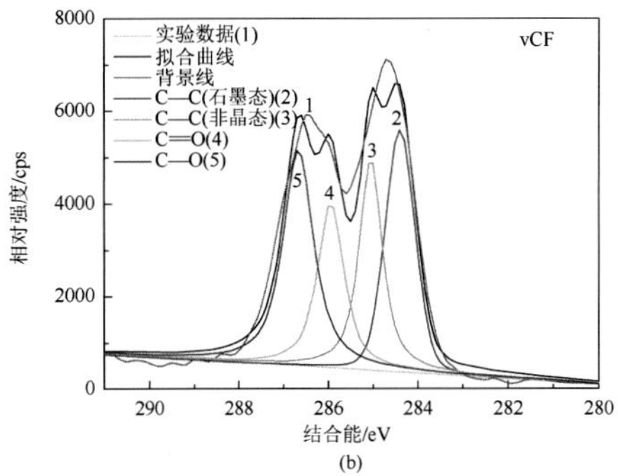

(b)

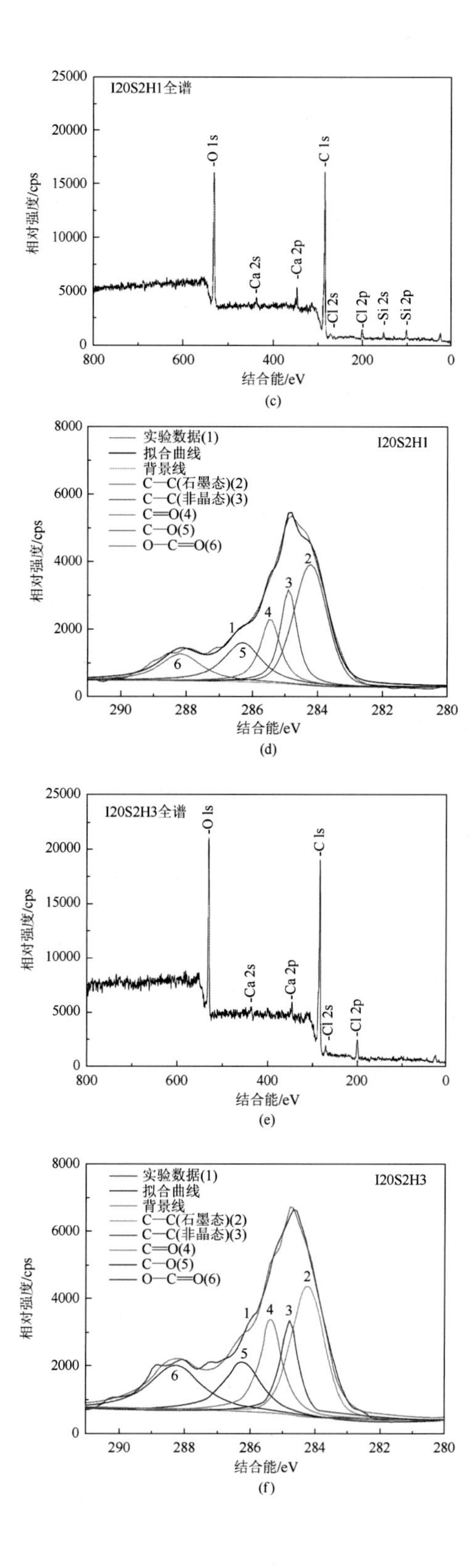
I20S2H1全谱
相对强度/cps
结合能/eV
-O 1s
-C 1s
-Ca 2s
-Ca 2p
-Cl 2s
-Cl 2p
-Si 2s
-Si 2p
实验数据(1)
拟合曲线
背景线
C—C(石墨态)(2)
C—C(非晶态)(3)
C═O(4)
C—O(5)
O—C═O(6)
I20S2H1
I20S2H3全谱
I20S2H3
(c)

(d)

(e)

(f)

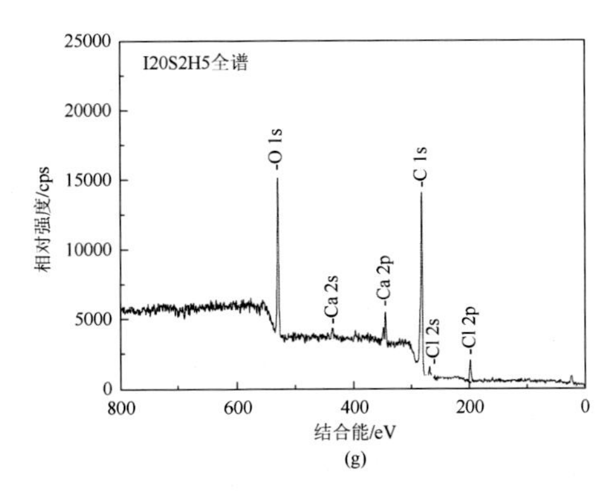
I20S2H5全谱
相对强度/cps
结合能/eV
-O 1s
-Ca 2s
-Ca 2p
-C 1s
-Cl 2s
-Cl 2p
(g)

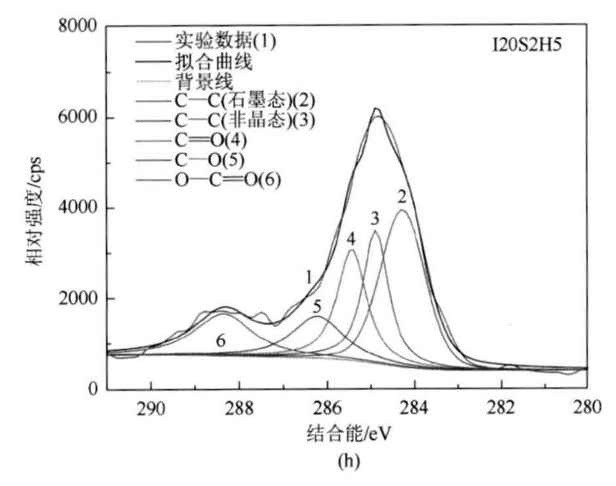
实验数据(1)
拟合曲线
背景线
C—C(石墨态)(2)
C—C(非晶态)(3)
C═O(4)
C—O(5)
O—C═O(6)
I20S2H5
相对强度/cps
结合能/eV
(h)

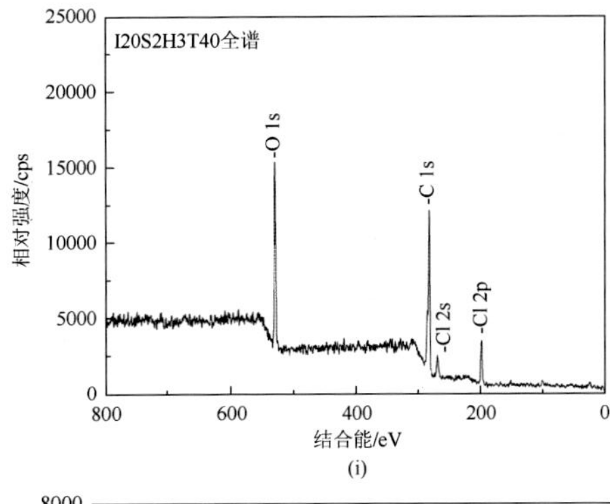
I20S2H3T40全谱
相对强度/cps
结合能/eV
-O 1s
-C 1s
-Cl 2s
-Cl 2p
(i)

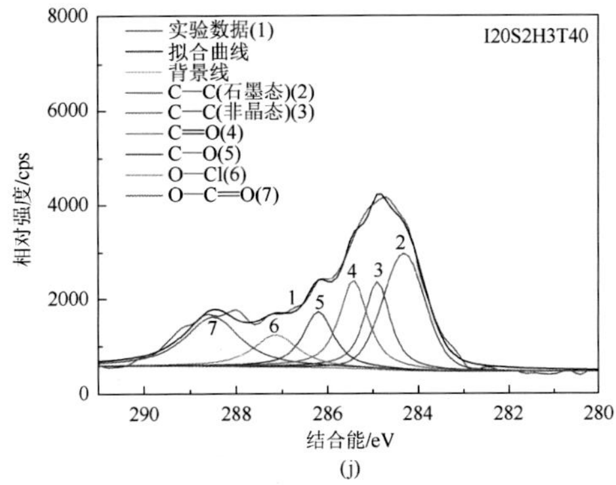
实验数据(1)
拟合曲线
背景线
C—C(石墨态)(2)
C—C(非晶态)(3)
C═O(4)
C—O(5)
O—Cl(6)
O—C═O(7)
I20S2H3T40
相对强度/cps
结合能/eV
(j)

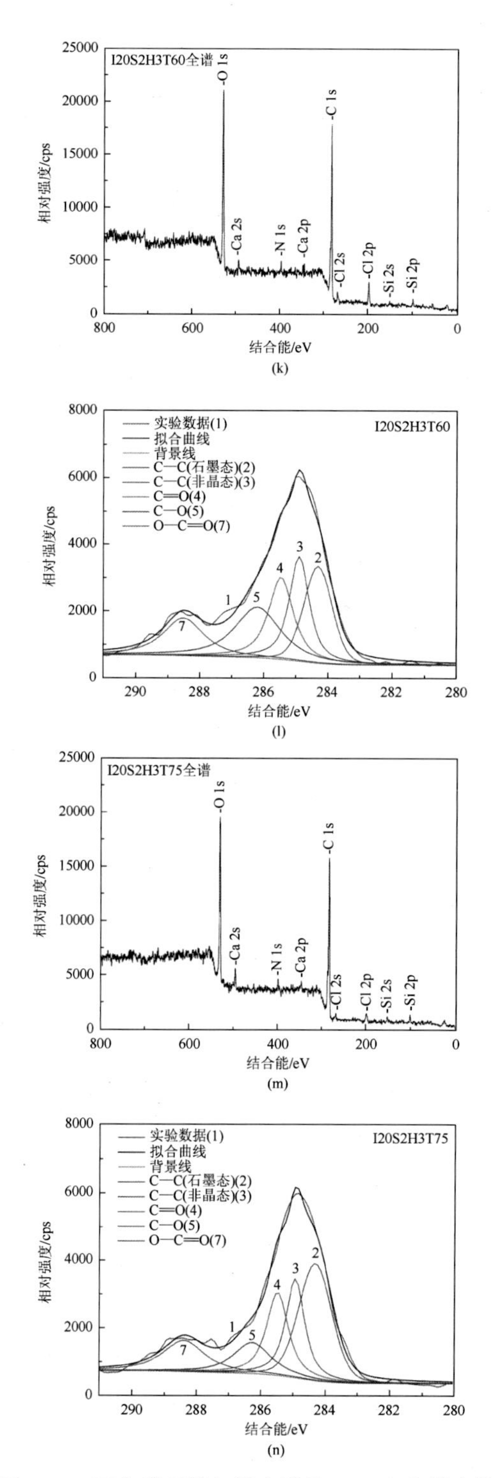

图 5-18　回收碳纤维扫描全谱及 C 1s 高分辨窄谱